普通高等教育
建筑环境与能源应用工程系列教材

Building Environment
and Energy Engineering

建筑环境
测试技术（第4版）

主　编／刘艳峰　郑　洁

副主编／王登甲

参　编／赵声萍　李文杰　童　艳
　　　　张卫华　侯珊珊　王　欢　宋　聪

主　审／张子慧

重庆大学出版社

内容提要

本书是高等教育建筑环境与能源应用工程专业的基础课程教材之一。全书共分为12章，着重阐述了该专业领域涉及的温度、湿度、压力、流速、流量、热量、物位、室内污染物及建筑声、光环境中相关物理参数的测量方法，以及测量仪表的工作原理、结构和应用；同时，还介绍了测量的基础知识、测量数据的处理和误差分析。本书每章配有"应用实例"和适量的思考题。

本书可作为建筑环境与能源应用工程专业本科教材，也可作为供暖通风与空气调节、建筑给排水、环境监测、热能动力等相关专业人员的参考用书，还可作为注册工程师考试参考教材。

图书在版编目(CIP)数据

建筑环境测试技术/刘艳峰，郑洁主编. --4 版
. --重庆:重庆大学出版社,2022.8
普通高等教育建筑环境与能源应用工程系列教材
ISBN 978-7-5689-3487-9

Ⅰ.①建… Ⅱ.①刘… ②郑… Ⅲ.①建筑物—环境
管理—测试技术—高等学校—教材 Ⅳ.①TU-856

中国版本图书馆 CIP 数据核字(2022)第 132444 号

普通高等教育建筑环境与能源应用工程专业系列教材
建筑环境测试技术
(第4版)

主 编 刘艳峰 郑 洁
副主编 王登甲
主 审 张子慧

责任编辑:张 婷 版式设计:张 婷
责任校对:邹 忌 责任印制:赵 晟

*

重庆大学出版社出版发行
出版人:饶帮华
社址:重庆市沙坪坝区大学城西路 21 号
邮编:401331
电话:(023) 88617190 88617185(中小学)
传真:(023) 88617186 88617166
网址:http://www.cqup.com.cn
邮箱:fxk@ cqup.com.cn (营销中心)
全国新华书店经销
重庆升光电力印务有限公司印刷

*

开本:787mm×1092mm 1/16 印张:17.25 字数:433 千
2006 年 9 月第 1 版 2022 年 8 月第 4 版 2022 年 8 月第 6 次印刷
印数:11 501—13 500
ISBN 978-7-5689-3487-9 定价:49.00 元

特别鸣谢单位

（排名不分先后）

天津大学	重庆大学
广州大学	江苏大学
湖南大学	南华大学
东南大学	扬州大学
苏州大学	同济大学
西华大学	东华大学
江苏科技大学	上海理工大学
中国矿业大学	南京工业大学
华中科技大学	南京工程学院
武汉科技大学	南京林业大学
武汉理工大学	山东科技大学
山东建筑大学	天津工业大学
安徽工业大学	河北工业大学
合肥工业大学	广东工业大学
安徽建筑大学	福建工程学院
重庆交通大学	伊犁师范大学
重庆科技学院	中国人民解放军陆军勤务学院
西安交通大学	江苏省制冷学会
西安建筑科技大学	江苏省工程建设标准定额总站

第4版前言

建筑环境领域的基本认知和科学研究、建筑工程从施工到验收都离不开测试技术。建筑环境测试技术是一门实用技术,本书是建筑环境与能源应用工程专业的基础课程教材之一。本书遵循全国高等学校建筑环境与能源应用工程专业指导委员会所设置的本科教学课程体系,同时根据社会对该专业工程人员的知识、能力和技术需求制定编写目标,采用现行国家标准规范及最新的测试方法、测试系统和仪表设备进行编写。

本书在前一版的基础上做了较大的修改、调整和补充。第4版保留了前版的基本特点:重视测试方法和仪表的原理、选择、标定、应用;介绍建筑环境与能源应用工程常用参数的测量方法和测试技术,并给出了应用实例。修订过程中,充分吸纳了专家、读者的合理意见和建议,并根据新的规范、标准和本学科最新发展情况,合并调整了部分章节,增补了新的内容。

本书配套了电子教案①,可供广大师生参考。

本书由西安建筑科技大学刘艳峰、重庆大学郑洁担任主编,西安建筑科技大学王登甲担任副主编。全书具体编写分工为:西安建筑科技大学刘艳峰编写第7,9,10章;重庆大学郑洁编写第1,2,5章;西安建筑科技大学王登甲编写第11,12章;重庆大学侯珊珊编写第8章;南京工业大学赵声萍、新疆伊犁师范学院张卫华编写第3章;西安建筑科技大学宋聪、重庆科技学院李文杰共同编写第4章;西安建筑科技大学王欢、南京工业大学童艳共同编写第6章。

本书承蒙西安建筑科技大学张子慧教授仔细审阅和多方面指正,重庆大学田胜元教授对大纲的拟定及修改提出了宝贵意见,在此对他们表示衷心感谢。

本书在编写过程中参考并引用了众多专家、学者的研究成果,书稿内容得以充实、提高,在此我们对这些原作者表示深深的谢意。本书在修订、出版过程中,得到了西安建筑科技大学、重庆大学、天津大学、中国人民解放军陆军勤务学院、南京工业大学、重庆科技学院等院校相关领导、专家、同事的关心和支持,相关设计、施工单位专家给予了热情指导,西安建筑科技大学、重庆大学相关专业博士、硕士研究生在最终统稿方面给予了积极协助,在此一并表示感谢。

本书再版难免仍会存在一些错误和不妥,恳请广大读者批评指正。

编　者

2022 年 3 月

---

① 电子教案请登录 www.cqup.com.cn,进入重庆大学出版社官方网站下载。

前　言

　　测量是深入认识客观世界必不可少的手段，人类生活的改善与生产的发展都离不开测量，科学技术的进步也与测量技术的完善紧密相关。测量过程是认识的深化过程，它能促进科学上的发现，并使这种新的发现应用于技术实践中。准确的测量常用来验证科学理论的正确性，并推动科技的进步。

　　建筑环境测试技术属于建筑环境与设备工程领域中的一门实用技术，涉及建筑物理环境中的声、光、热相关参数的测量和设备运行状态参数的测试，以及如何选择测试系统、使用测试仪表等内容。可以说，建筑环境领域的研究几乎都离不开测试技术，建筑工程从施工到验收，也时时刻刻会用到测试技术，如工程竣工验收时要给出量化评价就需要测量。目前，测试技术在科学研究和设计、生产中正发挥着越来越大的作用，熟练使用仪器仪表已成为现代科研人员和工程技术人员需要掌握的一项重要技能。

　　本书是建筑环境与设备工程专业技术基础课程教材之一。编写内容遵循全国高等学校建筑环境与设备工程专业指导委员会所设置的本科教学课程体系，同时根据社会对建筑环境与设备工程人员的知识、能力和技术需求制订编写目标，注意融入现行国家规范、标准及最新的测试方法、测试系统和仪表。本书是作者多年对建筑环境测试技术教学、科研和工程设计经验的总结，其特点在于：

- 重视测试方法和仪表的原理、选择、标定和应用。
- 介绍了各种参数测量在建筑环境与设备工程专业中的应用，并给出了具体实例。
- 适应现代测试技术发展要求，增强了对智能测试系统的介绍。

　　本书配套了电子教案，可供广大师生参考。本书由重庆大学郑洁担任主编，西安建筑科技大学刘艳峰担任副主编。全书具体编写分工是：绪论、第1,3,4,7,13章由重庆大学郑洁编写；第6,8,9,12章由西安建筑科技大学刘艳峰编写；第10章由天津大学刘耀浩、刘艳峰共同编写；第11章由重庆大学周玉礼编写；第2章由南京工业大学赵声萍、新疆伊犁师范学院张卫华共同编写；中国人民解放军后勤工程学院张素云、南京工业大学童艳(第5章)参加了本书其他章节的编写。

　　本书承蒙西安建筑科技大学张子慧教授仔细审阅和多方面指正，重庆大学田胜元教授对大纲的拟定及修改提出了宝贵意见，在此对他们表示衷心感谢。

　　本书在编写过程中参考并引用了众多专家、学者的研究成果，使内容得以充实、提高，在此我们对这些原作者表示深深的谢意。同时，本书在出版过程中，得到了重庆大学、西安建筑科技大学、天津大学、中国人民解放军后勤工程学院、南京工业大学等院校相关领导、专家、同事的关心和支持，相关设计、施工单位专家给了热情指导，重庆大学城市建设与环境工程学院李俊等研究生给予了积极协助，在此一并表示感谢。

　　书中错误和不妥之处在所难免，恳请广大读者批评指正。

编　者

2010 年 12 月

目 录

2

测量的基础知识

学习目标：
1. 掌握测量的基本概念和基本方法；
2. 了解测量系统的构成和各环节的功能；
3. 掌握测量仪表的基本技术指标。

2.1 测量的基本概念

测量是借助特殊的工具和方法,通过实验手段将被测量与同性质的标准量进行比较,确定二者的比值,从而得到被测量的量值。因此,测量过程就是确定一个未知量的过程,其目的是准确地获取被测对象特征的某些参数的定量信息。

为使测量结果有意义,测量必须满足以下要求：

①用来进行比较的标准量应该是国际或国家所公认的,且性能稳定。

②进行比较所用的方法和仪器必须经过验证。

因此,所谓测量,就是用实验的方法把需要测量的参数(被测量)与定义其数值为1的同类量(称为测量单位)进行比较,求取二者比值,从而得出被测量的量值。假设被测量为 x,其单位为 U,二者之比为 a,则被测量的量值为：

$$x = aU \tag{2.1}$$

式(2.1)称为测量的基本方程式。考虑到测量结果有误差,公式左右两边只能近似相等。

从上述过程可以看出,进行测量要建立单位,确定实验方法和测量设备,最后估计出结果的误差。

1)被测量(被测参数)的定义

在测量的过程中,通常把需要检测的物理量称为被测参数或被测量。例如,在建筑环境测量中,常见的被测参数有温度、压力、湿度、噪声、有害物浓度等。

按照被测参数与时间变化的关系,可将被测量分为以下两种:

(1)静态参数

某些被测参数在整个测量过程中数值的大小保持不变,即参数值不随时间而变化。例如,周围环境的大气压力,制冷压缩机稳定工况下的转速等均不随时间变化,可将这类参数统称为静态参数或常量。但是这些参数的数值也并非绝对恒定不变,只是随时间变化得非常缓慢,在进行测量的时间间隔内其数值大小变化甚微,这类参数被当作静态参数处理。

(2)动态参数

随时间不断改变数值的被测量称为动态参数,如空调设备刚刚开启时,空调房间内的温度、湿度等。这些参数随时间变化的函数可以是周期函数、随机函数等,人们处理这类参数时常需较大的数据量来描述它们。

2)测量的过程与变换

测量过程的关键在于被测量和标准量的比较,然而能直接将被测量与标准量进行比较的物理量并不多,大多数的被测量和标准量都要变换到双方都便于比较的某个中间量后,才能进行直接比较。这种变换称为测量变换。例如,用水银温度计测量温度时,温度值被变换成毛细玻璃管内水银柱受热膨胀后的直线长度,而温度的标准量变换为玻璃管上的直线刻度,这样被测量和标准量都变换到直线长度这样的一个中间量,再进行比较并得到其比较值的大小(即测量结果)。因此,变换是测量的核心。

综上所述,测量变换是指把被测量按一定规律变换成另一种物理量的过程,实现这种变换过程的元件称为变换元件。

变换元件以一定的物理定律为基础,通过各参数之间内在的函数关系,完成一个特定的信号变换任务。多个变换元件的有机组合可构成变换器或测量仪表,后者将被测量一直变换到测量者能直接读取数值为止。

要知道被测参数的大小,就需要使用测量仪表来检测它的数值。尽管测量仪表种类繁多,被测量和仪表的结构原理也各不相同,然而从仪表对被测量的测量过程本身而言,它们都有共同之处。例如,弹簧压力表对压力的测量是根据被测压力作用于弹簧管使其受压变形,将压力信号转换成弹簧管变形的位移(机械能),然后再通过杠杆传动机构的传递和放大,变成压力表指针的偏转,最后与压力刻度标尺上的测压单位相比较而显示出被测压力的数值;又如,用热电偶来测量温度时是利用热电偶的热电效应,把被测温度转换成热电势信号(电能),然后把热电势信号转换成毫伏表上的指针偏转(机械能),并与温度标尺相比较而显示出被测温度的数值。因此,测量仪表的测量过程,就是被测参数以信号或能量的形式进行一次或多次转换和传递,并与相应的测量单位进行比较的过程。

3）测量精度

（1）准确度

对同一被测量进行多次测量，测量值偏离被测量真值的程度称为准确度。测量值偏离真值的程度越小，则准确度越高。测量的准确度取决于系统误差的大小，系统误差越小，则测量的准确度越高。

（2）精密度

对同一被测量进行多次测量，测量值的重复性程度称为精密度。测量的精密度取决于随机误差。随机误差反映了在相同条件下对同一被测量进行多次测量时，各次测量结果的离散程度。随机误差越小，测量值分布越密集，测量结果的重复性越好，则测量的精密度就越高。

（3）精确度

精确度是准确度和精密度的综合反映，即测量结果与真值的一致程度。它反映了测量结果中系统误差和随机误差对测量值的综合影响程度，只有系统误差和随机误差都较小，才具有较高的精确度。因此，为了提高测量的精确度，必须设法消除系统误差，并采取多次重复测量的方法来减小随机误差的影响，以求出测量结果的最可信赖值。

在具体的测量实践中，可能会有这样的情况：准确度较高而精密度较低，或者精密度高但欠准确。当然，理想的情况是既准确，又精密，即测量结果精确度高。要获得理想的结果，应满足3方面的条件：性能优良的测量仪表，正确的测量方法，正确细致的测量操作。

为了加深对准确度、精密度和精确度3个概念的理解，现以射击打靶为例子来加以说明。如图2.1所示，以靶心作为被测量的真值，以靶纸上的子弹着点表示测量结果。其中，图2.1（a）上的子弹着点分散而又偏斜，说明该测量所得结果既不精密，也不准确，即精确度很低；图2.1（b）上的子弹着点仍然比较分散，但总体而言，大致都围绕靶心，说明测量结果准确但欠精密；图2.1（c）中子弹着点密集在一定的区域内，但明显偏向一方，说明测量结果精密度高，但准确度差；图2.1（d）中子弹着点相互接近且都围绕靶心，说明测量结果的精密度和准确度都很高。

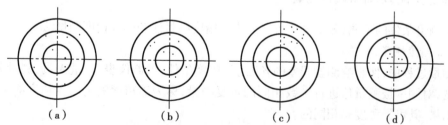

（a）　　　　　　（b）　　　　　　（c）　　　　　　（d）

图2.1　准确度、精密度、精确度关系示意图

2.2 测量的基本方法

1)直接测量、间接测量和组合测量

(1)直接测量

将被测量直接与选用的标准量进行比较测量,或者用预先标定好的测量仪器进行测量,从而直接求得被测量数值的测量方法称为直接测量法。例如,用标尺测量长度,用等臂天平测量质量等。总之,只要参与测量的对象是被测量本身,都属于直接测量。这种方法的优点是可以直接得出测量结果,测量过程简单、迅速;缺点是测量精度不容易达到很高。它在工程技术中应用最广。

(2)间接测量

采用直接测量方法不能直接得到测量结果,而需要先通过直接测量与被测量有某种确定函数关系的其他各个变量,然后根据此函数关系计算出被测量的数值的测量方法,称为间接测量法。该方法一般在直接测量时很不方便,误差较大或缺乏直接测量仪器时采用。

间接测量法一般所需测量的量较多,测量和计算的工作量也较大,引起误差的因素较多。但对误差进行分析并选择和确定具体的优化测量方法,在比较理想的条件下进行测量时,甚至能获得较高的精确度。

(3)组合测量

组合测量法也是一种间接测量方法。当某项测量结果需要多个未知参数来表达时,可通过对包含若干个直接测量和间接测量的组合进行多次测量,根据测量值与未知参数间的函数关系列出方程组并求解,进而得到未知量的测量方法,称为组合测量。进行组合测量时,可以使各被测量以不同的组合形式出现,然后根据直接测量和间接测量所得到的结果,通过求解一组联立方程式来求出被测量的值。在科学实验和大型测试等工作中,常常会遇到组合测量方法的应用实例。

2)等精度测量和非等精度测量

根据测量条件的不同,测量方法可以分为等精度测量法和非等精度测量法。

(1)等精度测量法

在测量过程中,使影响测量误差的各因素(环境条件、仪器仪表、测量人员、测量方法等)保持不变,对同一被测量值进行次数相同的重复测量,称为等精度测量。等精度测量所获的测量结果,其可靠程度是相同的。

(2)非等精度测量法

在测量过程中,测量环境条件有部分不相同或全部不相同,如测量仪器精度、重复测量次数、测量环境、测量人员熟练程度等有变化,所得测量结果的可靠程度显然不同,称为非等精度测量。

在工程技术中,通常采用的是等精度测量法。只有在科学研究及重要的精密测量或检定工作中,或受仪器条件限制无法实现等精度测量时,为了获得更可靠和精度更高的测量结果,才会采用非等精度测量法。

3)接触测量和非接触测量

接触测量法测量时,仪表的某一部分(一般为传感器部分)必须接触被测对象(被测介质);而非接触测量法测量,其仪表的任何部分均不与被测对象接触。常见的过程检测多数采用接触测量法。

4)静态测量和动态测量

按照被测量在测量过程中的状态不同,可将测量分为静态测量与动态测量两种。在测量过程中,如被测参数恒定不变,则此种测量称为静态测量。

被测参数随时间变化而变化,此种测量方法称为动态测量。动态测量的数据分析与处理比静态测量复杂得多。但由于仪表的反应一般很迅速,多数被测参数的变化又较缓慢,在仪表响应的短时间内被测参数可近似视为恒定不变,可当作静态测量对待。这样,可以使分析处理大为简化。

正确可靠的测量结果的获得,要依据测量方法和测量仪器的正确选择、正确操作和测量数据的正确处理。否则,即便使用价值昂贵的精密仪器设备,也不一定能够得到准确的结果,甚至可能损坏测量仪器和被测对象。在选择测量方法时,要综合考虑以下几种主要因素:①被测量本身的特性;②所要求的测量准确度;③测量环境;④现有测量设备。选用测量仪器时应从技术性和经济性出发,使其基本性能(测量范围、稳定性、灵敏度等)满足预定的要求,费用又不过高。

2.3 测量系统及特性

2.3.1 测量系统的组成

在测量技术中,为了测得某一被测量的数值,总要使用若干个测量设备,并将它们按一定的方式组合起来。例如,测量水的流量,常采用标准孔板流量计来获得与流量有关的差压信号,然后将差压信号输入差压变送器,经过转换、运算,变成电信号,再通过导线将电信号传送到显示仪表,显示出被测流量值。

为实现一定的测量目的而将测量设备进行有效组合所形成的测量体系,称为测量系统。任何一次有意义的测量,都必须由测量系统来实现。测量系统中的测量设备一般由传感器、变换器或变送器、传输通道和显示装置组成,如图2.2所示。

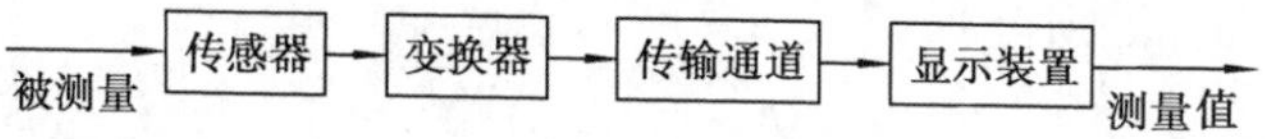

被测量 → 传感器 → 变换器 → 传输通道 → 显示装置 → 测量值

图2.2 测量系统的组成框图

由于被测参数的不同,测量的原理不一样,测量精度要求也不同,因此测量系统的构成差别很大。如果脱离具体的研究对象,任一测量系统都是由有限个具有一定基本功能的测量环节组成的。因此,整个测量系统实际上是若干个测量环节的组合,并可看成由许多测量环节连接成的测量链。

1)传感器

传感器又称敏感元件,它直接与被测对象发生联系,接收来自被测量(包括物理量、化学量、生物量等)的信号后,将这些信号按一定的规律转换成便于处理和传输的另外一种量的输出信号。传感器是实现测量的首要环节,其功能是将被测量以单值函数关系,稳定而准确地转换成另一种物理量,给后面环节的变换、比较、运算及显示记录提供便捷,如温度传感器中的热电偶、热电阻等。

敏感元件能否精确、快速地产生与被测量相应的信号,对测量系统的测量质量有着决定性的影响。因此,理想的敏感元件应满足如下要求:

①敏感元件发出的信号与被测参数之间应该有稳定的单值函数关系,即一个确定的信号只能与该参数的一个值相对应。

②敏感元件应该只对被测量的变化敏感,而对其他一切可能的输入信号(包括环境和噪声信号)不敏感。例如,热电偶产生热电动势的大小只随温度而变化,其他参数(如压力等)的变化不应引起热电动势的变化。

③在测量过程中,敏感元件应该不干扰或尽量少干扰被测介质的原有状态。

实际上,一个完善的、理想的敏感元件是十分难寻的。第一,要找到一个选择性很好的敏感元件,这时只能限制无用信号在全部信号中所占的比例,并用试验或理论计算的方法把它消除;第二,敏感元件总要从被测介质中取得能量。在绝大多数情况下,被测介质的状况或多或少因传感器的介入而受到干扰。一个良好的敏感元件应该尽量减少这种干扰。

2)变换器或变送器

变换器(变送器)是位于传感器与显示装置中间的部分,可将传感器输出的信号变换成显示装置易于接收的信号。传感器输出的信号一般是某种物理变量,如位移、压差、电阻、电压等,在大多数情况下,它们在性质上、强弱程度上总是与显示装置所能接收的信号有所差异。测量系统为了实现某种预定的功能,必须通过变换器或变送器对传感器输出的信号进行变换,变换包括信号物理性质的变换和信号数值上的变换。

现代的自动指示、记录与调节仪表,除了可直接接收传感器信号外,有的仪表还要求接收符合某种协议的标准信号。为此,需要将传感器转换来的信号变换为标准信号。工业生产的传感器和变送器的输出信号都需要符合标准,它们在自动检测与自动控制中应用广泛。

对于变换器或变送器,不仅要求它的性能稳定、精确度高,而且在一定的传输距离内能满足对误差的要求。

3)显示装置

显示装置是测量系统直接与观测者发生联系的部分,如果被测量信号需要通知观测者,那么这种信息必须变成人们的感官所能识别的形式;实现这种"翻译"功能的设备称为显示装置,又称为显示仪表,其作用是向观测者显示指出被测参数的数值。显示装置可以对被测量进行指示、记录,有时还带有调节功能,以控制生产过程。显示仪表主要分为模拟式、数字式和屏幕式3种:

(1)模拟式显示仪表

此类仪表最常见的结构是以指示器与标尺的相对位置来连续指示被测参数的值,也称指针式仪表。其结构简单,价格低廉,但容易产生视差。长时间记录时,常以曲线形式给出数据。该类仪表目前尚在普遍使用。

(2)数字式显示仪表

此类仪表直接以数字形式给出被测参数的值,不会产生视差,但直观形象性差,且有数字仪表特有的量化误差。记录时,可以打印输出数据。

(3)屏幕式显示仪表

此类仪表既可按模拟方式给出指示器与标尺的相对位置、参数变化的曲线,也可直接以数字形式给出被测参数的值,或者二者同时显示。屏显能提供的信息量非常大,也是目前最先进的显示方式。彩色屏幕显示具有醒目、直观和可以显示多种数据的优点,便于比较判断。

4)传输通道

测量系统各环节通常是分离的,需要把信号从一个环节送到另一个环节,实现这种功能的部分称为传输通道。传输通道是各环节间输入、输出信号的连接部分,它分为电线、光导纤维和管路等。在实际的测量系统中,应按规定要求进行选择和布置,否则会造成信息损失、信号失真或引入干扰。

2.3.2 测量仪表的分类

测量仪表常常根据用途、工作原理、结构的不同进行分类。按照显示记录形式及功能分类可分为模拟式与数字式仪表;按照被测参数可分为温度、湿度、压力、流量、液位等仪表;按照工作原理可分为机械、光学式、气动式、电动式、光电式等仪表;按照仪表的用途可分为标准仪表、实用仪表;按照使用方式可分为便携式、固定式等仪表。

2.3.3 测量仪表的基本性能

测量仪表的性能指标决定了所得测量结果的可靠程度。在选择测量仪表时,需要了解仪表的基本性能指标,主要包括测量范围、精度、稳定性、静态特性和动态特性等方面的内容。

1)仪表的测量范围(量程)

仪表在保证规定精确度的前提下所能够测量的最大输入量与最小输入量之间的范围称为仪表的测量范围。仪表所能测量的被测量的最大、最小值分别称为仪表测量范围的上限和下限(简称上、下限,又称仪表的零位和满量程值)。仪表的量程是指测量范围上限与下限的代数差,用符号 L_m 表示。例如,某温度计的测量范围为-100 ~ 900 ℃,那么该表的测量上限即为 900 ℃,下限为-100 ℃,而量程为 1000 ℃。

在选用仪表时,首先测量者应对被测量的大小有一个初步估计,务必使被测量的值都落在仪表的量程之内。否则,当被测量的值超过仪表的量程,会导致仪表的损坏,或者不能进行测量。当被测量的值难以估计时,应先选用较大量程的仪表,再逐步减小量程直到合适为止。较理想的仪表量程是使被测量在其满量值的2/3左右,这样能有效地提高测量精度。

2)仪表的精度

仪表的精确度表征仪表测量某物理量可能达到的测量值与真值相符合的程度,简称精度。用任何仪表进行测量时其结果均存在误差,测量时不仅需要知道仪表的示值,而且需要知道该测量仪表的精度,以便估计出测量误差的大小。

测量仪表的精度通常用精度等级来描述,它是衡量其质量好坏的主要指标之一。精度等级常用满量程时仪表所允许的最大相对误差的百分数来表示,即仪表的允许误差去掉百分号的数值。目前,我国工业仪表采用的精度等级序列为:0.005,0.01,0.02,0.04,0.05,0.1,0.2,0.5,1.0,1.5,2.5,4.0,5.0 等。例如,某台测温仪表的精度等级为1.0 级,则表明该仪表的允许误差为1%,通常仪表的基本误差不应超过允许误差。

3)仪表的稳定性

仪表的稳定性可以由稳定度和各环境影响系数两项指标来表示。

仪表在稳定的测量状态下对某一标准量进行测量,间隔一定时间后,再对同一标准量进行测量,所得两次测量的示值差反映了该仪表的稳定度。一般稳定度以示值差与其时间间隔的数值一起表示。例如,某毫伏表在开始测量时为某示值,当10 h 后在同样状态下测量时示值增大了1.1 mV,则此仪表的稳定度 δ_w 为 1.1 mV/10 h。示值差越小,说明稳定度越高,示值差越大,则稳定性越差。仪表的稳定度是由仪表的元件或环节的性能参数的随机性变动、周期性变动和随时间漂移等因素决定的。

由于室温、大气压、振动、电源电压与频率等仪表外部状态及工作条件变化对仪表示值的影响,统称为环境影响。环境影响用各环境影响系数来表示。周围环境温度变化引起仪表的示值变化,可用温度系数 β_θ(示值变化值/温度变化值)来表示。电源电压变化引起仪表的示值变化,可用电源电压系数 β_U(示值变化值/电压变化值)来表示。

4)仪表的静态特性

在稳定状态下,仪表的输出量(如显示值)与输入量之间的函数关系,称为仪表的静态特性。其具体性能指标有灵敏度、灵敏限、线性度、变差等。

(1)灵敏度

灵敏度性能指标反映的是测量仪表对被测量变化的灵敏程度。在稳定的情况下,仪表输出量的变化量与引起此变化的输入量的变化量之比称为灵敏度,常用 S 表示,即:

$$S = \frac{\Delta y}{\Delta x} \tag{2.2}$$

式中 Δy——输出量的变化量;

      Δx——输入量的变化量。

可见,灵敏度是仪表的静态参数。对一台线性仪表而言,它的灵敏度是常数。一般灵敏度高的仪表其精度也相应比较高。但必须指出仪表的精度取决于仪表本身的基本误差,不能单纯地靠提高灵敏度来达到提高精度的目的。例如,将一台毫伏表的指针接得很长,虽然可把直线位移的灵敏度提高,但系统误差也因指针的延长而扩大,其读数精度不一定提高;相反,可能由于指针质量的增加,其精度反而下降。为了防止这种虚假灵敏度,通常规定仪表读数标尺的分格值不能小于仪表允许误差的绝对值。

(2)灵敏限

仪表的灵敏限是指能引起仪表输出量变化的被测量的最小(极限)变化量,又称分辨率。一般情况下,灵敏限的数值应不大于仪表测量值中最大示值绝对误差的绝对值的1/2,其单位与测量值的单位相同。

(3)线性度

线性度是指仪表静态特性输出实际特性曲线偏离理想拟合直线的程度。理论上具有线性"输入—输出"特性曲线的测量仪表往往会由于各种因素的影响,使其实际特性曲线偏离其理论上的线性,它们之间的最大偏差与满量程输出值 Y_{max} 之比称为线性度,如图2.3所示,图中曲线 a 为仪表实际特性曲线,b 为理想特性曲线,常用 ξ_L 表示,即:

$$\xi_L = \frac{\Delta y_{max}}{Y_{max}} \tag{2.3}$$

式中　Δy_{max}——实际特性曲线偏离理想特性曲线的最大值;

　　　Y_{max}——仪表的满量程输出值。

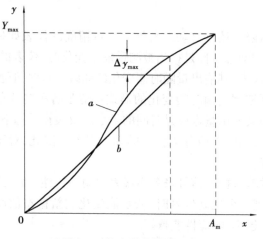

图2.3　仪表的线性度示意

(4)变差

在外界条件不变的情况下,使用同一仪表对相同的被测参数进行正反行程(即被测参数逐渐由小到大和逐渐由大到小)测量时,所得到的仪表指示值却不相等,二者的差值称为迟滞差值,最大迟滞差值 ΔH_{max} 与仪表满量程输出值 Y_{max} 之比就是变差,如图2.4所示,常用 ξ_H 表示,即:

$$\xi_H = \frac{\Delta H_{max}}{Y_{max}} \tag{2.4}$$

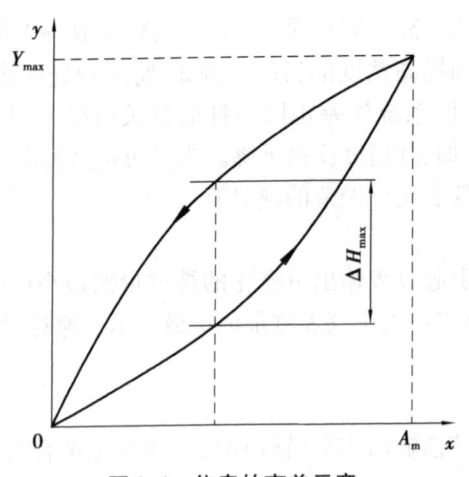

图2.4 仪表的变差示意

（5）漂移

漂移是指输入量不变时,经过一段时间后输出量产生的变化。例如,由于温度变化而产生的漂移称为温漂;当输入量固定在零点不变时,输出量的变化值引起的漂移称为零漂。漂移是衡量仪表稳定性的重要指标,通常用变化值与满量程的比值来表示漂移,它是由于仪表弹性元件的失效、电子元件的老化等原因造成的。

5)仪表的动态特性

仪表除具有静态特性外,还具有动态特性。一台精确的仪表如果动态特性不好,则它并不适于测量变化的参数。动态特性是指当被测量发生变化时,仪表的显示值随时间变化的特性响应。动态特性好的仪表,其输出量随时间变化的曲线与被测量随同一时间变化的曲线一致或者相近。然而,实际被测量随时间变化的形式可能是各种各样的。对于任一仪表,只要输入量是时间的函数,则其输出量也应是时间的函数。仪表在动态下输出量(读数)和它在同一瞬间的相应的输入量之间的差值称为仪表的动态误差。因此,对于测量仪表来说,动态误差越小,其动态特性越好。

为了便于比较,通常输入标准信号来考察仪表的动态特性。常用时间常数表示仪表的动态响应特征。当仪表接到一个扰动信号时,从示值变化到新稳态值所需时间称为时间常数。在动态测量中,时间常数越小,响应性能越好。

在测量动态参数时,应选用动态性能良好的仪表,否则得不到满意的效果。

思考题

2.1 根据测量方程式分析测量过程,并举例说明。

2.2 什么是仪表的测量过程? 举例说明。

2.3 什么是测量的精密度、准确度、精度? 它们与测量结果中出现的随机误差和系统误差有什么关系?

2.4 简述测量方法的分类。

2.5 画出测量系统的组成框图,并说明其各部分的功能。

2.6 为了精确、快速地产生与被测量相应的信号,对传感器有哪些要求?

2.7 简述测量仪表精度的定义及表示方法。

2.8 仪表的静态指标有哪些? 各有什么特点?

2.9 简述仪表稳定度的表示方法及影响因素。

3

测量误差与数据处理

学习目标：

1. 掌握测量误差的概念及测量系统的选择方法；

2. 了解测量误差的分类及误差的性质；

3. 了解测量误差的来源；

4. 掌握测量误差的评价指标及数据的处理方法。

3.1 概 述

1) 测量误差的概念

在实际测量中，测量仪器不准确、测量手段不完善、测量环境不理想、测量操作不熟悉及工作疏忽等因素，导致测量仪表的测量值与被测量的真值之间会存在一定的差值，这个差值称为测量误差。真值是指需要测量的物理量所具有的客观存在的量值，是无法测得的。在实际测量中常用高精度的测量值或平均值代表真值。

2) 测量仪表的绝对误差和相对误差

（1）绝对误差

测量值 x 和真值 x_0 之差为绝对误差，通常称为误差。记为：

$$\Delta x = x - x_0 \tag{3.1}$$

绝对误差给出的是测量结果的实际误差值，体现测量值与被测量真值间的偏离程度和方向，其量纲与被测量的量纲相同。

（2）相对误差

测量的绝对误差 Δx 与真值 x_0 之比称为测量的相对误差 δ。记为：

$$\delta = \frac{\Delta x}{x_0} \times 100\% \tag{3.2}$$

因此,相对误差反映了实验结果的精确程度。

3) 测量仪表的基本误差和允许误差

标准条件下仪表的最大绝对误差 Δx_{max} 与仪表量程 L_m 之比的百分数,称为基本误差。记为:

$$\delta_j = \frac{\Delta x_{max}}{L_m} \times 100\% \tag{3.3}$$

仪表的基本误差不应超过某一规定值,这一规定值称为仪表的允许误差 δ_k。测量仪表的精度等级加上百分号以后的数值即为仪表的允许误差。

在使用仪表时,应明确以下两点:

①在测量中使用精度相同、量程也相同的仪表,则所引起的仪表基本误差是固定不变的,与被测量的数值无关,因此它是系统误差的一种。仪表的精度只能用来估计基本误差,除了基本误差外,还应考虑附加误差。

②对同一精度的仪表,如果量程不同,则在测量中可能产生的绝对误差是不同的,同一精度的窄量程仪表的绝对误差小于同一精度的宽量程仪表的绝对误差。所以,在选用仪表时,在满足被测量的数值范围的前提下,尽可能选择量程较小的仪表,并尽量使测量值在满刻度的 2/3 左右,这样就可以达到既满足测量误差的要求,又可不必选择精度等级更高的测量仪表,从而降低测量成本。

【例3.1】 某台 0～1000 ℃ 的温度显示仪表,工艺上要求指示误差不超过 7 ℃,问如何选择仪表的精度等级?

【解】 由题可知工艺上允许的最大误差 δ_m:

$$\delta_m = \frac{7}{1000 - 0} \times 100\% = 0.7\%$$

根据工艺要求选择仪表精度等级时,仪表的允许误差不应超过工艺上允许的最大误差,$\delta_k \leqslant \delta_m$,故选择 0.5 级的仪表可满足要求。

【例3.2】 某台测温仪表的量程为 0～500 ℃,精度等级为 1.0 级,已知其绝对误差最大值为 6 ℃,问该仪表是否合格?

【解】 由题可知该仪表基本误差:

$$\delta_j = \frac{6}{500 - 0} \times 100\% = 1.2\%$$

根据仪表校验数据确定仪表精度等级时,$\delta_j \leqslant \delta_k$。由仪表的精度等级为 1.0 级,可知其允许误差 $\delta_k = 1\%$,$\delta_j > \delta_k$,所以该仪表不合格,该仪表实际精度等级为 1.5 级。

【例3.3】 欲测量约 90 V 的电压,实验室现有 0.5 级 0～300 V 和 1.0 级 0～100 V 的电压表。试问选用哪一种电压表进行测量最好?

【解】 用 0.5 级 0～300 V 的电压表测量 90 V 的相对误差为:

$$\delta_{0.5} = \frac{a_1\% \times L_m}{x} = \frac{0.5\% \times (300 - 0)}{90} = 1.7\%$$

用 1.0 级 0～100 V 的电压表测量 90 V 的相对误差为：

$$\delta_{1.0} = \frac{a_2\% \times L_m}{x} = \frac{1.0\% \times (100 - 0)}{90} = 1.1\%$$

例 3.3 说明，如果选择得当，用量程适当的 1.0 级仪表进行测量，能得到比用量程大的 0.5 级仪表更准确的结果。需要注意的是，同一测量仪表在不同示值处的绝对误差未必处处相等，但在没有修正值可利用的情况下，只能按最坏情况处理，把最大绝对误差当作测量时的绝对误差来计算相对误差，所得到测量结果的相对误差一般会大于仪表的允许误差，只有在测量值与量程相同时二者才会相等。

3.2 误差分类

按测量误差的性质来分，误差可分为系统误差、随机误差和粗大误差。

3.2.1 系统误差

1) 系统误差的概念

在相同测量条件下，对同一被测量进行多次重复测量时，测量误差的大小和符号都保持不变，或者在测量条件变化时按某一确定的规律变化的误差，称为系统误差。

按照对系统误差的符号和大小是否可以确定，可将系统误差分为已知的系统误差（已定系统误差）和未知的系统误差（不确定系统误差）。已定系统误差可通过修正的方法从测量结果中消除；不确定系统误差一般只能估计出它的限值或分布范围。

2) 系统误差的特性

系统误差表现为具有某种确定的规律，其规律性决定于产生系统误差的原因。在实际测量的工作中，只能对测量系统进行个别考察，具体情况应具体分析。

对某一稳定的量进行等时间间隔的连续测量，得到测量列 $x_1, x_2, \cdots, x_n$，将测量值误差依次绘于坐标图上，即可揭示系统误差的存在和特征。一般有以下几种情况：

①无系统误差，测量正确度高，如图 3.1(a) 所示。

②存在恒定系统误差，误差大小和方向不变，如图 3.1(b) 所示。

③存在累进（减）系统误差。随着测量时间的增加，误差变大（小），基本呈线性变化，故称线性系统误差，如图 3.1(c) 所示。

④存在周期性系统误差，误差大小和符号有规律地周期变化，如图 3.1(d) 所示。

此外，还有变化复杂的系统误差，但从基本特征上分类，大致分为恒定系统误差和变化系统误差。这两类系统误差在处理时，应采用不同的方法。

3) 系统误差产生的原因及鉴别

系统误差产生的原因主要包括仪器结构不良、周围环境的改变、采用近似的测量方法或近似的计算公式等。系统误差可以通过 3 种方法进行鉴别:测量值总往一个方向偏或呈周期性变化、误差的大小和符号几乎相同、经过校正和处理可以减小乃至消除。

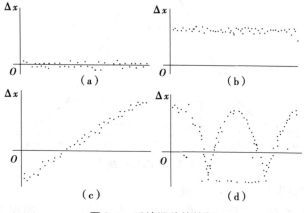

图 3.1 系统误差的特征

4)减小系统误差的方法

通常可以通过以下途径减小系统误差:
①采用的测量方法和依据的原理正确。
②选用的仪器仪表类型正确,准确度满足测量要求。
③测量仪器应定期检定、校准,测量前要正确调节零点,应按操作规程正确使用仪器。
④条件许可时,可尽量采用数字显示仪器代替指针式仪器,以减小由于刻度不准及分辨力不高等因素带来的系统误差。
⑤提高测量人员的操作技能,尽量消除带来系统误差的主观原因。

3.2.2 随机误差

1)随机误差的概念

在同一条件下,对某一被测量进行多次测量时,每次测量的结果一般有所差异,其差异的大小和符号以不可预定的方式变化着,这种误差称为随机误差,也称为偶然误差。

2)随机误差的特性

随机误差服从正态分布,可以用概率统计方法处理。图 3.2 所示为随机误差的正态分布曲线,图中横坐标表示偶然误差,纵坐标表示误差出现的概率,图中曲线称为误差分布曲线,其数学表达式为:

$$y = \frac{1}{\sigma\sqrt{2\pi}}e^{-\frac{x^2}{2\sigma^2}}$$

(3.4)

式(3.4)称为高斯误差分布定律,亦称为误差方程。其中,σ 为标准误差。

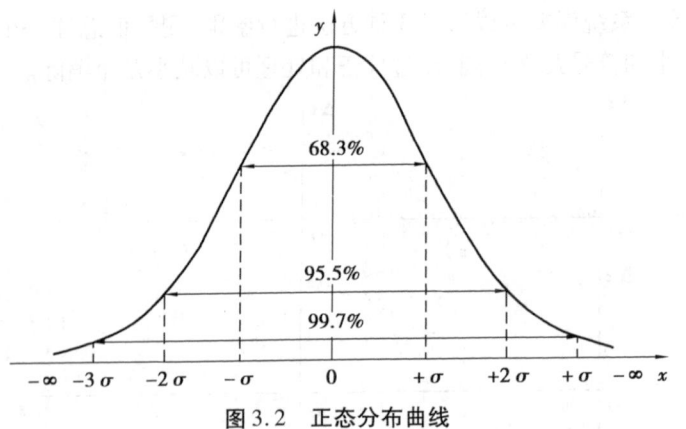

图 3.2　正态分布曲线

由图可以看到随机误差具有如下特征：

①单峰性：绝对值小的误差比绝对值大的误差出现的机会多，即误差的概率与误差的大小有关。σ 越小，正态分布曲线越尖锐，表明测量值越集中，精密度越高，反之 σ 越大，曲线越平坦，表明测量值越分散，精密度越低。

②对称性：绝对值相等的正、负误差出现的次数相当，即误差的概率相同。

③有界性：极大的正、负误差出现的概率都非常小，即大的误差一般不会出现。由概率知识可知：误差出现在 $\pm\sigma$ 内的概率为 68.3%，出现在 $\pm2\sigma$ 内的概率为 95.5%，而出现在 $\pm3\sigma$ 内的概率为 99.7%。由于一般的测量次数不是很多，故测量值误差超出 $\pm3\sigma$ 区间的可能性极小（概率为 0.3%）。因此，当误差大于 3σ 的，可以认为是由于过失误差或实验条件变化未被发觉等原因引起的，应予以舍弃。这种判断可疑实验数据的原则称为 3σ 准则。

④抵偿性：随着测量次数的增加，偶然误差的算术平均值趋近于 0。

3）随机误差产生的原因及鉴别

随机误差是由某种难以控制的偶然因素造成的，包括零部件配合的不稳定性、零部件的变形、温度的微小波动、电磁场的扰动、人员读数时的不稳定等。系统误差的鉴别方法主要有：误差不会超出一定的范围；绝对值小的误差比绝对值大的误差出现的机会多；绝对值相等的正、负误差出现机会相同；比真值大的测量值与比真值小的测量值出现的概率相等。

4）减小随机误差的方法

随机误差可以通过增加重复测量的次数取平均值的办法来减小。

3.2.3　粗大误差

粗大误差主要是由于测量人员粗心大意、操作不当，使用有缺陷的测量仪表，实验条件突然变化等造成的。含有粗大误差的测量值称为坏值或异常值，是与事实不符的，在实际测量中必须根据统计检验的某些规则去判断一组测量中哪个测量值是坏值，并将其剔除。

粗大误差虽无规律可循，但只要在试验中细心操作，粗大误差是完全可以避免的。而系统误差和随机误差是难以避免，甚至是不可避免的。

3.2.4　误差的关系

需要强调的是,系统误差和随机误差虽是两个截然不同的概念,但在任何测量中,误差既不会是单纯的系统误差,也不是单纯的随机误差,而是二者兼而有之,并且这两种误差之间没有严格的分界线。在实际测量中有许多误差是无法准确判断其从属性的,并且在一定的条件下,随机误差的一部分可转化为系统误差。例如,指示仪表的刻度误差,对于制造厂同型号的一批仪表来说具有随机性,故属于随机误差;对于用户的某一块仪表来说,该误差是固定不变的,故属于系统误差。

3.3　误差合成与分配

3.3.1　测量误差的评价指标

在对某一被测量进行多次测量时,由于随机误差的存在,其测量结果会各不相同,只能对其真值做出最佳估计,即所谓的最优概值。为了评定测量的最优概值的优劣,需要引入一些评价指标,常用的有标准误差 σ 和极限误差 Δ_{max}。

1)测量的标准误差 σ

对某被测量重复测量 n 次而得测量列 $x_1, x_2, \cdots, x_n$ 的标准误差 σ 定义式如下:

$$\sigma = \sqrt{\frac{\sum_{i=1}^{n} v_i^2}{n-1}} \qquad (3.5)$$

式中　v_i——残差或剩余误差,$v_i = x_i - \bar{x}$。

式(3.5)称为贝塞尔公式。

测量列的标准误差 σ 明确地、单值地表征着测量列的精密度,其值取决于测量方法、仪器设备质量、环境条件的优劣和测量者的技术水平等因素。

2)算术平均值的标准误差 $\sigma_{\bar{x}}$

服从正态分布的直接测量值的最优概值就是这组测量列的算术平均值 $\bar{x}_0$,算术平均值的标准误差 $\sigma_{\bar{x}}$ 为:

$$\sigma_{\bar{x}} = \frac{\sigma}{\sqrt{n}} \qquad (3.6)$$

3)测量的极限误差 Δ_{max}

从概率论中得知,随机误差落在 $[-3\sigma, 3\sigma]$ 区间内的概率为 99.7%,而落在外面的只有0.3%。因此,在有限次的测量中,通常认为不出现大于 3σ 的误差,而将 3σ 定为极限误差。当在测量中出现误差绝对值大于 3σ 的测量值时,则认为该测量值存在粗大误差而予以剔除。

4)最优概值的极限误差 $\Delta_{\bar{x},\max}$

最优概值的极限误差为:

$$\Delta_{\bar{x},\max} = 3\sigma_{\bar{x}} = \frac{3\sigma}{\sqrt{n}} = 3\sqrt{\frac{\sum_{i=1}^{n} v_i^2}{n(n-1)}} \tag{3.7}$$

3.3.2 误差的合成

实际测量中,测量的准确度是由总误差来度量的,当剔除掉粗大误差后,决定测量准确度的就是系统误差和随机误差。误差合成就是在正确地分析和综合由多个不同类型的单项误差因素的基础上,正确地表述这些误差的综合影响。

1)随机误差的合成

随机误差经常采用标准误差来合成。用标准误差合成有明显的优点,不仅简单方便,而且无论各单项随机误差的概率分布如何,只要给出各个标准误差,均可计算出总的标准误差。

若测量结果中有 q 个彼此独立的随机误差,各单次测量误差的标准误差分别是 $\sigma_1,\sigma_2,\cdots,\sigma_q$,则 q 个独立随机误差的综合效应是它们的方和根,综合后标准误差 σ 为:

$$\sigma = \sqrt{\sum_{i=1}^{q} \sigma_i^2} \tag{3.8}$$

在计算综合误差时,经常用极限误差合成。极限误差 l_i 为:

$$l_i = 3\sigma_i \tag{3.9}$$

合成后的极限误差 l 为:

$$l = \sqrt{\sum_{i=1}^{q} l_i^2} = 3\sigma \tag{3.10}$$

若测量次数较少,可用 t 分布按给定的置信水平求极限误差,具体方法请查阅相关书籍。

2)系统误差的合成

(1)确定系统误差的合成

①代数合成法:已知各系统误差的分量 $\varepsilon_1,\varepsilon_2,\cdots,\varepsilon_r$ 的大小及符号,可求得总系统误差 ε,即:

$$\varepsilon = \varepsilon_1 + \varepsilon_2 + \cdots + \varepsilon_r = \sum_{i=1}^{r} \varepsilon_i \tag{3.11}$$

②绝对值合成法:在测量中只能估计出各系统误差分量 $\varepsilon_1,\varepsilon_2,\cdots,\varepsilon_r$ 的数值大小,但不能确定其符号时,可采用最保守的合成方法,绝对值合成法。即:

$$\varepsilon = \pm(|\varepsilon_1| + |\varepsilon_2| + \cdots + |\varepsilon_r|) = \pm\sum_{i=1}^{r} |\varepsilon_i| \tag{3.12}$$

③方和根合成法:在测量中只能估计出各系统误差分量 $\varepsilon_1,\varepsilon_2,\cdots,\varepsilon_r$ 的数值大小,但不能

确定其符号,且测量中系统误差的分量又比较多($r>10$)时,各分量最大值同时出现的概率是不大的,它们之间可以抵消一部分。因此,如果仍按照绝对值合成法计算总的系统误差 ε,显然对误差的估计偏大,此种情况可采用方和根合成法,即:

$$\varepsilon = \pm\sqrt{\varepsilon_1^2 + \varepsilon_2^2 + \cdots + \varepsilon_r^2} = \pm\sqrt{\sum_{i=1}^{r} \varepsilon_i^2} \qquad (3.13)$$

当系统误差纯属于定值系统误差(大小及符号确定)时,可直接采用与定值系统误差大小相等、符号相反的量去修正测量结果,修正后此项误差就不存在了。

(2)不确定系统误差的合成

①各系统不确定度 e_i 线性相加,得到总的不确定度,即:

$$e = \sum_{i=1}^{p} e_i \qquad (3.14)$$

此方法较安全,但误差估计偏大,特别是 p 比较大时,更为突出。所以,在 $p \leqslant 10$ 时,才能应用此法。

②方和根合成法:当 $p>10$ 时,可以采用方和根合成法。

$$e = \pm\sqrt{\sum_{i=1}^{p} e_i^2} \qquad (3.15)$$

③由系统不确定度 e_i 算出标准差 σ_i,再取方和根合成,即:

$$e = \sqrt{\sum_{i=1}^{p} \sigma_i^2} = \sqrt{\sum_{i=1}^{p} \left(\frac{e_i}{k_i}\right)^2} \qquad (3.16)$$

式中 k_i——置信系数。

在一般科学与工程领域中不确定系统误差项 p 很少超过 10。所以,对不确定系统误差采用线性相加法比较合适。

3)随机误差与系统误差的合成

在测量结果中,一般既有随机误差,又有系统误差,其综合误差为:

$$\Delta = \varepsilon \pm (e + \sigma) \qquad (3.17)$$

3.3.3 间接测量的误差传递

在科学实验中,有许多量只能通过直接测量后,再进行函数计算才能确定。由于直接测量存在误差,因此由计算得到的间接测量值也存在误差,这就是误差传递。

1)函数系统误差的传递公式

设 $x_1, x_2, \cdots, x_n$ 为独立的测量量,y 为待测物理量,其函数关系为:

$$y = f(x_1, x_2, \cdots, x_n) \qquad (3.18)$$

且 x_i 的绝对误差为 Δx_i,y 的绝对误差为 Δy,则:

$$y + \Delta y = f(x_1 + \Delta x_1, x_2 + \Delta x_2, \cdots, x_n + \Delta x_n) \qquad (3.19)$$

经推导可得间接测量误差传递的基本公式如下:

$$\Delta y = \frac{\partial f}{\partial x_1}\Delta x_1 + \frac{\partial f}{\partial x_2}\Delta x_2 + \cdots + \frac{\partial f}{\partial x_n}\Delta x_n \tag{3.20}$$

式中　Δy——函数误差；

$\quad\quad \Delta x_i$——各直接测量值的误差；

$\quad\quad \dfrac{\partial f}{\partial x_i}$——各个误差的传递系数。

若函数关系简单,可用下列公式直接计算函数系统误差。若函数关系为:

$$y = x_1 \pm x_2 \pm \cdots \pm x_n \tag{3.21}$$

则函数的系统误差为:

$$\Delta y = \Delta x_1 \pm \Delta x_2 \pm \cdots \pm \Delta x_n \tag{3.22}$$

2) 函数随机误差的传递公式

设函数的一般形式为 $y=f(x_1,x_2,\cdots,x_n)$,各个测量量都进行了 n 次测量。如果对间接测量的测量列 $\{y_i\}$ 同直接测量一样定义它的测量列标准误差:

$$\sigma_y = \sqrt{\frac{\sum\limits_{i=1}^{n} \eta_i^2}{n}} \quad \eta_i = y_i - y_0 \tag{3.23}$$

式中,y_0 为真值,则:

$$\sigma_y = \sqrt{\sum_{i=1}^{n} \left(\frac{\partial f}{\partial x_i}\right)^2 \sigma_{x_i}^2} \tag{3.24}$$

式中　σ_y——函数标准误差;

$\quad\quad \sigma_{x_i}$——直接测量值的标准误差,$i=1,2,3,\cdots,n$。

式(3.24)称为随机误差传递公式,式中 $\dfrac{\partial f}{\partial x_i}\sigma_{x_i}$ 称为自变量 x_i 的部分误差,记作 D_i。则式(3.24)可写为:

$$\sigma_y = \sqrt{\sum_{i=1}^{n} D_i^2} \tag{3.25}$$

3.3.4　间接测量的误差分配

误差分配是在已知总误差的前提下,合理分配各误差分量的问题。当规定了间接测量的误差不能超过某一规定值时,可以利用误差传递公式求出各测量量的误差允许值,从而满足间接测量误差的要求。误差分配一般按以下方法进行:

1) 等作用分配误差

等作用原则就是认为各个部分误差对函数误差的影响相等,则:

$$\sigma_{x_i} = \frac{1}{\dfrac{\partial f}{\partial x_i}} \frac{\sigma_y}{\sqrt{n}} \tag{3.26}$$

如果各个直接测量量的误差满足式(3.26),则所得的间接误差不会超过允许误差的给定值。

2)按可能性调整误差

按等作用原则分配误差可能会出现不合理情况。这是因为计算出来的各个局部误差都相等,对于其中有的测量量要保证它的测量误差不超过允许范围是比较容易实现的,而对于其中另外的测量量,由于要求的测量误差很小,势必要采用高准确度仪表,或以增加测量次数及测量成本为代价,或者技术上很难实现。因此,在等作用原则分配误差的基础上,根据具体情况进行适当调整。对难以实现测量的误差项适当扩大,对容易实现的误差项尽可能缩小,其余误差项则不予调整。

3)验算调整后的总误差

误差调整后,应按照误差合成公式计算实际总误差,若超出给定的允许误差范围,应选择可能缩小的误差项再进行缩小。若实际总误差较小,可适当扩大难以实现的误差项的误差,合成后与要求的总误差进行比较,直到满足要求为止。

【例3.4】 试设计一个简单的散热器热工性能实验装置,利用下式计算散热量:

$$Q = W\rho c(t_1 - t_2)$$

式中 W——体积流量,L/h;

ρ——水的密度,kg/m³;

c——比热,kJ/(kg·℃);

t_1, t_2——散热器进、出口水温,℃。

设计工况为:$t_1-t_2=25$ ℃;$W=50$ L/h,要求测量误差不大于10%,需要如何配置仪表。

【解】 ①根据误差传递公式,写出相对误差关系式。由题意可知,这是间接测量问题,直接测量参数为热水流量 W 和进出口水温 t_1, t_2。为简单起见,设 W, t_1, t_2 是相互独立且为正态误差分布,ρ, c 为常量,误差为0。根据误差传递公式可以写出:

$$\sigma_Q^2 = \left(\frac{\partial Q}{\partial W}\right)^2 \sigma_W^2 + \left(\frac{\partial Q}{\partial t_1}\right)^2 \sigma_{t_1}^2 + \left(\frac{\partial Q}{\partial t_2}\right)^2 \sigma_{t_2}^2$$

依正态分布写成误差限 ΔQ(取 $\Delta Q = 3\sigma_Q, \Delta W = 3\sigma_W, \Delta t_1 = 3\sigma_{t_1}, \Delta t_2 = 3\sigma_{t_2}$)的传递公式,两边除以 Q^2,则:

$$\left(\frac{\Delta Q}{Q}\right)^2 = \left(\frac{\Delta W}{W}\right)^2 + \left(\frac{\Delta t_1}{t_1 - t_2}\right)^2 + \left(\frac{\Delta t_2}{t_1 - t_2}\right)^2$$

②将题意给定的总误差分解,初步估计直接测量误差限。由题意已知,要求测量的误差限:

$$\left|\frac{\Delta Q}{Q}\right| \leq 10\%$$

故应满足:

$$\sqrt{\left(\frac{\Delta W}{W}\right)^2 + \left(\frac{\Delta t_1}{t_1 - t_2}\right)^2 + \left(\frac{\Delta t_2}{t_1 - t_2}\right)^2} \leq 10\%$$

显然,可能有无穷多解。根据误差等作用原则。令:

$$\left(\frac{\Delta W}{W}\right)^2 = \left(\frac{\Delta t_1}{t_1 - t_2}\right)^2 = \left(\frac{\Delta t_2}{t_1 - t_2}\right)^2 = D^2$$

则:

$$\sqrt{3D^2} \leqslant 10\%$$

即:

$$D \leqslant 5.8\%$$

以此为初选仪表的依据。

③配置测量仪器:现有测量范围为 40 ~ 400 L/h,精度为 1.5 级的浮子流量计,可用于水流量的测量;还有 0 ~ 100 ℃,允许误差为 1 ℃的玻璃水银温度计,用于测量水温。这样,首先判断可能的测量误差。

流量测量:根据所给的条件,上述浮子流量计的最大测量误差为:

$$\Delta W_{max} = (400 - 40) \times 1.5\% = 5.4(L/h)$$

在设计工况下,流量为 50 L/h 时,该流量计的相对误差最大值为:

$$\frac{\Delta W_{max}}{W} = \frac{5.4}{50} = 10.8\%$$

已经超出了按照误差等作用原则给出的初选指标 $D \leqslant 5.8\%$,应重新选择精度更高的仪表。

温度测量:根据所给的条件,设计工况规定的温差 $t_1 - t_2 = 25$ ℃,则温差测量的相对误差为:

$$\frac{\Delta t_1}{t_1 - t_2} = \frac{\Delta t_2}{t_1 - t_2} = \frac{1}{25} = 4\% \leqslant 5.8\%$$

温差测量的相对误差没有超出初选的指标。如果按照这种仪器配置,总误差将为:

$$\sqrt{\left(\frac{\Delta W}{W}\right)^2 + \left(\frac{\Delta t_1}{t_1 - t_2}\right)^2 + \left(\frac{\Delta t_2}{t_1 - t_2}\right)^2} = \sqrt{0.108^2 + 0.04^2 + 0.04^2} = 12.2\% > 10\%$$

显然不满足要求。为此,应重新选用 40 ~ 400 L/h 的浮子流量计,可先尝试使其精度提高为 1.0 级。这时,流量的最大测量误差为:

$$\Delta W_{max} = (400 - 40) \times 1.0\% = 3.6(L/h)$$

该流量计的相对误差最大值为:

$$\frac{\Delta W_{max}}{W} = \frac{3.6}{50} = 7.2\%$$

较初选指标略高,但考虑到温度测量精度的余量,仍有满足精度的可能,进行再次复核,则:

$$\frac{\Delta Q}{Q} = \sqrt{\left(\frac{\Delta W}{W}\right)^2 + \left(\frac{\Delta t_1}{t_1 - t_2}\right)^2 + \left(\frac{\Delta t_2}{t_1 - t_2}\right)^2} = \sqrt{0.072^2 + 0.04^2 + 0.04^2} = 9.2\% \leqslant 10\%$$

符合设计要求,故所选仪表可用。

3.4 数据处理

3.4.1 数据处理的基本知识

1)有效数字的概念

在实际中所测得的被测量都是含有误差的数值,对这些数值的尾数不能任意取舍,否则会影响测量的精确度。所以,在记录数据、计算以及书写测量结果时,应写出几位数字,有严格的要求。一般来说,有效数字是由准确数字和存疑数字组成。测量数据中的存疑数字一般只取 1 位。

(1)有效数字

有效数字是指从左边第一个非零数字算起,直到右边最后一位数字为止的各位数字。例如,9.06 V,465 kHz,2.30 mA 等都是有效数字。在确定有效数字的位数时,应注意:

①在第一位非 0 数字左边的"0"不是有效数字,而在非 0 数字中间的"0"和右边的"0"是有效数字。

②有效数字与测量误差的关系:一般规定误差不超过有效数字末位单位数字的 1/2。因此,有效数字的末位数字位为"0"时,不能随意删除。

③若用"10"的方幂来表示数据,则"10"的方幂前面的数字都是有效数字。

④有效数字不能因选用的单位变化而改变。

例如:

有效数字	举例		
二位	0.0010	1.5	1.2×10^3
三位	32.0	540±7	2.30×10^3
四位	31.03	3.551	732.0
五位	2139.0	62.001	1.2000
六位	121.054	1.26614	72.5000

(2)数据的舍入规则

当只需要 N 位有效数字时,对第 $N+1$ 位及其后面的各位数字就要根据舍入规则进行处理,现在普遍采用的舍入规则为:

①"四舍六入":当第 $N+1$ 位为小于 5 的数时,舍掉第 $N+1$ 位及其后面的所有数字;若第 $N+1$ 位为大于 5 的数时,舍掉第 $N+1$ 位及其后面的所有数字的同时,第 N 位加 1。

②当第 $N+1$ 位恰为"5"时,则以使末位凑成偶数为准。如第 N 位有效数字是偶数时,则舍弃不计;如第 N 位有效数字是奇数时,则把第 N 位有效数字在原数上加 1 为偶数。

例如:根据上面的舍入规则,将下列数字保留 3 位有效数字。

$$3.1416 \rightarrow 3.14 \qquad 2.7384 \rightarrow 2.74$$
$$9.376 \;\rightarrow 9.38 \qquad 124.5 \;\rightarrow 124$$
$$0.5234 \rightarrow 0.523 \qquad 1.335 \;\rightarrow 1.34$$

以上对有效数字的修约规则可以归纳为一句话:"四舍六入,五凑双"。这种以规定位数的奇偶作为舍入判据的方法,在大量的数字运算中,可使舍入的概率相等,舍入误差的影响最小。仪器误差限、标准差及不确定度的计算值,在去掉多余位时,一般只入不舍。如计算不确定度时计算数据为 0.0316,取一位有效数字时为 0.04。

2)有效数字的运算

由于测量误差的存在,直接测得的数据只能是近似数,通过这些近似数求得的间接测量值也是近似数。几个近似数的运算可能会增大误差。为了不因计算而引进误差,同时为了使运算更简洁,对有效数字的运算做如下规定:

①在加减计算中,先将各数据小数点后的位数处理成与小数点后有效数字位数最少的数据相同后再进行计算。要尽量避免两相近数的相减,以免对计算结果产生很大的影响,非减不可时,应多取几位有效数字。例如:将 24.65,0.0082,1.632 这 3 个数字相加时,应写为"24.65+0.01+1.63=26.29"。

②在乘除运算中,先将各数据处理成与有效数字位数最少的数据相同或多一位后再进行计算,运算结果的有效数字位数也应处理成与有效数字位数最少的数据相同。例如:"0.0121×25.64×1.05782"应写成"0.0121×25.6×1.06=0.328"。此例说明,虽然这 3 个数的乘积为 0.3283456,但只应取其积为 0.328。

③其他运算。乘方、开方的有效数字比原数的有效数字位数多 1 位。如:$27.8^2 \approx 772.8$;$115^2 \approx 1.322 \times 10^4$;$\sqrt{9.4} \approx 3.06$;$\sqrt{265} \approx 16.28$。

3.4.2 直接测量值的整理

直接测量数据的处理就是对被测量进行重复测量 n 次之后,根据所得的一组数据 x_1,x_2,$\cdots$,x_n,计算出最优概值 $\bar{x}$ 和标准误差 σ,最后给出测量结果,具体处理过程如下:

①求出直接测量的最优概值:直接测量值的最优概值就是这组测量值的算术平均值,即:

$$\bar{x} = \frac{1}{n} \sum_{i=1}^{n} x_i \qquad (3.27)$$

②计算每一测量量的剩余误差:$v_i = x_i - \bar{x}$

③计算标准误差 σ:

$$\sigma = \sqrt{\frac{1}{n-1} \sum_{i=1}^{n} (x_i - \bar{x})^2} \qquad (3.28)$$

④判别有无异常数据:如果在测量结果中出现剩余误差 $|v_i| > 3\sigma$ 的测量值,就认为该测量值属粗大误差而予以剔除;然后,重复步骤①~③判断有无异常数据,直至无异常数据为止。

⑤计算算术平均值的标准误差:

$$\sigma_{\bar{x}} = \frac{\sigma}{\sqrt{n}} \tag{3.29}$$

⑥写出测量结果的表达形式。在对测量列按上述方法计算整理后,可以把被测未知量 x 的测量结果表示为如下的形式:

$$x = \bar{x} \pm \sigma_{\bar{x}} \quad （置信度为68.3\%）$$

或

$$x = \bar{x} \pm 3\sigma_{\bar{x}} \quad （置信度为99.7\%） \tag{3.30}$$

【例3.5】 对某未知电阻进行了15次测量,测量值如下表所示,求最优概值及其误差。

序号	x_i/Ω	v_i	v_i^2
1	105.3	0.09	0.0081
2	104.94	−0.27	0.0729
3	105.63	0.42	0.1764
4	105.24	0.03	0.0009
5	104.86	−0.35	0.1225
6	104.97	−0.24	0.0576
7	105.35	0.14	0.0196
8	105.16	−0.05	0.0025
9	105.71	0.50	0.2500
10	104.70	−0.51	0.2601
11	105.36	0.15	0.0225
12	105.21	0.00	0.0000
13	105.19	−0.02	0.0004
14	105.21	0.00	0.0000
15	105.32	0.11	0.0121
$\sum$	1578.15	0	1.0056

【解】 ①计算被测量的最优概值:

$$\bar{x} = \frac{1}{n}\sum_{i=1}^{n} x_i = \frac{1578.15}{15} = 105.21(\Omega)$$

②计算每一测量值的剩余误差 v_i,填入表中。

③计算被测量的标准误差:

$$\sigma = \sqrt{\frac{\sum_{i=1}^{n} v_i^2}{n-1}} = \sqrt{\frac{1.0056}{15-1}} = 0.27(\Omega)$$

④根据 $\Delta_{max} = 3\sigma$ 判别有无 $|v_i| > 3\sigma = 0.81$,查上表知所有 $|v_i| < 3\sigma$,故无异常数据。

⑤计算 $\sigma_{\bar{x}}$，$\sigma_{\bar{x}} = \dfrac{\sigma}{\sqrt{n}} = \dfrac{0.27}{\sqrt{15}} = 0.07$。

⑥写出测量结果的表达形式。

测量结果可表示为：

$$x = \bar{x} \pm \sigma_{\bar{x}} = (105.21 \pm 0.07)(\Omega) \qquad （置信度为68.3\%）$$

或

$$x = \bar{x} \pm 3\sigma_{\bar{x}} = (105.21 \pm 0.21)(\Omega) \qquad （置信度为99.7\%）$$

3.4.3 间接测量值的整理

1）计算间接测量值的最优概值

间接测量值的最优概值 y_0 可以通过把各直接测量的自变量的最优概值代入函数式中去求得，即：

$$y_0 = f(x_{10}, x_{20}, \cdots, x_{m0}) \tag{3.31}$$

式中　$x_{10}, x_{20}, \cdots, x_{m0}$——独自自变量 $x_1, x_2, \cdots, x_m$ 的最优概值，即算术平均值。

2）计算间接测量值的标准误差

$$\sigma_y = \sqrt{\sum_{i=1}^{m} \left(\frac{\partial f}{\partial x_i}\right)^2 \sigma_{x_i}^2} = \sqrt{\sum_{i=1}^{m} D_i^2} \tag{3.32}$$

式中　σ_y——间接测量值的标准误差；

　　　σ_{x_i}——直接测量值的标准误差，$i = 1, 2, 3, \cdots, n$；

　　　$\dfrac{\partial f}{\partial x_i}\sigma_{x_i}$——自变量 x_i 的部分误差，记作 D_i。

3.4.4 组合测量值的整理

测量过程中各个未知量以不同的组合形式出现，根据直接测量或间接测量所获得的数据，通过求解联立方程组以求得未知的数值，这类测量称为组合测量。组合测量值整理常用的方法是最小二乘法。最小二乘法是一种通过最小化误差的平方和寻找数据最佳函数匹配的数学优化技术，利用最小二乘法可以简便地求得未知的数据，并使得这些求得的数据与实际数据之间误差的平方和为最小。

①若所测的未知量 x 与被测量 y 之间满足线性关系：

$$y = ax + b \tag{3.33}$$

如果进行了 n 次测量，则测量列 $\{y_i\}$ 的残差是

$$v_i = y_i - (ax_i + b) \tag{3.34}$$

残差平方和表示为：

$$\sum_{i=1}^{n} v_i^2 = \sum_{i=1}^{n} \left[y_i - (ax_i + b) \right]^2 \tag{3.35}$$

即：

$$\begin{cases} v_1^2 = y_1^2 + a^2 x_1^2 + b^2 + 2abx_1 - 2by_1 - 2ax_1y_1 \\ v_2^2 = y_2^2 + a^2 x^2 + b^2 + 2abx_2 - 2by_2 - 2ax_2y_2 \\ \qquad\qquad\qquad\qquad \vdots \\ v_n^2 = y^2 + a^2 x_n^2 + b^2 + 2abx_n - 2by_n - 2ax_ny_n \end{cases} \tag{3.36}$$

将式(3.36)左右两边分别相加,得：

$$\sum_{i=1}^{n} v_i^2 = \sum_{i=1}^{n} y_1^2 + a^2 \sum_{i=1}^{n} x_i^2 + nb^2 + 2ab \sum_{i=1}^{n} x_i - 2b \sum_{i=1}^{n} y_i - 2a \sum_{i=1}^{n} x_iy_i \tag{3.37}$$

由最小二乘法原理可知,要使残差平方和最小,则 a 和 b 必须满足：

$$\begin{cases} \dfrac{\partial \sum\limits_{i=1}^{n} v_i^2}{\partial a} = 2a \sum\limits_{i=1}^{n} x_i^2 + 2b \sum\limits_{i=1}^{n} x_i - 2 \sum\limits_{i=1}^{n} x_iy_i = 0 \\ \dfrac{\partial \sum\limits_{i=1}^{n} v_i^2}{\partial b} = 2nb + 2a \sum\limits_{i=1}^{n} x_i - 2 \sum\limits_{i=1}^{n} y_i = 0 \end{cases} \tag{3.38}$$

求解方程组可得未知量 a,b 的最优概值 $\overline{a},\overline{b}$。

②若所测的未知量与被测量之间的关系式为：

$$y = a_0 + a_1 x + a_2 x^2 + \cdots + a_n x^n \tag{3.39}$$

则测量列 $\{y_i\}$ 的残差平方和是

$$\sum_{i=1}^{n} v_i^2 = \sum_{i=1}^{n} \left[y_i - (a_0 + a_1 x_i + a_2 x_i^2 + \cdots + a_n x_i^n) \right]^2 \tag{3.40}$$

要使残差平方和最小,则

$$\frac{\partial \sum\limits_{i=1}^{n} v_i^2}{\partial a_k} = -2 \sum_{i=1}^{n} \left[y_i - (a_0 + a_1 x_i + a_2 x_i^2 + \cdots + a_n x_i^n \right] x_i^k k = 0 (k = 0,1,\cdots,n) \tag{3.41}$$

即：

$$\sum_{i=1}^{n} y_i x_i^k = a_0 \sum_{i=1}^{n} x_i^k + a_1 \sum_{i=1}^{n} x_i^{k+1} + \cdots + a_n \sum_{i=1}^{n} x_i^{k+n} \tag{3.42}$$

引入记号 $s_k = \sum\limits_{i=1}^{n} x_i^k$ 和 $u_k = \sum\limits_{i=1}^{n} y_i x_i^k$,则方程可写为：

$$\begin{cases} s_0 a_0 + s_1 a_1 + \cdots + s_n a_n = u_0 \\ s_1 a_0 + s_2 a_1 + \cdots + s_{n+1} a_n = u_1 \\ \qquad\qquad\qquad\qquad \vdots \\ s_n a_0 + s_{n+1} a_1 + \cdots + s_{2n} a_n = u_n \end{cases} \tag{3.43}$$

令：

$$S = \begin{bmatrix} s_0 & \cdots & s_n \\ \vdots & & \vdots \\ s_n & \cdots & s_{2n} \end{bmatrix}, A = \begin{bmatrix} a_0 \\ \vdots \\ a_n \end{bmatrix}, U = \begin{bmatrix} u_0 \\ \vdots \\ u_n \end{bmatrix}$$

则方程组可写成矩阵形式 $SA = U$，它的系数行列式是：

$$\det(S) = \begin{bmatrix} s_0 & \cdots & s_n \\ \vdots & & \vdots \\ s_n & \cdots & s_{2n} \end{bmatrix}$$

由 $s_i(i = 1, 2, \cdots, 2n)$ 的定义及行列式的性质可知，当 $x_1, x_2, \cdots, x_n$ 互异时，$\det(S) \neq 0$，式 $SA = U$ 有唯一解，$a_1, a_2, \cdots, a_n$ 满足 $A = S^{-1}U$ 且它们使 $\sum_{i=1}^{n} v_i^2$ 取极小值。

③若所测的未知量有 m 个：$x_1, x_2, \cdots, x_m$，各次测量值是 $x_1, x_2, \cdots, x_m$ 的函数组合，且每次测量的组合可能不同。如果进行了 n 次测量，得到的测量列 $\{y_i\}$ 如下：

$$y_1 = f(x_{11}, x_{21}, \cdots, x_{m1})$$
$$y_2 = f(x_{12}, x_{22}, \cdots, x_{m2})$$
$$\vdots$$
$$y_n = f(x_{1n}, x_{2n}, \cdots, x_{mn}) \tag{3.44}$$

这里未知量的组合法即函数 f 是已知的，并常把它当作线性的，令：

$$\begin{cases} y_1 = a_1 x_{11} + a_2 x_{21} + \cdots + a_m x_{m1} \\ y_2 = a_1 x_{12} + a_2 x_{22} + \cdots + a_m x_{m2} \\ \vdots \\ y_n = a_1 x_{1n} + a_2 x_{2n} + \cdots + a_m x_{mn} \end{cases} \tag{3.45}$$

如果函数 f 中的参数是非线性的，则用级数展开的方法使其在某一区域近似地化成线性的形式，从而把方程组(3.44)转化成方程组(3.45)，然后求解 $a_1, a_2, \cdots, a_m$ 等 m 个未知量。一般来说，互相独立含有 m 个未知量的 n 个方程：

$n < m$，即方程个数小于未知量的个数时，则方程组(3.45)有无限多个解。说明由于测量的次数不够，没有足够的数据来求解未知量。

$n = m$，即方程个数等于未知量的个数时，则方程组(3.45)有唯一的一组解。

$n > m$，即方程个数大于未知量的个数时，一般可以把方程分成两部分，前 m 个方程可求得一组解 $a_1, a_2, \cdots, a_m$，但它不一定满足剩下第二部分的 $(n-m)$ 个方程，因此用代数方法已无法求解方程组(3.45)。根据测量误差理论可知，因为误差的存在，当 $n = m$ 时，解得的 $a_1, a_2, \cdots, a_m$ 并不一定是最优概值。何况在测量中遇到的情况总是 $n > m$ 的，有时是 $n \geq m$。无疑从测量的角度出发，测量的次数越多越好。此时，对方程组(3.45)的求解可采用最小二乘法。

在 y 的测量有误差的情况下，未知参量 $a_1, a_2, \cdots, a_m$ 的最优概值应该是把各直接测量值 $x_1, x_2, \cdots, x_m$ 的最优概值代入函数关系式 $y = f(x_1, x_2, \cdots, x_m)$ 所得的残差平方和最小的情况。对测量列 $\{y_i\}$ 来说，如果求得了 $x_1, x_2, \cdots, x_m$ 的最优概值：$x_{10}, x_{20}, \cdots, x_{m0}$，那么 $\{y_i\}$ 的残差为：

$$v_i = y_i - (a_1 x_{10} + a_2 x_{20} + \cdots + a_m x_{m0})(i = 1, 2, \cdots, n) \tag{3.46}$$

由最小二乘法原理可知,此时的残差平方和为最小,即:

$$\sum_{i=1}^{n} v_{i,\min}^2 = \sum_{i=1}^{n} \left[y_i - (a_1 x_{10} + a_2 x_{20} + \cdots + a_m x_{m0}) \right]^2 \tag{3.47}$$

为求得式(3.47)的最小值,只要求出它对各未知量的一阶偏导数,并令其等于0,从而得:

$$\begin{cases} \dfrac{\partial \sum\limits_{i=1}^{n} v_i^2}{\partial a_1} = 0 \\[2ex] \dfrac{\partial \sum\limits_{i=1}^{n} v_i^2}{\partial a_2} = 0 \\[1ex] \qquad\vdots \\[1ex] \dfrac{\partial \sum\limits_{i=1}^{n} v_i^2}{\partial a_m} = 0 \end{cases} \tag{3.48}$$

这是含有 m 个未知量 $a_1, a_2, \cdots, a_m$ 的 m 个方程联立的方程组,求解这组方程就可以得到未知量 $a_1, a_2, \cdots, a_m$ 的最优概值 $\bar{a}_1, \bar{a}_2, \cdots, \bar{a}_m$。对方程组整理即可得方程组:

$$\begin{cases} \left(\sum\limits_{i=1}^{n} x_{1i}^2 \right) a_1 + \left(\sum\limits_{i=1}^{n} x_{2i} x_{1i} \right) a_2 + \cdots + \left(\sum\limits_{i=1}^{n} x_{mi} x_{1i} \right) a_m = \sum\limits_{i=1}^{n} x_{1i} y_i \\[1ex] \left(\sum\limits_{i=1}^{n} x_{1i} x_{2i} \right) a_1 + \left(\sum\limits_{i=1}^{n} x_{2i}^2 \right) a_2 + \cdots + \left(\sum\limits_{i=1}^{n} x_{mi} x_{2i} \right) a_m = \sum\limits_{i=1}^{n} x_{2i} y_i \\[1ex] \qquad\qquad\qquad\qquad\qquad\vdots \\[1ex] \left(\sum\limits_{i=1}^{n} x_{1i} x_{mi} \right) a_1 + \left(\sum\limits_{i=1}^{n} x_{2i} x_{mi} \right) a_2 + \cdots + \left(\sum\limits_{i=1}^{n} x_{mi}^2 \right) a_m = \sum\limits_{i=1}^{n} x_{mi} y_i \end{cases} \tag{3.49}$$

(3.49)方程组在最小二乘法中称为正规方程组,可以用代数的方法进行求解。

3.4.5　测量数据处理实例

【例3.6】　已知某铜电阻的阻值与温度之间的关系为

$$R_t = R_0(1 + \beta t)$$

在不同的温度 t 下,对铜电阻阻值 R_t 进行等精度测量,得一组测定值列于下表。

序号	$t/^\circ\mathrm{C}$	R_t/Ω
1	19.1	76.30
2	25.0	77.80
3	30.1	79.75
4	36.0	80.80
5	40.0	82.35

续表

序号	$t/℃$	R_t/Ω
6	45.1	83.90
7	50.0	85.10

求未知参数 R_0,β 的最优概值。

【解】 将铜电阻阻值与温度之间的关系进行适当变换,转化为

$$R_t = R_0(1 + \beta t) = a_1 + a_2 t$$

式中,$a_1 = R_0$,$a_2 = R_0\beta$,则 a_1、a_2 的最优概值为 $\overline{a}_1$、$\overline{a}_2$,由式(3.49 可得方程组:

$$\begin{cases} \left(\sum_{i=1}^{7} t_i^0 \right) \overline{a}_1 + \left(\sum_{i=1}^{7} t_i \right) \overline{a}_2 = \sum_{i=1}^{7} R_{ti} t_i^0 \\ \left(\sum_{i=1}^{7} t_i \right) \overline{a}_1 + \left(\sum_{i=1}^{7} t_i^2 \right) \overline{a}_2 = \sum_{i=1}^{7} R_{ti} t_i \end{cases}$$

计算得出方程组中各系数:

$$\sum_{i=1}^{7} t_i^0 = 7, \sum_{i=1}^{7} t_i = 245.3, \sum_{i=1}^{7} t_i^2 = 9325.8, \sum_{i=1}^{7} R_{ti} t_i^0 = 566.00, \sum_{i=1}^{7} R_{ti} t_i = 20044.5$$

上述方程组可写为:

$$\begin{cases} 7\overline{a}_1 + 245.3\overline{a}_2 = 566.00 \\ 245.3\overline{a}_1 + 9325.8\overline{a}_2 = 20044.5 \end{cases}$$

求解得 $\overline{a}_1 = 70.67, \overline{a}_2 = 0.288$。

最后,求得 R_0、β 的最优概值:$\overline{R}_0 = \overline{a}_1 = 70.67 \ \Omega, \overline{\beta} = \dfrac{\overline{a}_2}{\overline{R}_0} = 4.07 \times 10^{-3}$。

思考题

3.1 简述绝对误差、相对误差和测量仪表的基本误差及其表示方法。

3.2 随机误差遵从什么规律？其基本特征是什么？

3.3 按测量误差的性质,误差分为哪几类？如何鉴别不同的误差？

3.4 测量误差产生的原因有哪些？为了减小误差,应采取哪些措施？

3.5 有2台测温仪表,其测量范围分别是 $0 \sim 800$ ℃ 和 $600 \sim 1100$ ℃,已知其最大绝对误差均为 ± 6 ℃,试分别确定它们的精度等级。

3.6 在对某物理量进行多次测量后,当既有随机误差又有系统误差时,综合误差如何确定？

3.7 现有2.5级、2.0级、1.5级3块测温仪表,测量范围分别为 $-100 \sim 500$ ℃, $-50 \sim 550$ ℃, $0 \sim 1000$ ℃,现要测量500 ℃的温度,其测量值的相对误差不超过2.5%,选用哪块表最合适？

3.8 测量某一管道的压力 $P_1 = 0.235$ MPa,相对误差为 $\Delta P_1 = 0.002$ MPa;测量另一管道的压力 $P_2 = 0.855$ MPa,误差为 $\Delta P_2 = 0.004$ MPa。哪一个压力的测量效果好？

3.9 检定一块1.5级刻度为 $0 \sim 100$ kPa 的压力表,发现在50 kPa处的误差最大,为1.4 kPa,其他刻度处的误差均小于1.4 kPa,这块压力表是否合格？

3.10 对某重物进行20次测量得到如下数据:(单位:g)

324.08	324.18	324.03	324.03
324.02	324.01	324.11	324.12
324.14	324.08	324.07	324.16
324.11	324.12	324.14	324.06
324.19	324.21	324.23	324.14

请对这组测量数据进行处理,写出计算测量结果的步骤,求出最优概值及其误差。

3.11 某测量系统由测量元件、变送量和指示仪表组成。要求系统的允许误差(相对额定误差)为 $\pm 1\%$ 。选用精度分别为0.1级、0.5级和1级的测量元件、变送器和指示仪表能否满足系统误差的要求？请用数据说明。如不能满足,此矛盾又该如何解决？

4

温度测量

学习目标：

1. 了解温标及常用测温仪表；
2. 掌握热电偶温度计、热电阻温度计的工作原理及使用方法；
3. 掌握热电偶的应用定律和冷端温度处理方法；
4. 熟悉常用热电偶、热电阻种类及测量范围；
5. 了解热电偶与热电阻的校验方法。

4.1 概　述

4.1.1　温度与温标

温度是测量中最常见、最基本的参数之一，工业生产过程中物体的任何化学变化或物理变化都与温度有关。

温度是表征物体的冷热程度的一个状态参数。从微观上说，温度又是度量分子运动平均动能大小的一个尺度。

用来度量温度高低的尺度称为温标。国际上普遍采用的温标有 4 种：热力学温标、国际温标、摄氏温标和华氏温标。

1) 热力学温标

热力学温标又称绝对温标或开尔文温标。它是建立在卡诺循环基础之上的理想温标。其认为温度只与热量有关，而与工质无关。1927 年第七届国际计量大会将它作为国际温标。

2)国际温标(ITS)

国际温标又称为国际实用温标,简写为 ITS,其基本单位为开尔文(K),定义为水三相点热力学温度的 1/273.16。

从 1990 年 1 月 1 日开始,各国开始采用 1990 年国际温标(简称 ITS—90)。我国从 1994年 1 月 1 日起全面实行新国际温标。为了区别于以前的温标,用"T$_{90}$"代表新温标的热力学温度,单位为 K。

与此并用的摄氏温度记为 t_{90},单位为℃。t_{90} 与 T_{90} 的关系:

$$t_{90} = T_{90} - 273.15 \tag{4.1}$$

3)摄氏温标和华氏温标

摄氏温标是将标准大气压下冰的熔点定为 0 ℃,把水的沸点定为 100 ℃的一种温标。将 0～100 ℃划分为 100 等份,每一等份为 1 ℃。国际实用温标与摄氏温度之间的关系是:

$$\theta = T - T_0 \tag{4.2}$$

式中 T——热力学温度,K;

T_0——因为冰的熔点比水的三相点温度低 0.01 ℃或 0.01 K,故式中 T_0 为 273.15 K。

华氏温标定义为:在标准大气压下,冰的熔点为 32 ℉,水的沸点定为 212 ℉,中间划分为 180 等份,每一等份为 1 ℉。华氏温度与摄氏温度的换算关系为:

$$F = \frac{9}{5}\theta + 32 \tag{4.3}$$

式中 θ——摄氏温度,℃。

摄氏温度与华氏温度都是以水银温度计水银柱高度等接触式直接测温仪表作为温标分度的,它们有赖于测量物质的物理特性,这使得温标的量值不仅不准确,而且互不一致。目前,很多国家在工程上与其他测量中还广泛应用这两种温标。

4.1.2　测温仪表的分类

温度测量的方法可分为接触与非接触式两大类:

(1)接触式测温法

接触式测温法是测量体与被测物体直接接触,二者进行热交换并最终达到热平衡,这时测量体的温度就反映了被测物体的温度。接触式测温的优点是:简单,可靠,测量精度较高。其缺点是:测温元件要与被测物体接触并充分换热,从而产生测温滞后现象;测温元件可能与被测物体发生化学反应;由于受到耐高温材料的限制,接触式测量仪表不可应用于很高温度的测量。

(2)非接触式测温法

接触式测量虽被广泛采用,但不适合测量运动物体的温度和极高的温度。用非接触式测温方法测量温度时,感受件无须与被测介质相接触,仪表不会破坏被测介质的温度场。同时,温度计的感受件不必与被测介质达到同样的温度值,所以仪表的滞后性小,同时仪表的测量上限不会受到感受件材料熔点的限制。理论上,仪表的测温上限是不受限制的,但是它受到被测物质的发射率、被测物质与测量仪表之间的距离以及其他中间介质的影响,测温误差较大。非接触式测温法测温速度较快,可在运动中测量。

表4.1列出了按测温方法分类的一些常用的测温仪表。

表4.1　常用测温仪表

测温方法	测温原理		温度计名称	测温范围	使用场合
接触式	体积变化	固体热膨胀	双金属温度计	−80 ~ 550 ℃	室内、外环境的温度,作现场指示或易爆、有振动处的温度
		液体热膨胀	玻璃液体温度计,压力式温度计	−270 ~ 600 ℃	
		气体热膨胀	压力式温度计(充气体)	−270 ~ 500 ℃	
	变化电阻	金属热电阻	铂、铜、镍热电阻	−260 ~ 850 ℃	液体、气体、蒸气的中、低温
		半导体热敏电阻	碳、金属氧化物热敏电阻	−50 ~ 350 ℃	
	热电效应	普通金属热电阻	铜-康铜、镍铬-镍硅等热电偶	−200 ~ 1300 ℃	液体、气体、蒸气的中、高温,能远距离传送
		贵重金属热电偶	铂铑-铂、铂铑-铂铑等热电阻	0 ~ 1800 ℃	
		难熔金属热电偶	钨-铼、钨-钼等热电阻	2200 ~ 3000 ℃	
		非金属热电偶	碳化物-硼化物等热电阻	600 ~ 2300 ℃	
非接触式	辐射测温	亮度计	光学高温计	800 ~ 3200 ℃	用于测量火焰等不能直接测量的高温场合
		全辐射法	辐射高温计	700 ~ 2000 ℃	
		比色法	比色温度计	800 ~ 2000 ℃	

4.2　热膨胀式温度计

热膨胀式温度计是一种最简单的测温仪器,它主要有液体膨胀式温度计、固体膨胀式温度计和压力式温度计3种。

4.2.1　液体膨胀式温度计

(1)液体膨胀式测温原理

温度计中最常见的是玻璃管液体温度计。它的结构是由玻璃温包、毛细管、刻度尺标和安全泡4部分组成,如图4.1所示。玻璃管液体温度计是利用液体体积随温度升高而膨胀的原理制成的。液体体积变化用式(4.4)可表示为:

$$\Delta V = V_2 - V_1 = V_0(\alpha - \alpha')(t_2 - t_1) \tag{4.4}$$

式中　V_1,V_2——液体在温度分别为t_1,t_2时的体积,mL;

V_0——同一液体在0 ℃时的体积,mL;

α——液体的膨胀系数;

α'——玻璃温包的体积膨胀系数。

在普通水银温度计构造的基础上,电接点水银温度计增加了2根电极接点制成(图4.2)。钨丝接触点烧结在温度计的下部毛细管中和水银相接触作为电接点的固定端。电接点温度计一般做成可调式,就是上部那根钨丝可用磁钢来调节其插入毛细管的深度,即可调节控制的温度值。以恒定加热温度为例,当被加热介质的温度达到控制温度时,水银柱上升到该位置即与上部那根钨丝接触,由继电器控制使加热器停止工作;当温度下降低于控制温度时,水银柱下降与上部那根钨丝分离开,由继电器控制使加热器投入工作,经反复动作,控制温度值保持在一个允许范围内。

(2)常见的液体膨胀式温度计(表4.2)

表4.2　液体膨胀式温度计表

液态工质	测温范围/℃
水银	−30 ~ 750
甲苯	−90 ~ 100
乙醇	−100 ~ 75
石油醚	−130 ~ 25
戊烷	−200 ~ 20
酒精	−114 ~ 78

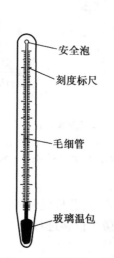

图4.1　玻璃液体温度计

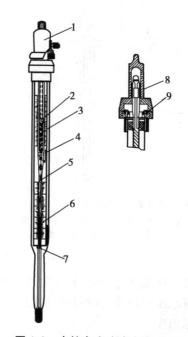

图4.2　电接点式玻璃液体温度计

1—磁钢;2—指示铁;3—螺旋杆;4—钨丝引出端;
5—钨丝;6—水银柱;7—钨丝接点;
8—调节控制温度值的铁芯;9—引出接线柱

其中,水银温度计测温时需要注意的事项如下:

①按所测温度范围和精度要求选择相应温度计,并进行校验。如所测温度不明,宜用较

高测温范围的温度计进行测量,密切注视液柱的变化,从而确定被测温度范围,再选择合适的温度计。

②温度计一般应置于被测介质中 10~15 min 后进行读数。

③观测温度时,人体应离开温度计,更不要对着温包呼气,读数时应屏住呼吸。如需用手拿温度计时,要拿温度计的上部。

④为了消除人体温度对测温的影响,读数要快,而且要先读取小数,后读取大数。另外,读数时应使眼睛、刻度线和水银面保持在一水平线上。

4.2.2 固体膨胀式温度计

固体膨胀式温度计中应用最多的是双金属温度计,其测温范围一般在-80~600 ℃,精度最高可达 0.5 级。双金属温度计是由 2 种膨胀系数不同的金属片叠焊在一起制成。如图 4.3(a)所示,金属片一端固定,一端可以自由移动。如果下面的金属片膨胀,则当温度升高时,双金属片会向上弯曲。双金属温度计结构简单,抗震性好,工业上已逐步用来替代水银温度计。

要使双金属温度计的灵敏度提高,即弯曲变形显著,应尽量增加双金属片的长度。双金属属温度计主要有杆式、螺旋式,如图 4.3 所示。

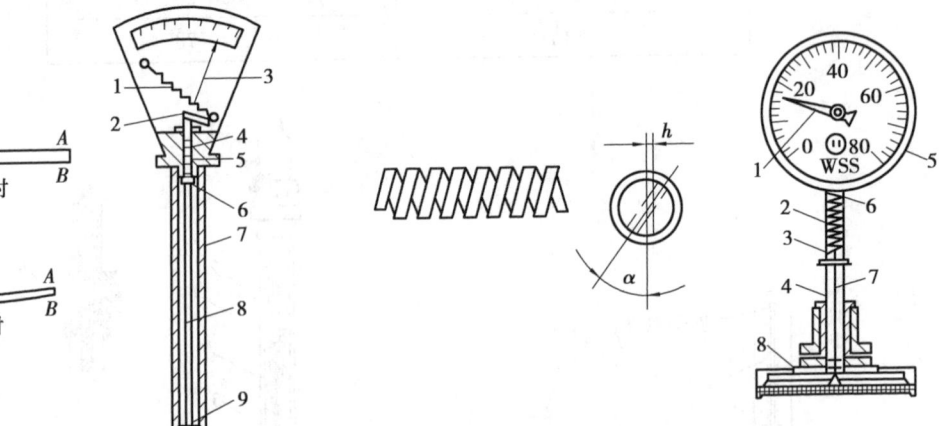

（a）杆式双金属温度计　　　　　　　　（b）螺旋式双金属温度计

1—拉簧；2—杠杆；3—指针；4—基座；5—弹簧；　　1—指针；2—双金属片；3—自由端；4—金属保护管；
6—自由端；7—外套；8—芯杆；9—固定端　　　　5—刻度盘；6—表壳；7—传动机构；8—固定端

图 4.3　双金属温度计原理及实物图

杆式双金属温度计,芯杆和外套的膨胀系数不同,在温度变化时,芯杆就和外套产生相对运动。杠杆系统由拉簧、杠杆和弹簧组成,用于将自由端产生的微小位移进行放大,再带动指针直接指示温度。

螺旋形双金属温度计,其感温元件为两种膨胀系数不同的双金属片。为了使双金属片长而结构紧凑,一端固定在金属保护管上,另一端为自由端,并和指针系统相连接。温度变化之后,双金属片自由端产生偏转,利用指针指示偏转角度,即可测出温度。

4.2.3 压力式温度计

压力式温度计是利用密闭容积内工作介质随温度升高而压力增大的原理,通过对工作介质的压力来测量温度的一种机械式仪表。压力式温度计的工作介质可以是气体、液体或蒸汽。若填充氮气等气体，则称其为充气式压力温度计，其测温上限可达 500 ℃，压力与温度的关系接近于线性，温包体积大，热惯性大。若填充二甲苯、甲醇、乙醚等液体，则称其为液体式压力温度计，其温包较小，测温范围为 -270 ~ 600 ℃。

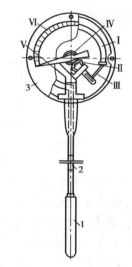

压力式温度计的结构如图 4.4 所示。弹簧管一端焊在基座上，内腔与毛细管相通，另一端封闭，为自由端。自由端通过拉杆、齿轮传动机结构与指针相联系指针的转角在刻度盘上指示出被测温度。由于受毛细管的限制，压力式温度计一般工作距离最大不超过 60 m，被测温度一般为 -50 ~ 550 ℃。它简单可靠、抗震性好，具有良好的防爆性，故常用在飞机、汽车上。但是它动态性能差，示值的滞后较大，不能测量迅速变化的温度。

图 4.4　压力式温度计
1—温包；2—毛细管；
3—指示(记录)部分；
Ⅰ—弹簧管；Ⅱ—扇形齿轮；Ⅲ—连杆；
Ⅳ—机芯齿轮；Ⅴ—指针；Ⅵ—刻度盘

4.3　热电偶温度计

热电偶是最常用的一种测温元件。热电偶温度计的测量范围很广、结构简单、使用方便、测温准确可靠，便于信号的远传、自动记录和集中控制，因而在工业和实验中应用极为普遍。

4.3.1　热电偶测温原理

由 2 种不同的导体或半导体组合成闭合回路，当两导体(A)与(B)相连处温度不同($t > t_0$)时，则回路中产生热电效应[物理学中称为赛贝克效应，1821 年德国物理学家塞贝克(T. J. Seebeck)首先发现]。热电偶温度计是以热电效应为基础，通过测量热电动势来实现测温的仪表。在热电偶闭合回路中产生的热电势，包括接触电势和温差电势。

(1)接触电势(珀尔贴电势)

不同的金属，它们的自由电子密度不一样。由于电子密度的不同会使电子从密度大的金属向密度小的金属扩散，而扩散又会产生静电场，静电场的存在又成为扩散的阻力，二者是互相对立的。最终，在扩散与反扩散之间就会建立动态的平衡。这时金属 A,B 之间形成的电位差称为接触电势。图 4.5(a)表示不同金属接触面上产生电子流，金属 B 中逐渐地积聚过剩电子，并引起逐渐增大的由 A 指向 B 的静电场及电势差 e_{AB}，图 4.5(b)表示电子流达到了动态平衡。这时的接触电势差仅与两金属的材料及接触点的温度有关，温度越高，金属中的自由电子就越活跃，由 A 迁移到 B 的自由电子就越多，致使接触面处所产生的电场强度也增加，因而接触电动势也增高。由于这个电势的大小，在热电偶材料确定后只和温度有关，故称为热电势，记作 $e_{AB}(t)$，A 表示正极金属，B 表示负极金属，如果下标次序改为 BA，则其前面的符

号亦应相应地改变,即:

$$e_{AB}(t) = - e_{BA}t \tag{4.5}$$

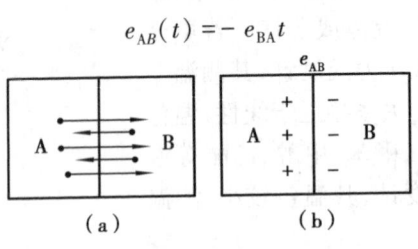

图4.5 接触电势形成的过程图

(2)温差电势(汤姆逊电势)

由于导体两端温度不同而产生的电势称为温差电势。由于温度梯度的存在,改变了电子的能量分布,高温端电子将向低温端迁移,致使高温端因失去电子带正电,低温端恰好相反,获得电子带负电。因而,在同一导体两端也产生电位差,阻止电子从高温端向低温端迁移,最后使电子迁移建立一个动平衡,所建立的电位差称为温差电势,记为 $e_A(t,t_0)$ 或 $e(t,t)$。

(3)闭合回路的总电势

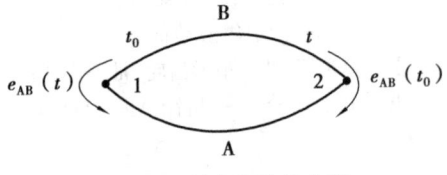

图4.6 闭合回路的电势

如图4.6所示,由2种不同材料的导线A,B组成的热电偶回路,设 $t>t_0$,由于A,B导线的接点温度不同,回路中就产生了2个接触电势 $e_{AB}(t)$ 和 $e_{AB}(t_0)$,以及2个温差电势 $e_A(t,t_0)$ 及 $e_B(t,t_0)$,2种电势相反。由于温差电势远小于接触电势,并且方向又相反,相互抵消,所以温差电势相对接触电势可忽略不计。这样闭合回路中总的热电势 $E(t,t_0)$ 应为:

$$E(t,t_0) = e_{AB}(t) - e_{AB}(t_0) \tag{4.6}$$

即热电势 $E(t,t_0)$ 等于热电偶两接触电势的代数和。当A,B材料固定后,热电势是接点温度 t 和 t_0 的函数之差。如果一端温度 t_0 保持不变,即 $e_{AB}(t_0)$ 为常数,则热电势 $E(t,t_0)$ 就成为温度 t 的单值函数,而与热电偶的长短及直径无关。这样,只要测出热电势的大小,就能判断测温点温度的高低,这就是利用热电效应测温的原理。

4.3.2 热电偶应用定律

(1)均质导体定律

由两种均质材料组成的热电偶,其电势大小与热电极直径、长度及沿着热电极长度上的温度分布无关,只与热电极材料和两端温度有关。热电势的大小是两端温度的函数之差,如果温度相同,则热电势为0。若材质不均匀,热电极上各处的温度会不同,将产生附加电势造成测量误差。所以,组成热电偶的热电极材料必须均匀。

(2)中间导体定律

由不同材料组成的闭合回路中,当各种材料接触点的温度都相同时,则回路中热电势的总和等于0。由此定律可以得到如下结论:

在热电偶回路中加入第三种均质材料,只要插入导体两端温度相同,则对回路的热电势没有影响。如图4.7所示,利用热电偶测温时,只要热电偶连接显示仪表的2个接点的温度相同,那么仪表的接入对热电偶的热电势没有影响。而且对于任何热电偶接点,只要它接触良好,温度均一,则无论用何种方法构成接点,都不影响热电偶回路的热电势。

(3)中间温度定律

接点温度为 t_1 和 t_3 的热电偶,它的热电势等于接点温度分别为 t_1、t_2 和 t_2、t_3 的 2 支同性质热电偶的热电势的代数和,如图 4.8 所示。由此定律可以得到如下结论:

①已知热电偶在某一给定冷端温度下进行的分度,只要引入适当的修正,就可在另外的冷端温度下使用。

②与热电偶具有同样的热电性质的补偿导线可以引入热电偶的回路中,相当于把热电偶延长而不影响热电偶的热电势。

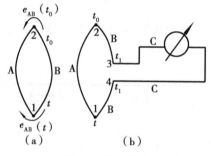

图 4.7　热电效应

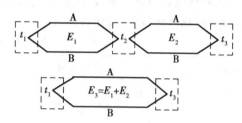

图 4.8　中间温度 t_2 引入后的示意图

4.3.3　热电偶种类

热电偶可分为标准热电偶和非标准热电偶两大类。标准热电偶是指国家标准规定了其热电势与温度的关系,有统一标准分度表,允许存在一定误差的热电偶,有与其配套的显示仪表可供选用。国际电工委员会(IEC)向各国推荐了 8 种标准化热电偶:铂铑 10%/铂(分度号为 S)、铂铑 13%/铂(R)、铂铑 30%/铂铑 6%(B)、镍铬/镍硅(K)、镍铬/康铜(E)、铁/康铜(J)、铜/康铜(T)和镍铬硅/镍硅(N)。我国自 1988 年起已采用 IEC 标准生产热电偶,并按标准分度表生产与之相配的显示仪表。非标准热电偶一般没有统一的分度表,主要用于测量一些特殊场合,如超高温、超低温、高真空和有核辐射等环境,使用范围和数量级比标准热电偶要小,包括铂铑系、铱铑系、钨铼系、非金属热电偶等。

常用热电偶的材料及其性能如下(表 4.3):

(1)铂铑 30%/铂铑 6% 热电偶(分度号 B)

此种热电偶以铂铑 30% 丝(铂 70%、铑 30%)为正极,铂铑 6% 丝(铂 94%、铑 6%)为负极,长期使用最高温度可达 1600 ℃,短期使用可达 1800 ℃。其热电特性在高温下更为稳定,适于在氧化性和中性介质中使用。但它产生的热电势小,价格贵。

(2)铂铑 10%/铂热电偶(分度号 S)

此种热电偶以铂铑 10% 丝为正极,纯铂丝为负极,直径通常为 0.5 mm,长期使用的最高温度可达 1300 ℃,短期使用可达 1600 ℃。铂铑 10%/铂热电偶适于在氧化性或中性介质中使用。其优点是耐高温,不易氧化,有较好的化学稳定性,具有较高测量精度,可用于精密温度测量和作基准热电偶。其缺点是热电势小,热电特性是非线性的,价格昂贵,在高温时易受还原性气体和金属蒸气的侵蚀而变质,从而引起热电特性的变化,影响测量的准确性。

（3）镍铬/镍硅热电偶(分度号K)

此种热电偶以镍铬为正极,镍硅为负极,测量范围为-50~1000 ℃,短期可达1200 ℃,热偶丝直径一般为1.2~2.5 mm。它一般在氧化性和中性介质中使用,500 ℃以下低温范围内,也可在还原性介质中测量。其热电势大,线性好,测温范围较宽,造价低,因而应用很广;但长期使用后会因镍铝氧化变质使热电特性改变而影响测量精确度。

（4）镍铬/康铜热电偶(分度号E)

此种热电偶以镍铬为正极,康铜为负极,适宜在还原性或中性介质中使用,测量范围为-100~900 ℃。其热电势较大,比镍铬/镍硅热电偶高1倍左右,价格便宜。

（5）铜/康铜热电偶(分度号T)

此种热电偶以铜为正极,康铜为负极,测温范围为-20~350 ℃,在廉价金属热电偶中准确度最高,热电势较大,应用普遍。

表4.3　常用热电偶特性

热电偶名称	分度号	热电极材料		测温范围/℃	等级	使用温度/℃	允许误差/℃
		极性	化学成分				
铂铑10%/铂	S	正	Pt90%,Rh10%	0~1600	I	0~1100	1 ℃或 $[1+0.003(t_{max}-1100)]$
						1100~1600	
		负	Pt100%		II	0~1600	1.5 ℃或0.0025t_{max}
						600~1600	
铂铑30%/铂铑6%	B	正	Pt70%,Rh30%	0~1800	II	1700~6000	1.5 ℃或0.0025t_{max}
		负	Pt94%,Rh6%		III	600~800	4 ℃或0.005t_{max}
						800~1700	
镍铬/镍硅	K	正	Cr9%~10%,Mn0.3%,SiO.6%,Co0.4%~0.7%,其余为Ni	0~1300	I	0~400	1.5 ℃或0.004t_{max}
						400~1100	
		负	Mn0.6%,Si2%~3%,Co0.4%~0.7%其余为Ni		II	0~400	2.5 ℃或0.0075t_{max}
						400~1300	
镍铬/康铜	E	正	Ni90%,Cr9.7%,SiO.3%	-200~900	I	-40~800	1.5 ℃或0.004t_{max}
		负	Ni44%,Cu56%		II	-40~900	2.5 ℃或0.0075t_{max}
铁/康铜	J	正	Fe100%	-200~750	I	-40~750	1.5 ℃或0.004t_{max}
		负	Ni40%,Cu60%		II	-40~750	2.5 ℃或0.0075t_{max}

注:t_{max}最高检验温度点,单位为℃。在同栏给出的两个允许值中取较大值。

4.3.4 热电偶结构

热电偶广泛地应用于各种条件下的温度测量。根据它的用途和安装位置不同,各种热电偶的外形不相同。热电偶的结构形式有普通型热电偶、铠装热电偶、薄膜热电偶等。普通型热电偶的基本结构均由热电极、绝缘管、保护管和接线盒等主要部分组成,如图 4.9 所示。

(1)热电极

热电极是组成热电偶的 2 根热偶丝。它的直径由材料的机械强度、导电率,热电偶的用途和测量范围,以及材料的价格等因素决定。普通金属电极丝的直径为 0.5 ~ 3.2 mm,贵金属电极丝直径为 0.3 ~ 0.65 mm。其长度由安装条件及插入深度而定,一般为 350 ~ 2000 mm。

(2)绝缘管

绝缘管(又称绝缘子)用于防止 2 根热电极短路。它的结构形式通常有单孔管、双孔管和四孔管等,见表 4.4。

(3)保护管

保护管套在热电极、绝缘子的外边,其作用是保护热电极不受化学腐蚀和机械损伤,以获得较长的使用寿命和较高的准确性。保护管要求耐高温、耐腐蚀、不透气和具有较高的导热系数,见表 4.5。

(4)接线盒

接线盒供热电极和补偿导线连接之用,一般用铝合金制成,分为普通式和密封式 2 种,如图 4.10 所示。为了防止灰尘和有害气体进入热电偶保护管内,接线盒的出线孔和盖子均用垫片和垫圈加以密封。接线盒内用于连接热电极和补偿导线的螺丝必须紧固,以免产生较大的接触电阻。

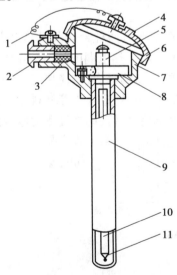

图 4.9　普通型热电偶结构

1—链条;2—出线孔螺母;3—出线孔密封圈;4—盖子;

5—接线柱;6—盖子的密封圈;7—接线盒;8—接线座;

9—保护管;10—绝缘套管;11—热电极

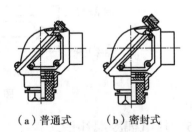

（a）普通式　　（b）密封式

图 4.10　接线盒结构

表4.4　常用绝缘子材料及使用温度范围

材料名称	使用温度范围/℃	材料名称	使用温度范围/℃
橡皮、塑料	60~80	石英管	0~1300
丝、干漆	0~130	瓷管	1400
氟塑料	0~250	再结晶氧化铝管	1500
玻璃丝、玻璃管	500以下	纯氧化铝管	1600~1700

表4.5　常用保护管材料及其适应的温度范围

材料名称	长期使用/℃	短期使用/℃	材料名称	长期使用/℃	短期使用/℃
铜或铜合金	400	—	高级耐火瓷管	1400	1600
20#碳钢管	600	—	再结晶氧化铝管	1500	1700
1Crab8Ni9Ti 不锈钢	900~1000	1250	高纯氧化铝管	1600	1800
28Cr 铁(高铬铸铁)	1100	—	硼化锆	1800	2100
石英管	1300	1600	—	—	—

铠装热电偶又称套管热电偶,它是由热电偶丝、绝缘材料和金属套管三者经拉伸加工而成的坚实组合体。铠装热电偶具有性能稳定、结构紧凑、机械强度高、挠性好、牢固、抗震等特点,可安装在结构复杂的装置上。且由于测量端热容量小,其热惯性小,具有很好的动态特性。这种热电偶的外径、长度和测量端的结构形式可以根据需要而选定,外直径从 0.25~12 mm 不等。

薄膜式热电偶是采用真空蒸镀或化学涂层等制造工艺将两种金属薄膜热电极材料蒸镀到绝缘基板上制成的一种特殊结构热电偶,如图 4.11 所示。热电偶的热端接点既小且薄,为 $0.01~0.1~\mu m$,其测量端热容量很小,适于壁面温度的快速测量,且响应快,其时间常数可达到微秒级,因而可测瞬变的表面温度。基板由云母或浸渍酚醛塑料片等材料做成,热电极有铁、镍等,测温范围一般在 300 ℃ 以下。使用时用黏结剂将基片黏附在被测物体表面上。

图 4.11　薄膜式热电偶

4.3.5　热电偶冷端补偿

由热电偶测温原理知道,只有当热电偶冷端温度保持不变时,热电势才是被测温度的单值函数。然而在实际中,由于热电偶的工作端(热端)与冷端离得很近,而且冷端又暴露在空间中,容易受到周围环境温度波动的影响,因此从冷端温度恒定(冷端温度保持在 0 ℃ 的方法、冷端温度修正法)、冷端电势补偿(补偿电桥法)、冷端导线补偿(热电偶补偿导线法)3个方面提出解决方法。

(1)冷端温度保持在0 ℃的方法

如图4.12所示,将热电偶的2个冷端分别插入盛有绝缘油的试管中,然后放入装有冰水混合物的容器中,这种方法一般在实验室中使用。

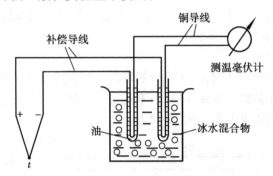

图4.12　热电偶冷端温度保持在0 ℃的方法

(2)冷端温度修正法

在实际生产中,冷端温度往往不是0 ℃,而是某一温度t_1,这就引起测量误差。因此,必须对冷端温度进行修正。

例如,某一设备的实际温度为t,其冷端温度为t_1。用热电偶进行测温,这时测得的热电势为$E(t,t_1)$。为求得真实温度,可利用下式进行修正,即:

$$E(t,0) = E(t,t_1) + E(t_1,0) \tag{4.7}$$

由此可知,冷端温度的修正方法是把测得的热电势$E(t,t_1)$加上热端为室温t_1,冷端为0 ℃时的热电势$E(t_1,0)$,才能得到实际温度下的热电势$E(t,0)$。

应当指出,用计算的方法来修正冷端温度为恒定值时对测温的影响,只适用于实验室或临时测温,在连续测量中显然是不实用的。

(3)补偿电桥法

补偿电桥法利用不平衡电桥产生的电势来补偿热电偶因冷端温度变化而引起的热电势变化值,如图4.13所示。不平衡电桥(补偿电桥或冷端温度补偿器)由R_1,R_2,R_3(锰铜丝绕制)和R_t(铜丝绕制)4个桥臂和稳压电源所组成,串联在热电偶测量回路中。为了使热电偶的冷端与电阻R_t感受相同的温度,必须把R_t与热电偶的冷端放在一起。电桥通常取在20 ℃时处于平衡,即此时,对角线a,b两点电位相等,即U_{ab}电桥对仪表的读数无影响。

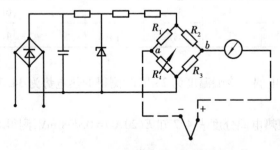

图4.13　具有补偿电桥的热电偶测温线路

当周围环境温度高于 20 ℃时,热电偶因冷端温度升高而使热电势减弱,电桥则由于 R_t 值的增加而出现不平衡,这时使 a 点电位高于 b 点电位,在对角线 a,b 间输出一个不平衡电压 U_{ab},并与热电偶的热电势相叠加,一起送入测量仪表。如适当选择桥臂电阻和电流的数值,可以使电桥产生的不平衡电压 U_{ab},正好补偿由于冷端温度变化而引起的热电势变化值,仪表即可指示出正确的温度。由于电桥是在 20 ℃时平衡,所以采用这种补偿电桥时须把仪表的机械零位预先调到 20 ℃处。如果补偿电桥是按 0 ℃时平衡设计的(DDZ-I 型温度变送器中的补偿电桥),则仪表零位应调到 0 处。

(4)热电偶补偿导线法

为了减小热电偶的冷端受热端(工作端)的影响,将热电偶做得很长,使冷端远离工作端。但是,这样做要多消耗许多贵重金属材料,是不经济的。解决这个问题的方法是采用一种专用导线,将热电偶的冷端延伸出来,如图 4.14 所示。

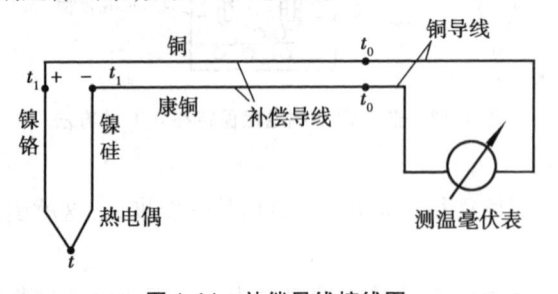

图 4.14 补偿导线接线图

这种专用导线称为"补偿导线"。它也是由两种不同性质的金属材料制成的,在一定温度范围内与所连接的热电偶具有相同的热电特性,其材料又是廉价金属。不同热电偶所用的补偿导线也不同,对于镍铬-康铜等一类用廉价金属制成的热电偶,则可用其本身材料作补偿导线。可采用同一参考电极与各种不同材料组成热电偶,先测试其热电特性,然后再利用这些特性组成各种配对的热电偶。表 4.6 是各种型号热电偶所配用的补偿导线的材料。

表 4.6 常用热电偶的补偿导线

热电偶名称	补偿导线				工作端为 100 ℃,冷端为 0 ℃时的标准热电势/mV
	正极		负极		
	材料	颜色	材料	颜色	
铂铑$_{10}$-铂	铜	红	铜镍	绿	0.645±0.037
镍铬-镍硅	铜	红	铜镍	蓝	4.095±0.105
镍铬-铜镍	镍铬	红	铜镍	棕	6.317±0.170
铜-铜镍	铜	红	铜镍	白	4.277±0.047

【例 4.1】 K 型热电偶在冷端温度为 25 ℃时测得的热电势为 34.36 mV。试求热电偶热端的实际温度。

【解】 (1)查 K 型热电偶分度表 4.7 知 $E(20,0) = 0.798$ mV,测得 $E(30,0) = 1.203$ mV。

（2）利用插值公式计算 K 型热电偶在冷端温度为 25 ℃时的热电动势应该为：

$$E = (25,0) = E(20,0) + ((E(25,0) - E(20,0))/10) \times 5$$
$$= 0.798 + ((1.203 - 0.798)/10) \times 5 \text{ mV} = 1.00 \text{ mV}$$

（3）已知测量的热电势为 $E(T,25) = 34.36$ mV，冷端热电势 $E(25,0) = 1.00$ mV

$$E(T,0) = E(T,25) + E(25,0) = 34.36 \text{ mV} + 1.00 \text{ mV} = 35.36 \text{ mV}$$

（4）再查分度表得知 35.36 mV 上下的分度值得到：

$$E(850,0) = 35.314 \text{ mV}, E(860,0) = 35.718 \text{ mV}$$

然后利用插值公式计算得到热电偶热端的实际温度为：

$$T = 850 \text{ ℃} + ((E(T,0) - E(850,0))/(E(860,0) - E(850,0))/10 \text{ ℃}$$
$$= 850 + (35.36 - 35.314)/(35.718 - 35.314)/10 \approx 851.14 \text{ ℃}$$

表 4.7 K 型镍铬-镍硅（镍-镍铝）热电偶分度表

温度/℃	电动势/mV（参考端温度为 0 ℃）				
	0	1	2	3	4
0	0	0.039	0.079	0.119	0.158
10	0.397	0.437	0.477	0.517	0.557
20	0.798	0.838	0.879	0.919	0.96
30	1.203	1.244	1.285	1.325	1.366
40	1.611	1.652	1.693	1.734	1.776
50	2.022	2.064	2.105	2.146	2.188
850	35.314	35.354	35.395	35.435	35.476
860	35.718	35.758	35.799	35.839	35.880
870	36.121	36.162	36.202	36.242	36.282
880	36.524	36.564	36.604	36.644	36.684
890	36.925	36.965	37.005	37.045	37.085
900	37.325	37.365	37.405	37.443	37.484

4.3.6 热电偶测温辅助仪表

（1）动圈指示仪表

动圈指示仪表常与热电偶配合用以指示温度。由于热电偶的输出量和动圈指示仪表要求的输入量都是直流毫伏信号，因此可把热电偶直接与动圈仪表相连，而不需要附加另外的变换电路。动圈指示仪表测量机构的核心部件是一个磁电式毫伏表。如图 4.15 所示，由表面绝缘的细钢丝绕成矩形线圈，用张丝（弹性金属丝）支承于永久磁铁的磁场中。当测量的直流毫伏信号加在此线圈上时，有电流流经此线圈，产生了电磁力，在线圈的有效边上产生大小相等、方向相反的力偶 F，在力偶 F 的作用下形成力矩 M，推动线圈转动，此线圈称为动圈。力矩 M 推动线圈转动的同时，张丝被扭转变形，产生与力矩 M 相反的阻力矩 M_n，当两力矩相等时，动圈便停止转动。该动圈的转角与所测毫伏电势有关。

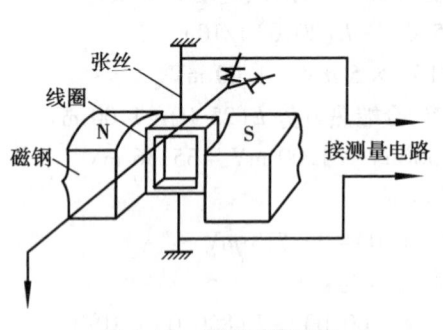

图 4.15 动圈测量机构

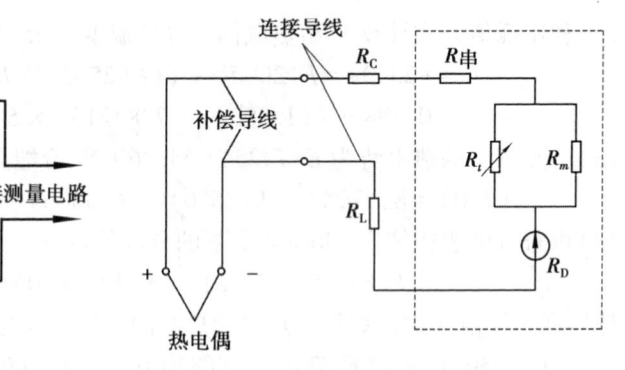

图 4.16 配热电偶动圈仪表线路

配用热电偶测量温度时,动圈仪表是直接按照热电偶的分度表进行刻度的,且动圈仪表内没有热电偶冷端补偿装置,因此,在热电偶冷端温度不为 0 ℃时,必须考虑冷端温度补偿问题。当仪表所处的室内温度变化范围较大时,一般可通过补偿导线和冷端补偿器配合的方法进行补偿,其测量线路如图 4.16 所示。

配热电偶动圈仪表线路总电阻由动圈仪表的内阻 $R_内$ 和外接线路电阻 $R_外$ 组成。图 4.16 中虚线框为动圈仪表的内接线路,其阻值 $R_内 = R_D + \dfrac{R_t R_m}{R_t + R_m} + R_串$。$R_D$ 代表动圈电阻,其阻值会随仪表所处的环境温度而近似线性变化。为抵消动圈电阻 R_D 随温度变化所产生的误差,可串联一个具有负温度系数特性的半导体热敏电阻 R_t,但由于 R_t 和 R_D 的电阻温度系数互不一致,为了减小负温度系数热敏电阻对电路的影响,需并联一个温度系数非常小的锰铜丝电阻 R_m,使补偿电阻随温度的变化从指数规律变为线性规律。$R_串$ 为量程调整电阻,通过改变 $R_串$ 的阻值大小可以改变仪表内接线路总电阻和仪表的量程,可解决仪表和热电偶不匹配的情况,但只要所配用的热电偶型号和仪表测温范围已定,仪表在出厂时 $R_串$ 就被确定。动圈仪表外接线路电阻 $R_外$ 是热电偶本身电阻、补偿导线电阻、连接导线电阻、冷端补偿器等效电阻 R_C 以及外接线路调整电阻 R_L 之和。

在实际使用中,要使动圈仪表指针偏转角与热电势成正比,就必须保持 $R_内 + R_外$ 的阻值固定。通常每个仪表的内阻已由仪表的量程所决定,而且由于采取了温度补偿措施,当环境温度变化时 $R_内$ 变化较小,可视为定值。而外接线路电阻 $R_外$ 常受测量点温度、测量点到仪表的距离、环境温度变化等影响,因此要借助外接线路调整电阻 R_L 使外接线路电阻满足仪表设计时的规定值(通常为 15 Ω)。

(2)自动电位差计

在使用热电偶测温中要求记录时,可采用自动电位差计。为了对热电偶冷端温度补偿和进行量程变换。采用一个测量电桥,而热电偶的热电势与测量桥路两端的电压相减后所得差值电压经放大器放大,驱动可逆电动机带动测量桥路的可变滑线电阻,进行自动平衡。其平衡记录机构与自动平衡电桥相同。

电位差计的测量桥路见图 4.17,它由上、下两支路组成,由精密稳压电源 E 供电。其中,下支路中有一个安装在热电偶冷端处的铜电阻 R_{Cu}。当热电偶冷端温度升高(降低)时,R_{Cu} 的阻值随之增大(减小),电桥对角产生一个不平电压,此电压与热电偶热端电势串联相加送入放大器中。图中高阻值锰铜电阻 R_1 用来与铜电阻 R_{Cu} 串联,保证下支路电流为规定值。

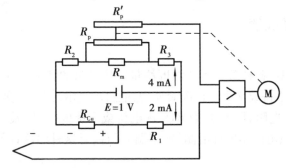

图 4.17 自动电位差计测量桥路

图中上支路电阻 R_2 用来确定仪表刻度的起始点,称为始值电阻。R_2 的阻值越大,仪表的起始值越大。图中 R_m 与滑线电阻 R_p 并联,调节仪表的量程,称为量程电阻,R_m 的阻值越大,量程越宽。

4.3.7 热电偶测温误差分析

热电偶传感器一般带有保护管,此外还有补偿导线、冷端补偿器及显示仪表等组成,在实际的测量中会引起误差。

①分度误差:分度误差是指热电偶分度时产生的误差,其值不得超过最大允件误差。它主要由标准热电偶的传递误差和测量仪表的基本误差组成。前者可通过标准热电偶的温度修正值来消除或降低;后者是由热电偶的实际热电特性与分度表的偏差造成的。因为热电偶的热电特性是随材料成分、结晶结构与应力而变化的,即使分度号相同的热电偶,它们的热电特性也不能完全一致。这种偏差对一般工业热电偶的测量是可以忽略不计的,但若用于精密测量,则应用校验方法进行修正。

②冷端温度引起的误差:用自动电子电位差计或动圈仪表等作为热电偶的显示仪表时,一般用铜冷端温度补偿电阻或冷端补偿电桥来补偿冷端温度的变化。但这只能在个别点上得到完全补偿,在其他点上将引起误差。

③热交换所引起的误差:热电偶测温时,必须保持它与被测介质的热平衡,才能达到准确测温的目的。然而,在实际测量中,由于热惯性的存在,难以真正达到热平衡,尤其是在动态测量中更为明显,加之热电偶向周围环境的导热损失,造成了热电偶热端与被测介质之间的温度误差。

④补偿导线的误差:在规定的工作范围内,它是由于补偿导线的热电特性与所配热电偶的热电特性不完全相同所造成的。若补偿导线使用不当,如未按规定使用或正负极接错等,将使误差显著增加。

⑤显示仪表和测量线路的误差:如果与热电偶温度计配用的是动圈仪表,要求外线路总电阻一定,但在测量过程中热电偶及连接导线的电阻是变化的,导致回路总电阻的变化而产生测温误差。同时,由于显示仪表本身精度等级的局限,也会产生测量误差。

总之,用热电偶测温时产生误差的因素很多,要根据具体测量系统,应用误差分析的基本理论,求出实际测量误差。

4.4 热电阻测温仪表

热电阻广泛地应用于各种条件下的温度测量。热电阻的特点是输出信号大,测量准确,便于远传,它与不平衡电桥或平衡电桥配套使用,能自动显示、记录和实现多点测量。

热电阻温度计由热电阻、显示仪表(不平衡电桥或平衡电桥)以及连接导线所组成,如图4.18 所示。热电阻是热电阻温度计的测量(感温)元件,是这种温度计的最主要的部分,要求也最高。

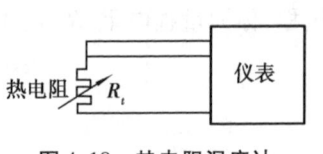

图 4.18 热电阻温度计

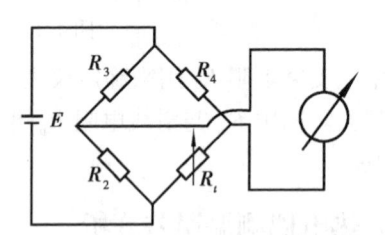

图 4.19 热电阻温度计的测量原理

4.4.1 热电阻温度计测温原理

热电阻温度计是利用金属导体或半导体的电阻值随温度变化而变化来进行温度测量的。金属电阻的电阻值与温度的关系一般可以用以下近似关系式表示:

$$R_t = R_{t0}(1 + At + Bt^2) \tag{4.8}$$

式中　R_t——温度为 t 时的电阻值,Ω;

　　　R_{t0}——温度为 t_0(通常为 0 ℃)时的电阻值,Ω;

　　　A,B——电阻温度系数。

可见,温度的变化导致了金属导体电阻的变化,通过测量桥路转换成电压(毫伏级)信号,然后送入显示仪器指示或记录被测温度,如图4.19 所示。

由上述可知,热电阻温度计和热电偶温度计的测量原理是不同的。热电阻温度计是把温度的变化通过测温元件热电阻转换为电阻值的变化来测量温度的,而热电偶温度计是把温度的变化通过测温元件热电偶转换为热电势的变化来测量温度的。

4.4.2 常用热电阻

虽然大多数金属导体的电阻值随温度的变化而变化,但是它们并不都能作为测温用的热电阻。目前应用最多的有以下几种。

(1)铂电阻

铂金属易于提纯,在氧化性介质中,甚至在高温下,其物理、化学性质都非常稳定。但在还原性介质,特别是在高温下很容易被玷污,会使铂丝变脆,并改变了其电阻与温度间的关系。因此,要特别注意保护。

在 0 ~ 630.755 ℃,铂电阻与温度的关系为:

$$R_t = R_0(1 + At + Bt^2 + Ct^3)\tag{4.9}$$

在-190~0 ℃,铂电阻与温度的关系为:

$$R_t = R_0[1 + At + Bt^2 + C(t - 100)t^3]\tag{4.10}$$

式中　R_0——温度为 0 ℃时的电阻值,Ω;

　　　A,B,C——常数,由实验得到,即:

$$A = 3.96847 \times 10^{-3}$$
$$B = -5.847 \times 10^{-7}$$
$$C = -4.22 \times 10^{-12}$$

要确定 R_t-t 的关系时,首先要确定 R_0 的大小,R_0 不同,R_t-t 的关系也不同。R_t-t 的这种关系称为分度表,用分度号来表示。铂的纯度常以 R 来表示,R 代表在水的沸点时铂电阻的电阻值,R_0 代表在水的冰点时铂电阻的电阻值,纯度越高,此比值也越大。作为基准仪器的铂电阻,其 R_{100}/R_0 的比值不得小于 1.3925。一般工业上用铂电阻温度计对铂丝纯度的要求是 R_{100}/R_0 不得小于 1.385。

铂电阻体是用很细的铂丝绕在云母、石英或陶瓷支架上做成的。工业上还常用微型铂电阻,它的体积小,热惯性大,气密性好,结构如图 4.20 所示。目前,我国工业常用的铂电阻分度号是 Pt_{50} 和 Pt_{100},其相对应的电阻值为 50 Ω 和 100 Ω。

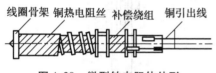

图 4.20　微型铂电阻体外形

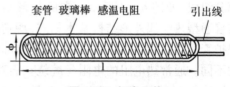

图 4.21　铜电阻体

（2）铜电阻

铜容易被加工提纯,电阻温度系数很大,且电阻与温度呈线性关系,其测温范围为-50~150 ℃,具有很好的稳定性。其缺点是:温度超过 150 ℃后易被氧化,不适合在腐蚀性介质和高温下工作。在-50~150 ℃,铜电阻与温度的关系为:

$$R_t = R_0[1 + \alpha(t - t_0)]\tag{4.11}$$
$$\alpha = 4.25 \times 10^{-3}(\text{℃})^{-1}$$

铜电阻体是一个铜丝绕组（包括锰铜补偿部分）,它是由直径为 0.1 mm 的高强度漆包铜线用双线无感绕法绕在圆柱形塑料支架上而成,如图 4.21 所示。

（3）半导体热敏电阻

半导体热敏电阻就是利用其电阻值随温度升高而减小的特性来制作的,主要由热敏探头、引线和壳体构成,其结构形式如图 4.22 所示,具有灵敏度高、热惯性小、结构简单等特点,可制成各种形状。它的温度系数更大,常温下电阻值更高,但互换性较差,非线性严重,测温范围为-40~350 ℃。

半导体热敏电阻的电阻值与温度的关系可用下列经验公式表示:

$$R_t = A\mathrm{e}^{\frac{B}{T}}\tag{4.12}$$

式中　T——热力学温度,K;

　　　A,B——取决于热敏电阻材料和结构的常数,A 的量纲为电阻,B 的量纲为温度。

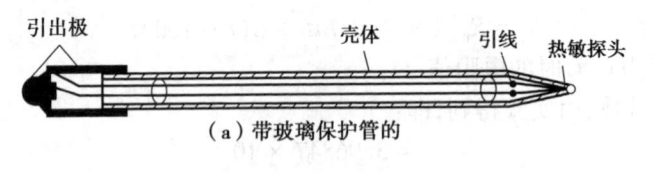

（a）带玻璃保护管的

（b）带密封玻璃柱的

图 4.22　半导体热敏电阻温度计结构图

4.4.3　热电阻结构

　　工业用热电阻分为普通热电阻、铠装热电阻、特殊热电阻等。普通型热电阻温度计主要由电阻体、绝缘管、保护管和接线盒 4 部分组成，如图 4.23 所示。它的外形结构与普通型热电偶外形结构基本相同，特别是保护管和接线盒是难以区分的，可是内部结构不同。通常热电阻的电阻丝缠绕在石英、陶瓷或塑料等绝缘骨架上，再套上保护套管，并在热电阻丝与套管中间填充导热材料。

　　引线的功能是使感温元件能与外部测量线路相连接。引线通常位于保护管内，因保护管内的温度梯度大，引线要选用纯度高、不产生热电势的材料。对于工业铂电阻，中低温用银丝作引线，高温用镍丝作引线。铜、镍热电阻的引线一般都用铜、镍丝。热电阻引线有两线制（如表所示 4.8 云母骨架铂热电阻引线形式）、三线制（如表 4.8 所示玻璃骨架铂热电阻引线形式）和四线制三种形式。两线制是指热电阻用两根引线与显示仪表相连接。由于热电阻安装在被测介质的现场，显示仪表安装在仪表室内，环境温度变化导致连接导线的电阻也变化，使平衡电桥被破坏，产生附加误差。为减少线路电阻随环境温度变化而带来的测量误差，可以采用三线制。

　　表 4.8 列出了几种常见的电阻体结构及其特点。

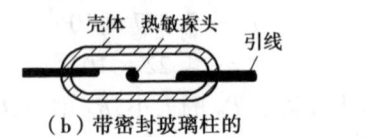

图 4.23　普通型工业用铂电阻温度计结构

1—出线孔密封圈；2—线孔螺母；3—小链；4—盖；
5—接线柱；6—盖的密封圈；7—接线盒；8—接线座；
9—保护管；10—绝缘管；11—引出线；12—感温元件

表4.8 热电阻的结构及特点

热电阻结构类型	结构图	图 注	特 点
云母骨架铂热电阻	1－云母绝缘件； 2－铂丝； 3－云母骨架； 4－引出线		耐振性好， 时间常数小
玻璃骨架铂热电阻		1－玻璃外壳； 2－铂丝； 3－骨架； 4－引出线	体积小，可小型化， 耐振性差，易碎
陶瓷骨架铂热电阻		1－釉； 2－铂丝； 3－陶瓷骨架； 4－引出线	体积小，可小型化， 耐震性比玻璃骨架好， 测温上限达900 ℃
		1－陶瓷骨架； 2－螺旋状铂丝； 3－引出线	体积小， 测温范围为－200～800 ℃， 耐振性好，热响应时间短
铜热电阻		1－骨架； 2－漆包铜线； 3－引出线	结构简单， 价格低廉

4.4.4 热电阻测量

热电阻的阻值测量,习惯上多采用不平衡电桥和自动平衡电桥。

(1)不平衡电桥

将被测电阻(热电阻、可变电阻)接入电桥一个桥臂上,通过电桥将电阻转换为毫伏信号(不平衡电桥的输出),再接入动圈测量机构。因在指示被测量时电桥处于不平衡状态,故称为不平衡电桥。

如图4.24所示,这是一个不平衡电桥原理图,其中3个桥臂电阻 R_1、R_2、R_3 为锰铜丝绕制的固定电阻。R_t 为电阻测温元件,随被测温度而变,供给电桥的电压 U_a 维持不变。与热电偶测温线路相似,热电阻测温线路也应考虑线路电阻的影响。电阻的连接导线与热电阻串联,如果导线电阻不确定,就无法提高测量精

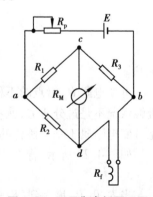

图4.24 不平衡电桥原理图

度。因此,不管热电阻和测量仪表之间的距离远近,必须使导线电阻符合规定的数值(5 Ω 或 2.5 Ω);如果不足,必须用温度系数很小的锰铜丝电阻凑足。尽管如此,考虑到环境温度变化时,连接导线电阻也会变化产生测量误差。为克服环境温度变化对导线电阻的影响常采用 3 根导线连接热电阻。其中 1 根与电源线相连,其电阻不影响桥路的平衡,另外 2 根线的电阻被分别置于电桥的两臂内,它们随环境温度变化对电桥的影响可大部分得到补偿。

由于动圈指示测量仪表直接测毫伏电压,因此响应快,动态指示特性好。但这类仪表因受毫伏表精度、环境温度和电源电压稳定度(对不平衡电桥)的限制,一般测量精度不高,可达到 1.0 级。

(2)自动平衡电桥

在用热电阻测温时,若记录仪表需直接与传感器配合,可使用自动平衡电桥。其组成见图 4.25,是由测量电桥、电子放大器、可逆转(平衡)电机 D1、走纸同步电机 D2、记录机构等组成。在测量电桥中,热电阻作为电桥的一臂参加工作。当被测温度稳定时,测量电桥本身处于平衡状态(电桥相对臂电阻乘积相等)。当被测温度发生变化时,由于热电阻值的改变,破坏了电桥的平衡,在电桥对角线,点 a,b 产生不平衡电压 U_{ab}。此不平衡电压经电子放大器放大,带动可逆转微电机 D1 转动。D1 通过减速器一方面调节滑线电阻 R_p 的滑点 a 位置,使电桥趋于平衡,使 $U_{ab}=0$;另一方面带动指示、记录机构、指示、记录被测参数。由此可知,R_p 上的每一平衡点的位置都代表某一被测参数值。这是一个闭环系统,在指示、记录被测参数时,电桥是处于平衡状态,故称平衡电桥。平衡电桥对桥路供电电源的稳定性要求不高,电源的电压高低只是影响仪表的灵敏度,而不会改变平衡点的位置。

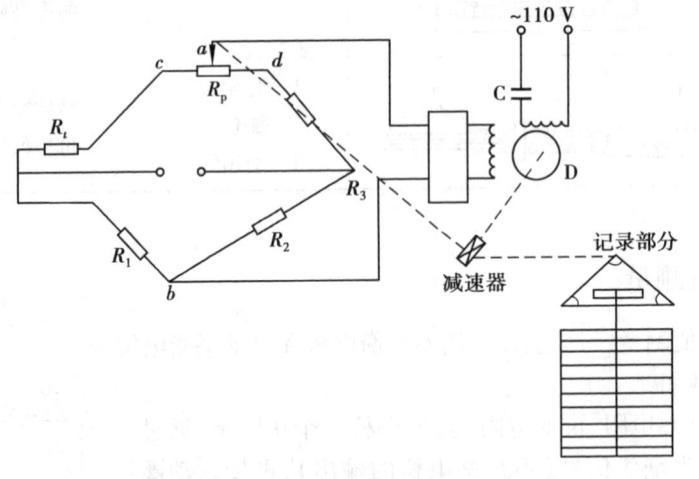

图 4.25 自动平衡电桥的测量电路原理图

可变电阻 R_p 滑点的不稳定接触电阻处于桥路之外,与电子放大器的输入阻抗串联,只要接触状况不是过分恶劣,就不会带来测量误差。因此,可变平衡电阻属于相邻两个臂的接法,比可变电阻属于一个桥臂的接法来说,可提高测量精度。

如图 4.25 所示,若 R_t 的初始值为 R_0 时,滑线电阻的触点在最右端点 d,电桥平衡,则:

$$(R_0 + R_p)R_2 = R_1R_3 \tag{4.13}$$

当 R_t 由 R_0 增大到 $(R_0+\Delta R_t)$ 时,滑动电阻 R_p 上的动触点应向左移,设 R_p 上位于动触点右边的一段电阻为 r,当平衡时,则有:

$$\left[(R_0 + \Delta R_t) + (R_p - r) \right] R_2 = R_1(R_3 + r) \tag{4.14}$$

根据式(4.13)和式(4.14)可得：

$$r = \frac{R_2}{R_1 + R_2}\Delta R_t \tag{4.15}$$

4.5　辐射测温仪表

4.5.1　辐射测温原理

辐射测温属于非接触式测温。经过大量实验和理论研究,绝对黑体(简称黑体)的单色辐射强度 $E_{b\lambda}$ 与波长 λ 和温度 T 的关系已由普朗克所确定,称作普朗克定律,即：

$$E_{b\lambda} = \frac{c_1 \lambda^{-5}}{e^{\frac{c_2}{\lambda T}} - 1} \tag{4.16}$$

式中　C_1——普朗克第一辐射常数,其值为 3.743×10^{-16} W · m^2；

　　　C_2——普朗克第二辐射常数,其值为 1.4387×10^{-2} m · K；

　　　λ——波长,m；

　　　T——黑体的绝对温度,K。

从理论上说,式(4.16)对任何温度都是适用的,但计算时很不方便。在温度低于3000 K,波长较短的可见光范围内,可用维恩公式,其误差不超过1%。即：

$$E_{b\lambda} = c_1 \lambda^{-5} e^{-\frac{c_2}{\lambda T}} \tag{4.17}$$

普朗克定律的函数曲线见图4.26。从曲线可以看出,当温度上升时,单色辐射强度也随之增长,增长程度视波长不同而不同。同时当温度上升时,单色辐射强度 $E_{b\lambda}$ 的峰值,向波长较短的方向转移。单色辐射强度峰值处的波长 λ_{max} 和温度 T 之间的关系由维恩偏移定律表示：

$$\lambda_{max} T = 2.8976 \times 10^{-3} \text{m} \cdot \text{K} \approx 2.9 \times 10^{-3} \text{ m} \cdot \text{K} \tag{4.18}$$

普朗克定律只给出了绝对黑体单色辐射强度随温度变化的规律,若要得到波长 λ 从 $0 \sim \infty$ 全部辐射能量的总和,可把 $E_{b\lambda}$ 对 $\lambda(0 \sim \infty)$ 进行积分(图4.26中曲线下的面积),即全辐射能量为：

$$E_b = \int_0^\infty E_{b\lambda} d\lambda \tag{4.19}$$

将式(4.16)代入式(4.19),得：

$$E_b = \int_0^\infty c_1 \lambda^{-5} (e^{\frac{c_2}{\lambda T}} - 1) d\lambda = \sigma_0 T^4 \tag{4.20}$$

式中　σ_0——斯蒂芬-玻尔兹曼常数,$\sigma_0 = 5.67 \times 10^{-8}$ W/(m^2 · K^4)。

式(4.20)称为绝对黑体的全辐射定律。

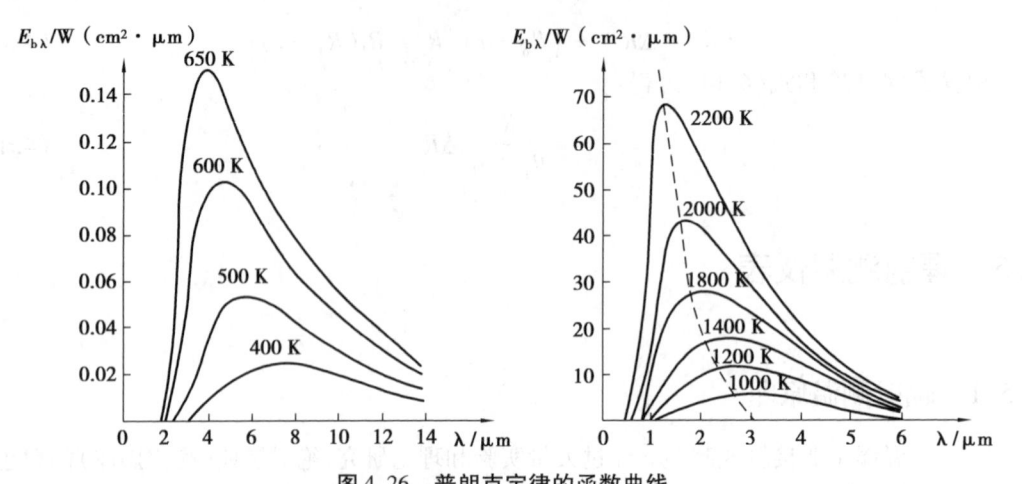

图4.26 普朗克定律的函数曲线

由物体辐射原理,实际物体的光谱辐射强度与单色辐射强度的关系为:

$$E_\lambda = \varepsilon_\lambda E_{b\lambda} \tag{4.21}$$

式中 E_λ——波长 λ 下实际物体的光谱辐射强度,$W/(m^2 \cdot \mu m)$;

ε_λ——实际物体在波长 λ 下的光谱发射率(黑度)。

把式(4.17)代入式(4.21),得:

$$E_\lambda = \varepsilon_\lambda c_1 \lambda^{-5} e^{-\frac{c_2}{\lambda T}} \tag{4.22}$$

同样,可得实际物体全部光谱辐射强度总和为:

$$E = \varepsilon E_0 = \varepsilon \sigma T^4 \tag{4.23}$$

式中 ε——实际物体的发射率。

实际物体的光谱发射率 ε_λ 和发射率 ε 的值在 $0 \sim 1$,均不为常数,它们的大小与物体的材料性质、表面情况以及物体的温度有关,ε_λ 还随波长 λ 而改变。各种物体的 ε_λ 值和 ε 值一般要通过试验来测定。

非接触式温度测量仪表分为两类:一类是光学辐射式高温计,包括单色辐射式光学高温计、光电高温计、全辐射高温计等;另一类是红外辐射仪,包括红外测温仪、红外热像仪等。

4.5.2 单色辐射式光学高温计

(1)工作原理

物体在高温状态下会发光,当温度高于 700 ℃时就会发出明显的可见光,也就是具有一定的亮度。物体的波长为 λ 的光亮度 B_λ 和它的辐射强度 E_λ 是成正比的,即

$$B_\lambda = cE_\lambda \tag{4.24a}$$

其中 c 为比例常数。再将式(4.22)代入上式可得:

$$B_\lambda = c\varepsilon_\lambda c_1 \lambda^{-5} e^{-(\sigma_2/\lambda T)} \tag{4.24b}$$

因此,受热物体的亮度大小反映了物体的温度高低。光学高温计就是利用受热物体的单色辐射强度(在可见光范围)随温度升高而增长的原理来进行高温测量的仪表。光学高温计是采用一已知温度的亮度(高温计灯泡灯丝的亮度)与被测物体的亮度进行比较来测量物体温度的。它是使被测物体成像于高温计灯泡的灯丝平面上,通过光学系统在一定波长范围内

比较灯丝与被测物体的表面亮度,调整流过灯丝的电流,即调整灯丝的亮度(每一电流对应于灯丝一定温度,因而也就对应于一定的亮度),使灯丝的亮度与被测物体的亮度相均衡。此时,灯丝轮廓隐灭于被测物体的影像中(故这类仪表又称为灯丝隐灭式光学高温计)E_λ 是随各物体的辐射特性而不同,因而按某一物体的温度刻度的光学高温计是不可以来测量另一物体的温度。因此,有必要按照黑体的辐射强度来进行仪表的刻度。当用这种刻度好的仪表来测量灰体的温度时,测出的结果不是灰体的真正温度,而是被测物体的亮度温度(在波长为 λ 的光线中,当物体在温度 T 时的亮度和黑体在温度 T_s 时的亮度相等,即 $B_\lambda = B_{b\lambda}$,则黑体的温度 T_s 称为该物体在波长为 λ 的亮度温度)。它的真实温度还必须加以修正,物体的亮度温度与真实温度的关系为:

$$\frac{1}{T} = \frac{1}{T_s} + \frac{\lambda}{c_2}\ln \varepsilon_\lambda \tag{4.25}$$

所以,知道物体的 ε_λ 和 T_s 值后,可用式(4.25)求出物体的真实温度。显然,当物体的黑度系数 ε_λ 越小,亮度温度与真实温度间的差别也就越大。因为 $0<\varepsilon_\lambda<1$,所以以测得物体的亮度温度始终低于其真实温度。

(2)结构和使用

图 4.27 是 WGG-2 光学高温计的原理图,它主要由光学系统与电测系统两部分组成。

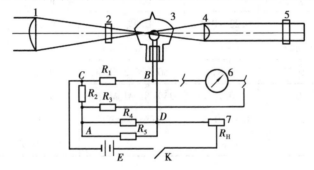

图 4.27 WGG-2 光学高温计原理

1—物镜;2—吸收玻璃;3—高温灯泡;4—目镜;5—红色滤光片;
6—显示仪表;7—滑线电阻;K—开关;E—干电池

①光学系统。光学系统由物镜 1 和目镜 4 组成望远系统,光学高温计灯泡 3 的灯丝置于系统中物镜成像部分。调节目镜 4 的位置,可清晰地看到灯丝;调节物镜 1 的位置,能使被测物体清晰地成像在灯丝平面上,以便比较二者的亮度。在目镜 4 与观察孔之间置有红色滤光片 5,测量时移入视场,使所利用的光谱有效波长 λ 约为 0.65 μm,以保证满足单色辐射的测温条件;从观察孔可同时看到被测物体与灯丝的像,观察到灯丝的像隐灭在被测物体的像内。

②电测系统。电测系统原理线路如图 4.27 下半部所示,它是由高温计灯泡 3、滑线电阻 7、按钮开关 K、电阻 R 等与 2 节干电池连接而成。调节滑线电阻使灯丝亮度与被测物体的亮度相均衡。测量电表 6 是磁电式直流电压表,用来测量灯丝在不同亮度时线路端的电压降,但指示值则以温度刻度表示。

在使用光学高温计时,应将红色滤光片移入视场,调节目镜及物镜前后位置,以使物体及灯丝的可见度清晰,按下开关按钮转动滑线电阻盘,直到灯丝顶部的像隐灭在被测物体的像中为止,并读取刻度值。为获得正确的读数,应分别自低而高和自高而低地调节灯丝电流到灯丝隐灭时读出两个温度读数,取其平均值作为最终读数。

由于仪表读数是物体的亮度温度,可由表4.9查出单色辐射黑度系数 ε_λ,求出真实温度。

(3)光学高温计影响因素

①非黑体的影响:由于被测物体是非绝对黑体,而且物体的黑度系数为非常数,它和波长 λ、物体的表面情况及温度的高低均有关系。为了消除 ε_λ 的影响,可以人为地创造黑体辐射条件。

②中间介质的影响:光学高温计和被测物体之间如有灰尘,烟雾或二氧化碳等气体时,对热辐射会有吸收作用,从而造成误差。在实际测量时光学高温计不要距离被测物体太远,一般在 $1\sim2$ m,最多不应超过 3 m。

③应尽量做到不在反射光很强的地方进行测量,否则会产生误差。光学高温计由于非黑体的影响,其准确度要比热电偶、热电阻温度计低,且构造复杂、价格昂贵、不能测内部点的温度,在使用上受到一定限制。

表4.9　有效波长 $\lambda=0.65$ μm 时各种材料的单色辐射黑度系数 ε_λ

材料名称	表面无氧化层		有氧化层光滑表面	材料名称	表面无氧化层		有氧化层光滑表面
	固态	液态			固态	液态	
铝	—	—	0.22~0.4	镍	0.36	—	0.85~0.96
银	0.07	0.07	—	90%Ni,10%Cr	0.35	—	0.87
钢	0.35	0.37	0.8	80%Ni,20%Cr	0.35	—	0.90
铸铁	0.37	0.4	0.7	95%Ni,Al,Mn,Si	0.37	—	
钢	0.1	0.15	0.6~0.8	石墨(粉状)	0.95	—	
康铜	0.35	—	0.84	炭	0.80~0.93	—	

4.5.3　光电高温计

全辐射高温计主要用人眼睛来判断亮度平衡状态,所以测量温度是不连续的,难以做到被测温度的自动记录。因此,能自动平衡亮度和自动连续记录被测温度示值的光电式高温计得以发展和应用。

(1)工作原理

光电高温计是依据光谱辐射亮度的原理,采用光电器件作为仪表的感受元件,替代人眼来感受辐射源的亮度变化,并转换成与亮度成比例的电信号,该信号对应于被测物体的温度。随着光电检测元器件及光谱滤光片、单色器等材料性能的提高与技术的进步,光电高温计已能做得很准确。

(2)结构和使用

不同的光电高温计有不同的测量方式,结构也不相同。图4.28是WDH-Ⅱ型光电高温计的原理图,光电高温计由光学系统与测量、放大显示两大部分组成。被测物体的辐射光由物镜1、孔径光阑11、调制盘4上的进光孔和视场光阑5投射到感受器件硫化铅光敏电阻6(测量低于700 ℃温度时)或硅光电池6(测量高于700 ℃温度时)上,调制盘为圆形铁片,边缘均匀等分8齿8槽,调制盘由电动机MS带动,当电动机以3000 r/min转动时,可实现400 Hz的光调制。视场光阑上有2个进光孔分别通过被测物体和灯泡钨丝的辐射线,进光孔上安装有2块不同透过率的滤光片。旋转调制盘4变成交变的辐射光,经过视场光阑变成交变的单色光,最终到达光敏电阻6上,同时参比灯泡3产生的参比光经滤光片变成同样波长下的单色光,最终也到达光敏电阻6上。调制盘的旋转,交替通断参比光和被测光的光路,光电元件接受的是2个交变单色光信号的脉冲信号。此光信号照射到光电元件上产生一个差值交变电信号,经相敏检波后变成直流电信号,再经过放大最终转换成直流电流信号(0~10 mA或4~20 mA)。该电流信号的改变经反馈电路能自动调整参比灯的亮度,使其自动与被测光亮度相平衡,实现温度测量和亮度自动跟踪。

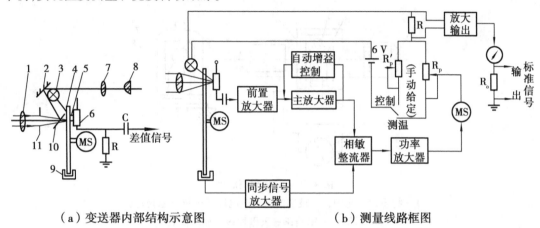

（a）变送器内部结构示意图　　　　（b）测量线路框图

图4.28　WDH-Ⅱ型光电高温计的工作原理

1—物镜;2—反光镜;3—钨丝灯泡(参比源);4—调制盘;5—视场光阑;6—硫化铅光敏电阻;
7—倒像镜;8—目镜;9—相位同步信号发生器;10—通孔反光镜;11—孔径光阑

（3）应用范围和特点

光电高温计既可在可见光下工作,又可在红外光波长下工作,有利于用辐射法测低温,除此之外,光电高温计还具有分辨率高、精确度高、连续自动测量和响应快等优点。

4.5.4　全辐射高温计

（1）工作原理

全辐射高温计按绝对黑体对象进行分度。用它测量辐射率为 ε 的实际物体温度时,其示值并非真实温度,而是被测物体的"辐射温度"。辐射温度的定义为:温度为 T 的物体,其全辐射能量 E_b 等于温度为 T_p 的绝对黑体全辐射能量 E_b 时,则温度 E_p 称为被测物体的辐射温度。

按照定义 $E = \varepsilon\sigma T^4$, $E_b = \sigma T_p^4$, $E = E_b$ 时,有:

$$T = T_p \sqrt[4]{\frac{1}{\varepsilon}} \tag{4.26}$$

由于 ε 总小于1,因此 T_p 总低于 T。因为全辐射高温计是按照黑体刻度的,在测量非黑体温度时,其读数是被测物体的辐射温度 T_p,用式(4.26)可计算出被测物体的真实温度 T。

（2）结构和使用

图 4.29 是全辐射高温计结构原理图,物体的全辐射能由物镜 1 聚焦后,经光阑 2,焦点落在装有热电堆 4 的铂箔上。热电堆是由 4~8 支微型热电偶串联而成,以得到较大的热电动势。热电偶的测量端被夹在十字形的铂箔内,铂箔涂成黑色以增加其吸收系数。当辐射能被聚焦到铂箔上时,热电偶测量端感受热量,热电堆输出的热电动势送到显示仪表,由此表显示或记录被测物体的温度。热电偶的参比端夹在云母片中,这里的温度比测量端低很多。在瞄准被测物体的过程中,观测者可以通过目镜 6 进行观察,目镜前加有灰色滤光片 5,用来削弱光的强度,保护观测者的眼睛。整个外壳内壁面涂成黑色,以使减少杂光的干扰和造成黑体条件。

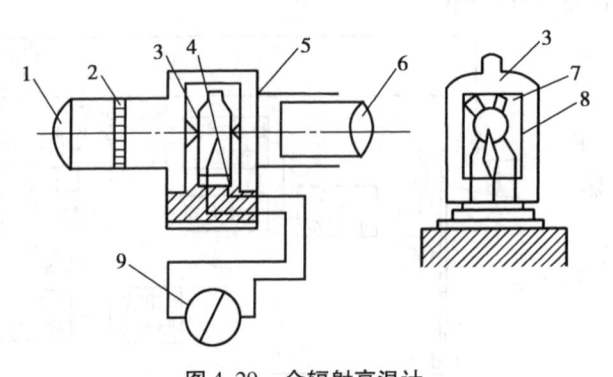

图 4.29　全辐射高温计

1—物镜;2—光阑;3—玻璃泡;4—热电堆;5—灰色滤光片;
6—目镜;7—铂箔;8—云母片;9—显示仪表

（3）注意事项

①全辐射体的发射率 ε 随物体的成分、表面状态、辐射条件和温度的不同而不同,因此应尽可能准确地确定被测物体的 ε,以提高测量的准确度。

②被测物体与高温计之间的距离 L 和被测物体的直径 D 之比有一定的限制。每一种型号的全辐射高温计,对 L/D 的范围都有规定,使用时应按规定去做,否则会引起较大测量误差。

③使用时环境温度不宜太高,否则会引起热电堆参比端温度升高而增加测量误差。

4.5.5　红外测温仪

（1）工作原理

红外测温仪是根据普朗克定律进行温度测量的。任何物体只要其温度高于绝对零度都会因为分子的热运动而辐射红外线,物体发出红外辐射能量与物体绝对温度的 4 次方成正比。通过红外探测器将物体辐射的功率信号转换成电信号后,该信号经过放大器和信号处理电路按照仪器内部的算法和目标辐射率校正后转变为被测目标的温度值。

红外线波长范围是 0.78~100 μm。红外辐射在大气中传播,由于大气中各种气体对辐射的吸收造成很大衰减,只有 3 个红外波段(1~2.5 μm,3~5 μm,8~131 μm)的红外辐射能够透过大气向远处传输。这 3 个波段被称作"大气窗口",红外测温仪常在 3~5 μm,8~13 μm 两个波段内工作。

（2）结构和使用

红外测温仪由光学系统、红外探测器、信号处理放大部分及显示仪表等部分组成。红外光学材料是光学系统中的关键器件，对红外辐射透过率很高，不易透过其他波长的辐射。红外探测器是把接收到的红外辐射强度转换成电信号，有光电型和热敏型两种类型。光电型探测器利用光敏元件吸收红外辐射后其电子改变运动状况而使电气性质改变的原理工作的，常用的光电探测器有光电导型和光生伏特型两种。热敏型探测器是利用了物体接收红外辐射后温度升高的性质，然后测其温度的。根据测温元件的不同，又有热敏电阻型、热电偶型及热释电型等几种。在光电型和热敏型探测器中，前者用得较多。

以图 4.30 所示的红外辐射温度计为例介绍其结构。被测物体 1 的辐射线从窗口 2 进入光学系统，首先到达分光片 3。分光片是由能透过红外线的专门光学材料制成，中间沉积了某种反射材料。红外线能透过分光片，而其他波长的辐射能被反射出去，不能透过。透过分光片的红外线经过聚光镜 4、调制盘 5 被调制成脉冲红外光波，投射到置于黑体腔中的红外光敏探测器 6 上，最终转换成交变的电信号输出。使用黑体腔是为了提高光敏探测器的吸收能力，提高灵敏度。由于探测器输出的交变电信号与被测温度及黑体腔温度均有关，所以必须恒定黑体腔的温度，以消除背景温度的影响。黑体腔的温度由温度控制器控制在 40 ℃。输出的电信号经运算放大器 A1 和 A2 整形放大后，送入相敏功率放大器 7，经解调器 8 整形后的直流电流由显示器指示被测温度。由分光片反射出来的其他波长下的光波反射到反光片11，经透镜 12、13、目镜 14 组成的目镜系统，可以观察到被测目标及透镜 12 上的十字交叉线，以瞄准被测目标。

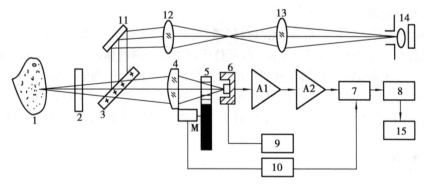

图 4.30　红外线辐射温度计

1—被测物体；2—窗口；3—分光片；4—聚光镜；5—调制盘；6—红外探测仪；

7—相敏功率放大器；8—调节、整形部分；9—温度控制器；10—信号发生器；11—反光片；

12,13—透镜；14—目镜；15—显示仪表

图 4.31 所示的是 RayngerST 系列便携式红外测温仪。它通过接受被测物体发射、反射和传导的能量来测量其表面温度。测温仪内的探测元件将采集的能量信息输送到微处理器中进行处理，然后转换为数字信号显示在 LCD 液晶屏上。该仪器携带测量方便，测量精确度较高（读数值的 1%），测温为 32 ~ 500 ℃，响应时间为 500 ms（95% 响应），并具有高、低温报警功能，目前得到广泛的使用。

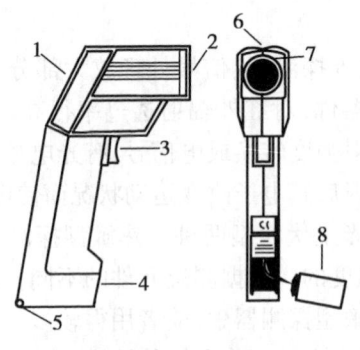

图 4.31 RayngerST 系列便携式红外线测温仪
1—液晶显示;2—光学元件;3—扳机;
4—电池盒;5—带系环;6—准星槽;
7—激光;8—电池

4.5.6 红外热像仪

（1）工作原理

红外测温仪测量的是物体表面某点周围非常小的面积的平均温度,如果要测量物体表面的温度分布,需要采用红外热像仪。两者的工作原理是相同的。红外热像仪具有检测和显示红外能量能力,利用红外扫描原理测量物体表面温度分布,具有测量面积大、测量速度快、表达直观等特点。

（2）结构和使用

红外热像仪主要由光学系统、光电探测器、信号放大器及信号处理、显示输出等部分组成,其工作原理及实物图如 4.32 所示。红外热像仪摄取被测物体的红外辐射通量的分布,利用红外探测器,转换成物体各部分发射出的红外辐射成正比的序列电信号,综合处理得到物体发射红外辐射通量的分布图像,称为热图或温度图。多角度、全方位对设备扫描寻找热点;发现热点后固定热像仪位置,以后检测中选取原位置,保证不同时期相同位置的检测结果具有可比性。

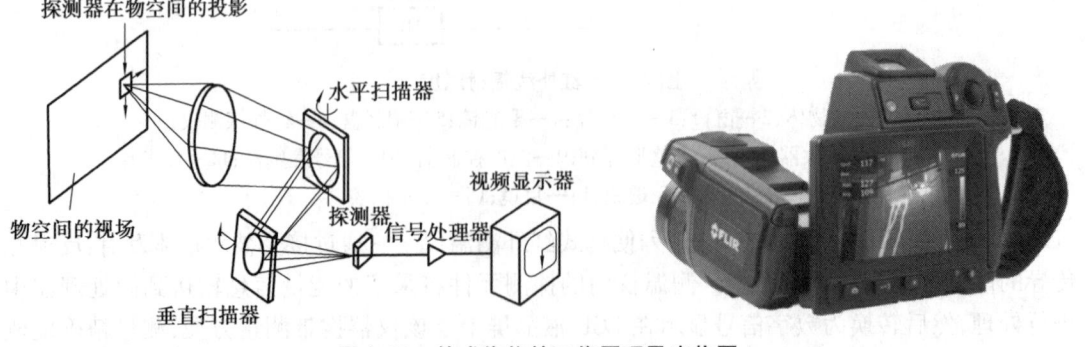

图 4.32 热成像仪的工作原理及实物图

（3）热成像测温的影响因素

①被测物体发射率。被测物体发射率受众多因素影响难以确定,发射率主要取决于材料的种类、材料表面状况和物体的表面温度等。

②被测物体的背景。背景即被测物体并可被反射的辐射能。被测物体的发射率高低决定受背景影响的程度。被测物体的发射率越高,背景的影响越小,当被测物体温度与背景温度相近时,由背景引起的误差越大。

③被测物体与仪表之间的中间介质。物体辐射的能量需要经过大气到达探测系统,该过程中会因大气中的气体分子和尘埃吸收与散射而衰减。吸收红外辐射的气体主要是 CO_2 和 H_2O。

4.6　测温仪表选用和校验

4.6.1　温度仪表选用

在实际的测量时,测量条件多种多样,针对不同的测量条件应选取不同的测量仪表。通常应考虑测量范围、仪表的使用要求、测量环境、仪表的可维修性及成本。

①根据生产或实验所要求的测量范围、允许的误差,选择合适的测量仪表,使之有足够的量程和精度。但不能单纯追求仪表的精度,以免造成不合理的支出。

②根据现场对仪表功能的要求,可以选用一般性的仪表、自动记录仪表、可远传及自动控温系统等。

③根据仪表的工作条件,选择合适的仪表及保护措施,防止过多的维护管理费用。在实际选用过程中,可参考图4.33。

正确安装测温元件是实现正确测量的基础,也是减少维修费用的一个途径。实现正确安装应做好以下两点:

①正确选择具有代表性的测温点,测温元件应插入被测物的足够深度,对于管道流体的测量,应迎着流体方向插入。

②要有合适的保护措施,如加装保护管、在插入孔处密封等,以延长元件使用寿命,减少测量误差。

4.6.2　温度仪表校验

1)热电偶的校验

热电偶在使用过程中,由于热端受到氧化、腐蚀作用或高温下热电偶材料发生再结晶,引起热电特性发生变化,使测温误差越来越大。为了确保测量的准确度,热电偶必须定期地进行校验,以确定其误差大小。当其误差超出规定范围时,要更换热电偶或把原来热电偶的热端剪去一段,重新焊接并经校验后再使用。对新焊制的热电偶,也要通过实验确定它的热电特性(分度)。根据工业热电偶标准(GB/T 30429—2013)规定,各种热电偶必须在表4.10所列的温度点进行校验,并要求校验温度点的变化控制在±10 ℃。

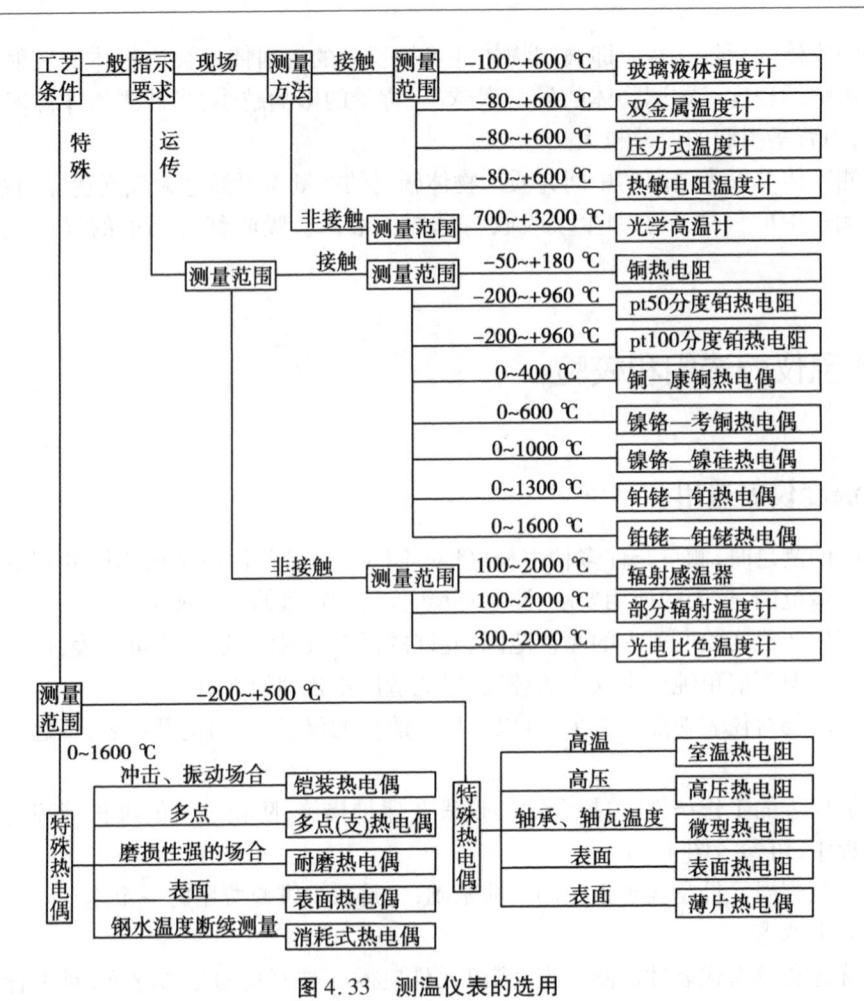

图 4.33 测温仪表的选用

表 4.10 常用热电偶校验温度点

热电偶类型	代 号	允差等级	检验温度点
铂铑 10%/铂	S	1	419.527 ℃、660.323 ℃、1 084.62 ℃
铂铑 13%/铂	R	2	660.323 ℃、1 084.62 ℃
铂铑 30%/铂铑 6%	B	2	660.323 ℃、1 084.62 ℃、1 400 ℃、1 600 ℃
		3	1100 ℃、1400 ℃
铁/铜镍(康铜)	J	1,2	在适用温度范围内每 200 ℃(含上限温度)
镍铬/铜镍(康铜)	E	1	在适用温度范围内每 200 ℃(含上限温度)
镍铬硅/镍硅	N	2	在适用温度范围内每 300 ℃(含上限温度)
镍铬/镍铝(硅)	K	3	−195.799 ℃、−78.464 ℃
铜/铜镍(康铜)	T	1,2	在适用温度范围内每 100 ℃(含上限温度)
		3	−195.799 ℃、−78.464 ℃

测量高于 300 ℃ 的热电偶的校验原理及设备见图 4.34。校验装置主要由管式电炉、冰点槽、切换开关、电位差计及标准热电偶等组成。管式炉是用电阻丝加热的,最好有长 100 mm 左右的恒温区。读数时要求恒温区的温度变化每分钟不得超过 0.2 ℃,否则不能读数。电位差计的精度不得低于 0.03 级。

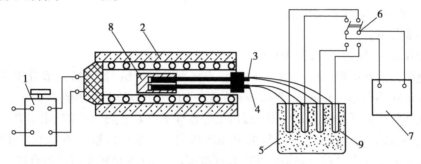

图 4.34　热电偶校验装置示意图
1—调压变压器;2—管式电炉;3—标准热电偶;4—被校验电偶;
5—冰点槽;6—切换开关;7—直流电位差计;8—镍块;9—试管

校验时,把被校验热电偶与标准热电偶(标准热电偶的精度等级根据被校验热电偶的精度等级要求确定)的热端放到恒温区中测量温度,比较二者的测量结果,以确定被校验热电偶的误差。校验铂铑 10%/铂热电偶时,用铂丝将被校验的热电偶与标准热电偶的热端(都除去保护管)绑扎在一起后,插到管式炉内的恒温区中。校验镍铬/镍硅(铝)、镍铬/康铜热电偶时,为了避免被校验热电偶对标准铂铑 10%/铂热电偶产生有害影响,要将标准热电偶套上石英套管,然后用镍铬丝将被校热电偶的热端和标准热电偶套有石英套管的热端绑扎在一起,插到管式炉内的恒温区中。为保证被校与标准热电偶的热端处于同一温度,可以把两热电偶的热端放在金属镍块中,再将镍块放于炉子的恒温区内。

热电偶放入炉中后,炉口应用石棉绳堵严。热电偶插入炉中的深度一般为 300 mm,最小不得小于 150 mm。热电偶的冷端置于冰点槽中以保持 0 ℃。用调压器调节炉温,当炉温达到校验温度点 ±10 ℃,且每分钟变化不超过 0.2 ℃ 时,就可用电位差计测量热电偶的热电势。

在每一个校验温度点上对标准和被校热电偶热电势的读数都不得少于 4 次。然后求取电势读数平均值并用它查分度表,通过比较得出被校热电偶在各校验温度点上的温度误差。计算时标准热电偶热电势的误差也需计入。

2) 热电阻的校验

热电阻在投入使用之前需要进行校验,在使用之中也要定期进行校验,以检查和确定热电阻的准确度。热电阻的校验一般在实验室中进行。除标准铂电阻温度计需要做三定点(水三相点、水沸点和锌凝固点)校验外,实验室和工业用的铂或铜电阻温度计的校验方法有两种。

(1)比较法

将标准水银温度计或标准铂电阻温度计与被校电阻温度计一起插入恒温槽中,在需要的或规定的几个稳定温度下读取标准温度计和被校温度计的示值并进行比较,其偏差不能超过被校温度计的最大允许误差。在校验时使用的恒温器有冰点槽、恒温水槽和恒温油槽,根据所需校验的温度范围选取恒温器。热电阻值的测量可以用电桥,也可以用直流电位差计测量恒电流(小于 6 mA)流过热电阻和标准电阻的电压降 U_t,U_s。然后计算出 R_t:

$$R_t = \frac{U_t}{U_s}R_s \qquad (4.27)$$

式中 R——已知的标准电阻阻值,Ω。

校验步骤如下:

①按图 4.35 接线,并检查是否正确。

②将电阻体放在恒温器内,使之达到校验点温度并保持恒温,然后调节分压器使毫安表指示约为 4 mA(不得超过 6 mA),将切换开关的一边,读出电位差计示值 U_s;

然后立即将切换开关倒向 R_t 一边,读出电位差计示值 U_t,按式(4.27)求出 R_t。在同一校验点需反复测量几次,计算出几次测量的 R_t 值(指同一校验点),取其平均值与分度表比较,看其误差是否大于允许误差。如果误差在允许范围内,则认为该校验点的值合格。

③再取被测温度范围内 10%、50% 和 90% 的温度校验点重复以上校验,如均为合格,则此热电阻校验完毕。

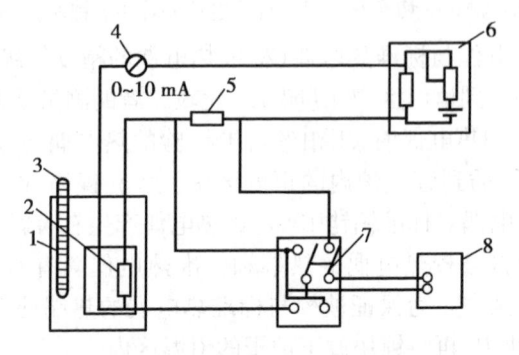

图 4.35　校验热电阻的接线

1—加热恒温器;2—被校验电阻体;3—标准温度计;4—毫安表;
5—标准电阻;6—分压器;7—双刀双掷开关;8—电位差计

(2)两点法

比较法虽然可用调整恒温器温度的办法对温度计刻度值逐个进行比较校验,但所用的恒温器规格多,一般实验室多不具备。因此,工业电阻温度计可用两点法进行校验,即只校验 R_0 与 R_{100}/R_0。这种校验方法只需具有冰点槽和水沸点槽,分别在这 2 个恒温槽中测得被校验电阻温度计的电阻 R_0 和 R_{100},然后检查 R_0 值和 R_{100}/R_0 的比值是否满足技术数据指标,以确定温度计是否合格。

4.7　应用实例

本节针对建筑环境与能源应用工程专业,具体讲解室内采暖温度、固体表面温度和管内流体温度仪表的实例。

4.7.1 室内采暖温度的测量

1)检测地点的确定和要求

①室内面积小于 16 m²,测室中央一点,取室内对角线中点,见图 4.36(a)。

②室内面积大于 16 m²,但不足 30 m² 测 2 点。将室内对角线 3 等分,取其中 2 个等分点作为检测点:1,3 或 2,4 两点均可,见图 4.36(b)。

③室内面积 30 m² 以上,但不足 60 m² 测 3 点。

将室内对角线 4 等分,取其中 3 个等分点作为检测点:1,2,3;2,3,4;3,4,1;2,1,4 点均可见图 4.36(c)。

④室内面积 60 m² 以上的测 5 点。将室内两对角线上梅花设点 D,1,2,3,4,如图 4.36(d)所示。

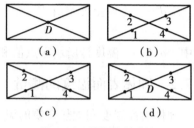

图 4.36　检测点的分布

2)检测地点的选择要求

检测点离地面高度为 0.8 ~ 1.6 m,离开墙壁和热源不应小于 0.5 m。

3)仪器的选择

①玻璃水银温度计:温度计的刻度最小分度值应不大于 0.2 ℃,测量精度±0.5 ℃。

②数字温度计:数字温度计最小分辨率为 0.1 ℃,测量范围为 0 ~ 50 ℃,测量精度±0.5 ℃。

4)检测步骤

①检测应在门窗关闭 30 min 以上,并且做好防止日光等热辐射的影响。

②检测仪器根据室内面积不同按要求进行摆放,在等待 5 ~ 10 min 温度稳定后进行读数,玻璃水银温度计按凸出弯月面的最高点读数;数字温度计可直接读出数值。

③读数应快速准确,以免人的呼吸和体热辐射影响读数的准确性。

④玻璃水银温度计零点位移误差的修正。玻璃液体温度计零点位置应经常用标准温度计校正,如果零点有位移时,应把零点位移值加在读数上。

5)数字温度计校正方法

①将欲校正的数字温度计感温元件与标准温度计并插入冰点槽中,校正零点,经 5 ~ 10 min 后记录读数。

②将欲校正的数字温度计或感温元件与校准温度计一并插入恒温浴槽中,分别在 10,20,30,40,50 ℃进行测量读数,即可得到相应的校正温度值。

6)测量结果计算

$$t_实 = t_测 + d \qquad (4.28)$$

式中　$t_实, t_测$——实际温度值和检测温度值,℃;

　　　　d——零点温度差值,℃。

$$d = a - b \qquad (4.29)$$

式中　a, b——温度计所示零点值和标准温度计零点值,℃。

4.7.2　固体表面温度的测量

固体表面温度和加热介质的温度一样,可以用接触法或非接触法进行测量,使用何种方法测量才比较恰当,要视具体情况而定。

1)用接触式仪表测温

一般来说,待测表面与周围介质之间存在着显著的温度差别。因此,必须使感温元件(热电偶或热电阻)和待测表面保持良好的接触,以使感温元件真正反映待测点的温度。此外,感温元件的安装对被测表面与周围介质之间的热交换的影响要尽可能地小,以免因感温元件导出热量而严重歪曲待测点原有的温度值。另外,还可以用半导体点温计测表面温度、用热电偶测表面温度的方法。如图4.37所示,热电偶与被测表面接触方式基本上有4种。(a)为点接触,热电偶的测量端直接与被测表面相接触;(b)为面接触,先将热电偶的测量与导热性能良好的金属薄片(如铜片)焊在一起,然后再与被测表面接触;(c)为等温线接触,热电偶测量端固定在被测表面后,沿被测表面等温线绝缘敷设至少20倍线径的距离,再引出;(d)为分立接触,两热电极分别与被测表面接触。

壁面温度测量几种实用的安装方式如图4.38所示,以供实际应用时参考。

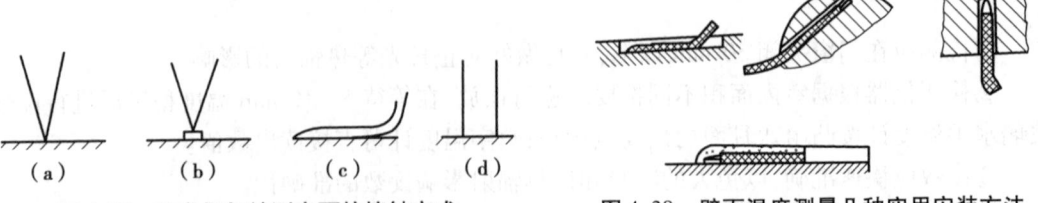

图4.37　热电偶与被测表面的接触方式　　　图4.38　壁面温度测量几种实用安装方法

总结起来,壁面温度测量应优先考虑下列问题:

①在强度允许条件下应尽量采用直径小、导热系数低的热电偶。

②优先考虑等温线敷设。

③被测材料为非良导热体,可用面接触方式。

④如被测材料允许,表面开槽敷设对提高测量精度更为有利。

2)用非接触式仪表测温

如前所述,应用非接触式仪表(如光学高温计、光电高温计或比色温度计等)测温时,不会破坏待测温度场,测温快速且准确度也比较高,但用于测量固体表面温度时,有两个局限性:

首先必须在待测固体表面与仪表的温度变送器(镜头)之间有光的通路(透明);其次是待测温度较低时,在辐射式温度计中,只有红外测温计才能使用。

4.7.3 管内流体温度测量

管道中流体温度的测量是热工测量中经常遇到的问题,如管道中的蒸汽温度或水温度的测量。在测量某管道内蒸汽温度时,管道中流过温度约为 38.6 ℃ 的过热蒸汽,管道内径是 100 mm,流速为 30~35 m/s,测温管有 5 种不同的安装方案,如图 4.39 所示。方案 1 采用电阻温度计,沿管道中心线插入很深,安装部位的管道有很厚的绝热层,测温管露出部分很少,这种方案的测量误差接近于 0;方案 2 采用水银温度计,测温管外有绝热层,其测量误差为 -1 ℃;方案 3 与方案 2 不同之处是测温管的直径和管壁厚度都较大,因此误差也增大了,达到 -2 ℃;方案 4 与方案 2 不同之处是测温管没有插到管道中心(L_1 较小),因而误差达 -15 ℃,即 -4% 左右;方案 5 也是用电阻温度计测量,安装地点的管道没有绝热层,而且温度计的露出部分 L_2 较大,L_1 又不像方案 1 中那样大,因此测量误差达到 -45 ℃,即 -12%。

欲使测温误差减小,提高测量精度,测温管安装时要注意以下几点:

①尽可能使套管外露部分温度接近管道温度,最好是把管道和套管外露部分一起进行保温。

②增大温度计的插入深度并减小外露部分,可利用管道的弯头或斜向插入。若管道过细,不便于斜插或无弯头可利用,那么管道要局部加粗然后斜插。

③增加流体与测温管的对流换热系数,通常使温度计迎着气流方向插入,敏感元件头部置于管道中心线上,以得到最大的对流换热系数。常用测量管道中流体温度的测温管安装方式有垂直安装、倾斜安装、弯头处安装和扩大管安装,如图 4.40 所示。

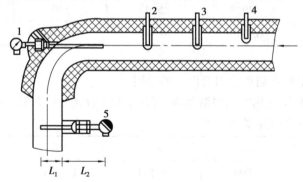

图 4.39　管道测温的安装方案

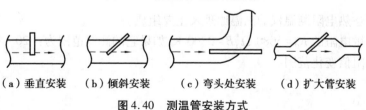

（a）垂直安装　　（b）倾斜安装　　（c）弯头处安装　　（d）扩大管安装

图 4.40　测温管安装方式

思考题

4.1 常用的温标有哪几种? 它们之间有什么关系?

4.2 热电偶测温的基本原理是什么? 请说明热电偶 3 个基本定律的内容。

4.3 用热电偶测温时为何要求冷端补偿? 冷端补偿有哪些方法?

4.4 用两支分度号为 K 的热电偶测量 A 区和 B 区的温差,连接回路如图所示。当热电偶参考端温度 t 为 0 ℃时,仪表指示 200 ℃。问在参考端温度上升 25 ℃时,仪表的指示值为多少?

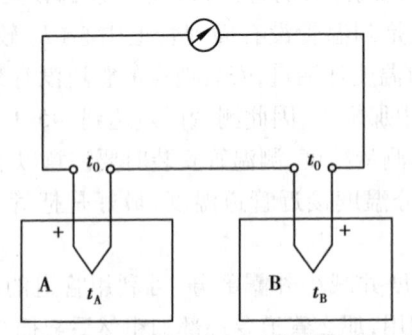

4.5 用分度号为 K 的热电偶测量,测量时未用补偿导线和冷端温度补偿器,动圈表机械零位在标尺 0 ℃,热电偶冷端温度为 20 ℃,当动圈表指示在 500 ℃时,问被测温度是不是 500 ℃? 若不是,温度应为多少?

温度/℃	20	500	510	520
电势/mV	0.798	20.640	21.066	21.493

4.6 请分析热电偶测温可能引起误差的原因。

4.7 某分度号为 K 的热电偶测温回路,其热电势 $E(t, t_0) = 17.513$ mV,参考端温度 $T_0 = 25$ ℃,则测量端温度是多少?

温度/℃	25	403	426	450
电势/mV	1.000	16.513	17.513	18.513

4.8 试阐述热电阻测温仪的测温原理及主要组成。

4.9 某热敏电阻的 $R_0 = 5080\ \Omega$, $B = 2700$ K,如果它的测温范围为:$-20 \sim +50$ ℃,计算相应的阻值变化范围。

5

湿度测量

学习目标：

1. 了解湿度的常用表示方法和主要测量仪表；

2. 掌握干湿球湿度计、电阻湿度计、露点湿度计、电容式湿度计的工作原理及使用方法；

3. 了解各种类型湿度传感器及变送器的选用及特点；

4. 了解常用湿度测量仪表的检定校验方法。

5.1 概　述

湿度是表示空气中水蒸气含量多少的尺度,其常用的表示方法有绝对湿度、相对湿度、含湿量等。

1)绝对湿度

在标准状态下$(0\ ℃,1.01325\times10^5\ Pa)$,每立方米湿空气(或其他气体)所含水蒸气的质量,称为绝对湿度,即湿空气中的水蒸气的密度,以字符ρ表示,单位为g/m^3。

$$\rho = \frac{1}{u_q}$$

根据

$$p_q u_q = R_q T$$

可得:

$$\rho = \frac{p_q}{R_q T} = \frac{p_q}{461T} \times 1000 = 2.169\frac{p_q}{T} = 2.169\frac{p_q}{273.15 + t} \tag{5.1}$$

式中 p_q——空气中水蒸气分压力,Pa;

   T——空气的干球绝对温度,K;

   t——空气的干球摄氏温度,℃;

   R——水蒸气的气体常数,R = 461 J/(kg·K)。

2)相对湿度

相对湿度,是空气中水蒸气分压力 p_q 与同温度下饱和水蒸气分压力 p_{qb} 之比:

$$\varphi = \frac{p_q}{p_{qb}} \times 100\% \tag{5.2}$$

式中 p_{qb}——饱和水蒸气分压力,Pa。

饱和水蒸气分压力可按式(5.3)计算:

$$p_{qb} = 98066.5 \exp\left[0.0326889 - 7.235425\left(\frac{10^3}{273.15 + t} - \frac{10^3}{373.16}\right) + \right.$$

$$\left. 8.2 \ln\frac{373.16}{273.16 + t} - 0.00571133(100 - t)\right] \tag{5.3}$$

空气中水蒸气分压力的计算公式为:

$$p_q = p_{qb,s} - A(t - t_s)B \tag{5.4}$$

$$A = \left(593.1 + \frac{135.1}{\sqrt{u}} + \frac{48}{u}\right) \times 10^{-6}$$

式中 $p_{qb,s}$——对应于湿球温度 t_s 时的空气中饱和水蒸气分压力,Pa;

   t_s——空气的湿球温度,℃;

   B——大气压力,Pa;

   A——与风速有关的系数;

   u——风速,m/s。

可见,空气的相对湿度是干球温度、湿球温度、风速和大气压力的函数,即 $\varphi = f(t, t_s, u, B)$。相对湿度表征湿空气接近饱和的程度,$\varphi$ 值小,则说明湿空气饱和程度小,吸收水蒸气的能力强;φ 值大则说明湿空气饱和程度大,吸收水蒸气的能力弱。

3)含湿量

含湿量是指在湿空气中,每千克干空气所含有的水蒸气量,即:

$$d = 1000\frac{m_s}{m} \tag{5.5}$$

式中 d——含湿量,g/kg;

   m_s——湿空气中水蒸气的质量,kg;

   m——湿空气中干空气的质量,kg。

由理想气体的状态方程 $m = \frac{pV}{RT}$,可得:

$$d = 622\frac{p_q}{p_g} \tag{5.6}$$

式中 p_g——湿空气中干空气分压力,Pa。

当湿空气定压加热或冷却时,如 d 值保持不变,则 p_q 值不变,湿空气的露点温度不变,将 $p_g = B - p_g$ 和 $p_g = \varphi p_{qb}$ 代入式(5.6),得:

$$d = 622 \frac{p_q}{B - p_q} = 622 \frac{\varphi p_{qb}}{B - \varphi p_{qb}} \tag{5.7}$$

由式(5.6)和式(5.7)可看出,当 B 值一定时,相应于每一个 p_q 值有一个给定的 d 值确定,即湿空气的含湿量与水蒸气分压力互为函数。所以,d 和 p_q 是同一性质的参数,再加上干球温度或湿球温度参数,就可以确定湿空气的状态。

了解湿度的表示方法是测量应用的基础,如何准确、快速地测量湿度是湿度应用的关键。在通风与空气调节工程中,空气的湿度与温度是 2 个相关的热工参数,它们具有同样的重要意义。例如,在工业空调中,空气湿度的大小决定着电子工业中产品的成品率、纺织工业中的纤维强度及印刷工业中的印刷质量等;在舒适性空调中,空气的湿度大小会影响人的舒适感。因此,对空气湿度进行测量和控制就显得尤为重要。

5.2 干湿球湿度计

当大气压力 B 和风速 u 值不变时,利用被测空气相应于湿球温度下饱和水蒸气分压力和干球温度下的水蒸气分压力之差,与干湿球温度之差之间存在的数量关系确定空气湿度。其数量关系的数学表达式为:

$$p_{qb,s} - p_q = A(t_g - t_s)B \tag{5.8}$$

式中 t_g, t_s——空气的干、湿球温度,℃;

A——与风速有关的系数。

将式(5.8)代入式(5.2),可得相对湿度计算公式为:

$$\varphi = \left(\frac{p_{qb,s}}{p_{qb}} - AB \frac{t - t_s}{p_{qb}} \right) \times 100\% \tag{5.9}$$

显然,根据 t_g, t_s 分别对应有确定的 $p_{qb}, p_{qb,s}$ 值。所以,根据干、湿球温度计的读数差,即可确定被测空气的相对湿度。干湿球温度计的差 $(t_g - t_s)$ 越大,则空气相对湿度越小;反之亦然。

干湿球湿度计一般在冰点以上的温度情况下使用,其相对湿度测量误差较小;当在低于冰点温度使用时,其测量误差将增大。

根据以上原理,可制成普通干湿球湿度计和电动干湿球湿度计。

5.2.1 普通干湿球湿度计

普通干湿球湿度计由 2 支相同的液体膨胀式温度计组成,其中一支温度计的感温球部包有潮湿的纱布,称为湿球温度计。由于湿球温度计球部潮湿纱布的水分蒸发,带走了热量,使其温度降低,而温度降低的程度取决于湿球温度计球部所包潮湿纱布的水分蒸发强度,蒸发强度又取决于周围空气的气象条件。周围空气的饱和差越大,湿球温度计上的水分蒸发就越强,这样湿球温度计所指示的温度比干球温度计指示的空气温度就越低,也就是干湿球温度差就越大。干湿球湿度计就是利用干湿球温度差及干球温度来测量空气相对湿度的。

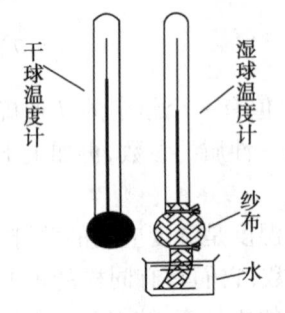

干球温度计 湿球温度计 纱布 水

图 5.1 普通干湿球湿度计

普通干湿球湿度计的构造如图 5.1 所示。将 2 支温度计安装在同一支架上,其中湿球温度计球部的纱布一端置入装有蒸馏水的杯中。安装时要求温度计的球部离开水杯上沿至少 2~3 cm,使杯的上沿不会妨碍空气的自由流动,并使干湿球湿度计球部周围不会有湿度增高的空气。为了不使蒸馏水被灰尘污染,水杯应加装不锈蚀材料制成的盖子。使用中注意向水杯加水并防止水污染。为了减少风速变化造成的测量误差,制成了通风湿度计,其上装有微型轴流风机,使其风速保持恒定。这种湿度计又称为阿斯曼湿度计。

在测得干湿球温度后,可利用公式、有关图表,以及干湿球温差及干球温度查出相应的相对湿度值。必须注意,计算图表只在风速为 2.5 m/s 与大气压力为 101325 Pa 时才比较正确,否则必须进行修正:

$$\varphi = \frac{B}{B'}\varphi' \tag{5.10}$$

式中　B——实测点的大气压力,Pa;

　　　B'——标准大气压,Pa;

　　　φ——修正前的相对湿度;

　　　φ'——修正后的相对湿度。

如果精度要求不高,查表所得数据亦可不必修正。

5.2.2　电动干湿球湿度计

为了能自动显示空气的相对湿度和远距离传送湿度信号,采用电动干湿球湿度计。它的干湿球是用金属电阻(镍电阻)代替膨胀式温度计,并设置一个微型轴流风机,以便在热电阻周围造成 2.5 m/s 的风速,提高测量精度。电动干湿球湿度计的传感器如图 5.2 所示,图中两支镍电阻,一支测量空气温度,称干球镍电阻,另一支包有纱布作为湿球镍电阻,都正对空气入口。由于风机的通风作用,可以减少热电阻的时间常数。当湿球镍电阻表面水分蒸发达到稳定状态时,干、湿球镍电阻同时发出对应于干、湿球温度的电阻信号,将此信号输入显示仪表或调节仪表,就能进行远距离测量和调节。

电动干湿球湿度计原理如图 5.3 所示。它是由两个不平衡电桥接在一起组成的,称为复合电桥。图中 R_w 为干球热电阻,接在干球电桥的一个臂上;R_s 为湿球热电阻,接在湿球电桥的一个臂上。干球电桥输出的不平衡电压是干球温度 t 的函数,而湿球电桥输出的是湿球温度 t_s 的函数。两电桥输出信号通过补偿可变电阻 R 连接,R 上的滑动点 D。湿球电桥输出信号小于干球电桥输出信号。

当湿球电桥上输出电压与干球电桥输出的部分电压(RDE 上的电压)相等时,检流计上无电流,此时称双电桥处于平衡状态。

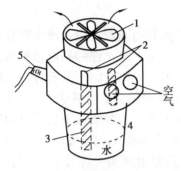

图5.2 电动干湿球湿度计的传感器
1—轴流风机;2—镍电阻;3—纱布;
4—盛水杯;5—接线端子

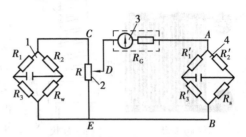

图5.3 电动干湿球湿度计原理图
1—干球温度测量桥路;2—补偿可变电阻;
3—检流计;4—湿球温度测量电桥

在双电桥平衡时,D点位置反映了干、湿球电桥输出的电压差,也间接地反映了干、湿球温差。故可变电阻R上的滑动点D的位置反映了相对湿度,根据计算和标定,可在R上标出相对湿度值。在测量时,靠手动调节可变电阻R的滑动点D,使双电桥处于平衡,即检流计3中无电流,此时根据R上的指针读出相对湿度值。如果作为调节仪表,则可变电阻R作为相对湿度的给定值,通过旋钮改变D点位置,即改变了给定值。此时,双电桥的不平衡信号则作为调节器的输入信号。

5.3 电阻式湿度计

某些盐类放在空气中,其含湿量与空气的相对湿度有关;而含湿量的大小又引起本身电阻的变化。因此,可以通过这种传感器将空气相对湿度转换为其电阻值的测量。

1)氯化锂电阻式湿度计的原理

氯化锂(LiCl)是一种在大气中不分解、不挥发、不变质的稳定离子型无机盐类。其吸湿量与空气相对湿度成一定函数关系,随着空气相对湿度的增减变化,氯化锂吸湿量也随之变化。当空气中的水蒸气分压力大于氯化锂溶液的饱和蒸汽压力时,溶液从空气中吸收水蒸气;反之,当空气中的水蒸气分压力小于氯化锂溶液的饱和蒸汽压力时,氯化锂溶液就放出水蒸气。只有当空气中水蒸气分压力与氯化锂溶液的饱和蒸汽分压力相等时,才处于吸、放湿的平衡状态。当氯化锂溶液吸收水汽后,使导电的离子数增加,因而导致电阻的降低;反之,则使电阻增加。氯化锂电阻式湿度计的传感器就是根据这一原理工作的。

2)氯化锂电阻湿度传感器

氯化锂电阻湿度传感器分为梳状和柱状两种。前者是将金铂梳状电极镀在绝缘板上,后者用两根平行的铂丝电极绕制在绝缘柱上,图5.4是传感器的结构示意图。利用多孔塑料聚氯乙烯醇作为胶合剂,使氯化锂溶液均匀地附在绝缘板(或绝缘柱)的表面,多孔塑料能保证水蒸气和氯化锂溶液之间有良好的接触。柱状或梳状电极间的电阻值的变化反映了空气相对湿度的变化。

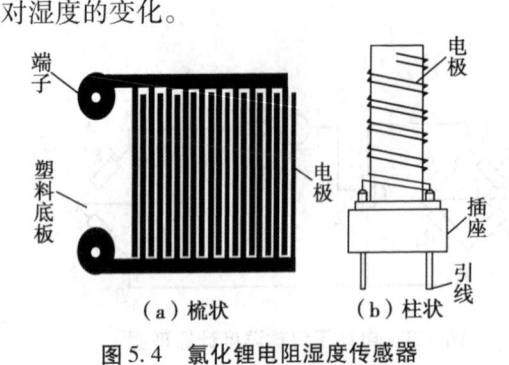

（a）梳状　　　（b）柱状

图 5.4　氯化锂电阻湿度传感器

氯化锂传感器的测湿范围与所涂氯化锂浓度及其他成分有关。氯化锂的感湿范围与其浓度相对应。采用某一浓度制作的元件在其有效的感湿范围内，其电阻值随周围空气相对湿度的变化符合指数关系。当湿度低于其有效的感湿范围时，其阻值迅速增加，趋于无限大；而湿度高于该范围时，其阻值变得非常小，乃至趋于 0。单个传感器有效感湿范围一般为 20% RH 以内，如 0.05% 的浓度时对应的感湿范围为 80% ~ 100% RH，0.2% 的浓度时对应范围为 60% ~ 80% RH 等。由此可见，测量较宽的湿度范围时，必须把不同浓度的元件组合在一起使用，如 5 个元件组合的，可测 15% ~ 100% RH。图 5.5 示出了多片组合传感器电路及其组合特性。图中 $R_{\varphi 1}$，$R_{\varphi 2}$，…，$R_{\varphi n}$ 分别是涂有不同浓度的 $LiCl$ 溶液的传感器，其浓度依次降低；每个传感器分别串联有 R_1，R_2，…，R_n 固定电阻，其阻值依次减小。当被测空气相对湿度处于较低范围时，R_1，$R_{\varphi 1}$ 支路电阻较小，此时 $R_{\varphi 2}$，…，$R_{\varphi n}$ 支路电阻较大，故其并联总电阻由 R_1，$R_{\varphi 1}$ 支路决定。当空气相对湿度变化到 $R_{\varphi 2}$ 的有效测湿范围时，同理，$R_{\varphi 2}$，R_2 支路电阻较小，组合电阻由 $R_{\varphi 2}$，R_2 支路决定。以此类推，可以得到较宽的测量范围。图 5.5(b) 是组合传感器特性图。

用交流电桥测量氯化锂湿度传感器电阻，因交流电桥使用交流供电，可防止氯化锂溶液发生电解。最高使用温度为 55 ℃，当大于 55 ℃ 使用时，氯化锂溶液将蒸发。被测空气应清洁、无粉尘、纤维等。

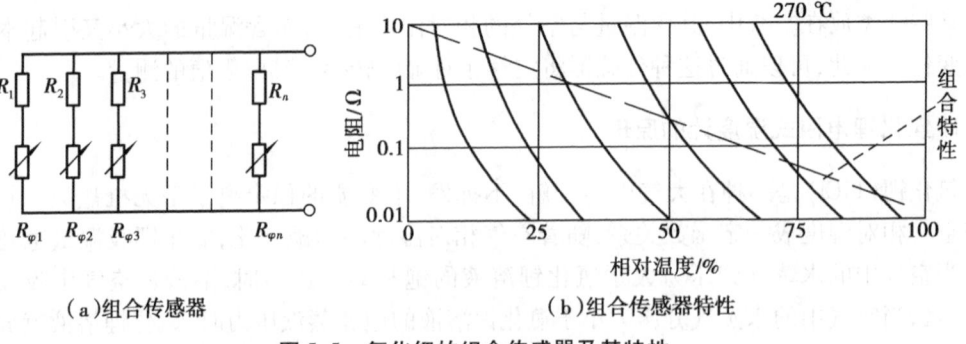

（a）组合传感器　　　　　（b）组合传感器特性

图 5.5　氯化锂的组合传感器及其特性

3）氯化锂电阻湿度变送器

图 5.6 所示为变送器的框图。如图所示将氯化锂传感器 R_φ 接入交流测量电桥，此电桥将传感器电阻信号转换为交流电压信号 $u(\varphi)$，再经放大、检波电路转换为与相对湿度相对应的直流电压 $U(\varphi)$。为了获得 0 ~ 10 mA 的标准信号，需经电压-电流转换器，将 $U(\varphi)$ 转换成 0 ~ 10 mA 信号 $I(\varphi)$，此 $I(\varphi)$ 即变送器的输出。

实践表明，氯化锂传感器的电阻还与其温度有关，为消除温度对测量精度的影响，采取温度补偿措施，即将温度传感器 R_t 接入另一交流电桥，其输出的交流信号接入湿度变送器中的

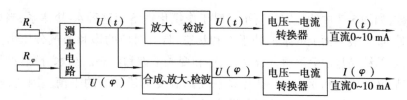

图5.6　氯化锂温、湿度变送器框图

放大器的输入端,用以抵消温度对湿度测量的影响。温度信号也经变送器变送为直流 $0 \sim 10$ mA 信号 $I(t)$。温、湿度变送器输出的标准信号,便于远距离传送、记录和调节,测量和调节精度高,常用于高精度的温、湿度测量和调节系统。

　　氯化锂电阻湿度计可与调节器配合,对空气相对湿度进行自动测量。其优点是:结构简单,体积小,反应速度快,灵敏度高。但是每个测头的湿度测量范围较小,测头的互换性较差,使用时间长后,氯化锂测头会产生老化问题,容易损坏。

5.4　露点式湿度计

　　露点温度是指被测温空气冷却到水蒸气达到饱和状态并开始凝结出水分的对应温度,露点湿度计是通过测量露点温度而测定空气湿度的仪器。露点式湿度计通常主要分为氯化锂露点式湿度计和光电式露点式湿度计两种类型。

5.4.1　氯化锂露点式湿度计

　　氯化锂露点式湿度计是通过测量氯化锂饱和溶液的饱和水蒸气压力与被测空气的水蒸气压力相等(即达到平衡)时盐溶液的温度,即平衡温度来确定被测空气的露点温度,再根据空气的干球温度和露点温度求出空气的相对湿度。

1)氯化锂露点湿度传感器

　　纯水的饱和水蒸气分压力是温度的函数,如图 5.7 的曲线所示。氯化锂饱和蒸汽压力也

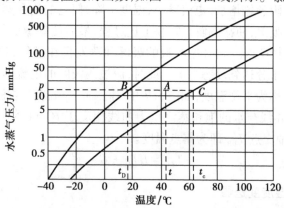

图5.7　纯水和氯化锂饱和蒸汽压力曲线

是温度的函数,如图 5.7 中的粗实线所示。对于像氯化锂溶液这种水-盐体系,当处于固、液、汽三相共存时,该溶液表面上的水汽处于饱和状态,具有对应的饱和蒸汽分压力。若使溶液温度升高,其中的结晶盐便会溶解,溶液将从饱和变成不饱和状态。当水分蒸发、溶液逐渐浓缩析出盐结晶,又变成饱和状态,水-盐体系在新的温度下建立新的平衡。因此,盐饱和溶液的饱和蒸汽分压力是温度的函数,这就是图中所示特性的原因。

从图 5.7 可知,氯化锂饱和水蒸气压力曲线在纯水饱和压力曲线的下方。在同样温度下,前者的水蒸气分压力低于后者的水蒸气分压力,相当于后者的 10% ~ 12%。由于暴露在湿空气中的氯化锂溶液的温度和空气温度相同,氯化锂吸收空气中的水分,致使氯化锂处于未饱和状态。

为了达到测量空气湿度的目的,需要设法使氯化锂溶液的饱和水蒸气压力与被测空气中水蒸气分压力相等,这就必须将氯化锂溶液加热到一定温度,才能达到上述的平衡状态,为此制作了氯化锂露点湿度传感器。

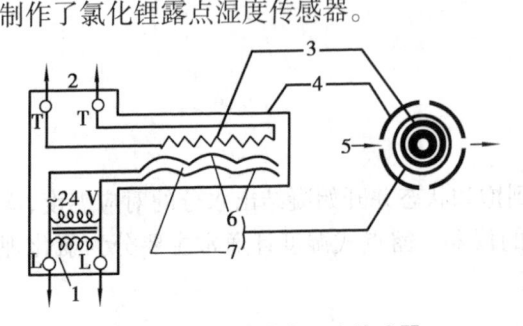

图 5.8　氯化锂露点湿度传感器
1—加热电源变压器;2—接仪表;
3—铂电阻;4—保护罩

传感器的结构如图 5.8 所示。内部是测温铂电阻 3,外面套上玻璃丝布套,在其上平行绕 2 根铂丝做的加热电极 6。再将氯化锂溶液 7 涂在 3 根铂电极间,使玻璃丝布浸透。当通过电源变压器 1 给铂电极加上 24 V 交流电压时,由于离子导电产生的热效应,使盐溶液的温度升高。当温度上升到使它的饱和蒸汽压力与空气中水蒸气分压力相等时,又能维持这个温度不变,那么只要测出这个维持不变的温度(即平衡温度),也就知道了空气的水蒸气分压力。

下面分析传感器是如何能自动维持平衡温度恒定的过程。如果将传感器置于被测空气中,空气状态如图 5.7 中的 A 点,水蒸气分压力为 p,温度为 T。传感器湿敏层吸收空气中的水分而潮解,而使铂丝电极间电阻减少,故电流增大,其热效应使湿敏层温度增加,相应地,氯化锂饱和蒸汽压力也随着上升。当其压力上升到大于 p 时,湿敏层上水分被蒸发使得两极间产生结晶盐,两极间电阻急剧增加,电流减小,温度下降,使它的饱和蒸汽压也下降;当下降到小于 p 时,湿敏层再次吸湿,使盐潮解。重复上述过程,最后使湿敏层氯化锂溶液的饱和蒸汽压力等于 p,如图 5.7 中 C 点。此时盐溶液的吸湿和蒸发仍在进行,只是吸湿量和蒸发量相等,即达到吸收与析出水分达到动态平衡。此时,流过两极间的电流不再变化,因而湿敏层的温度不再变化,此温度称为平衡温度,如图 5.7 中 T_C。而 T_C 温度与被测气体的露点有一定的对应关系,如图中 C—A 线与水的饱和蒸汽压力曲线相交于 B 点(等压冷却到饱和点),由 B 点向下引垂线与温度轴交点 T_{DP} 即为露点温度。

$$T_{DP} = HT_C + G \tag{5.11}$$

2)氯化锂露点式湿度变送器

水蒸气分压力 P_q 和饱和水蒸气压力 P_{qb} 可分别近似地表示为 $p_q = Ae^{-\frac{B}{T_{DP}}}$, $p_{dq} = Ae^{-\frac{B}{T}}$,则

$$\varphi = e^{-B\left(\frac{1}{T_{DP}}-\frac{1}{T}\right)} \times 100\% \tag{5.12}$$

将式(5.11)代入式(5.12),得:

$$\varphi = e^{-B\left(\frac{1}{HT_C+G}-\frac{1}{T}\right)} \times 100\% \tag{5.13}$$

由式(5.13)可知,相对湿度是平衡温度 T_C 和干球温度 T 的函数,根据这个数学式,适当选择两个测温度电阻,使其阻值变化分别比例于 T_C 和 T,再通过一定的电子线路进行模拟运算和放大器,即可获得与空气相对湿度成比例的电信号,这就是变送器的输出。

氯化锂露点式湿度计能连续指示,远距离测量与调节,不受被测气体温度的影响,使用范围广,传感器可再生使用,但在使用中受加热电源电压波动和空气流速波动的影响,也受有害的工业气体的影响。

5.4.2　光电式露点湿度计

光电式露点湿度计是通过光电原理直接测量气体露点温度的一种电测法湿度计。它的测量准确度高,适用范围广,尤其适用于低温状态,还可测量高压、低温、低湿气体的相对湿度。其系统原理图如图5.9所示。

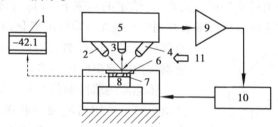

图5.9　光电式露点湿度计图

1—显示器;2—反射光敏电阻;3—散射光敏电阻;4—光源;5—光电桥路;6—露点镜;

7—铂电阻;8—半导体制冷器;9—放大器;10—直流电源;11—被测气体

光电式露点湿度计的核心是一个能够自动调节温度且能反射光的金属露点镜和光学系统。当被测气体通过中间通道与露点镜相接触时,若镜面温度高于气体的露点温度,镜面呈干燥状态,由光电传感器感应到并输出光电信号,经控制回路比较、放大、驱动半导体热电制冷器对镜面制冷。当镜面温度降至湿空气露点温度时,镜面上开始结露(霜),光照在镜面上出现漫反射,光电传感器感应到的反射信号随之减弱,此变化经控制回路比较、放大后调节热电泵激励,使其制冷功率适当减小,最后,镜面温度保持在采样气体露点温度上。镜面温度由一紧贴在镜面下方的温度传感器感应,并显示在显示窗上。

测量范围广与测量误差小是对仪表的两个基本要求。为了保证露点镜面上的温度值在 ± 0.05 ℃的误差范围,光电式露点湿度计需要具有高度光洁的露点镜面及高精度的光学与热电制冷调节系统。同时,采样气体需洁净,不得含有烟尘、油脂等污染物,否则会影响测量精度造成较大的误差。经过独特设计的光电式露点湿度计的露点测量范围为-40 ~ 100 ℃。典型的光电式露点湿度计露点镜面可以冷却到比环境温度低50 ℃,最低的露点能测到1% ~ 2%的相对湿度。

5.5 电容式湿度计

电容原理制成的湿度计开始使用于 20 世纪 70 年代,其变送器将相对湿度转换为 0 ~ 10 V 直流标准信号,传送距离可达 1000 m,性能稳定,几乎不需要维护,安装方便。它被认为是一种比较好的湿度变送器。

1)电容湿度传感器

电容湿度传感器是通过电化学方法在金属铝表面形成一层氧化膜,进而在膜上沉积一薄层金属。这种铝基体和金属便构成一个电容器。氧化铝吸附水汽之后会引起电抗的变化,湿度计就是基于这原理工作的。

传感器核心部分是吸水的氧化铝层,其上布满平行且垂直于其平面的管状微孔,它从表面一直深入到氧化层的底部。氧化铝层具有很强的吸附水汽的能力。对于这样的空气、氧化膜和水组成的体系的介电性质的研究表明,在给定的频率下,介电常数随水汽吸附量的增加而增大。氧化铝层吸湿和放湿程度随着被测空气的相对湿度的变化而变化,因而其电容量是空气相对湿度的函数。因此,利用这种原理制成的传感器称为电容湿度传感器。

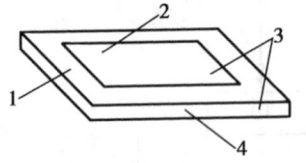

图 5.10　电容式湿度传感器
1—多孔氧化铝层;2—镀膜电极;
3—接线柱;4—咬合铝基极导线(铝条咬合)

传感器的结构如图 5.10 所示,多孔氧化铝层 1 上的电极膜可采用石墨和一系列金属,其中铂和金具有良好的化学稳定性。一般采用喷涂或真空镀膜法成膜。电极膜非常薄,能允许水蒸气直接穿过电极膜进入氧化铝层。传感器有 2 个接线柱与仪表相接。其中,铝基的导线可用铝条咬合,并用环氧脂黏接固定。

2)电容式湿度变送器

电容式湿度传感器需要提供直流电压才能工作,将电容湿度传感器与特制的电子线路组合在一起,即构成电容式湿度变送器。图 5.11 所示为某型号电容式湿度传感器工作时电压连接方式。传感器的接线柱一般为 3 根,一根为供电正极,一根为电压输出正极,另一根为电压负极。该电子线路产生比例于相对湿度的电压信号,大多为 0 ~ 10 V 直流信号。

电容湿度变送器具有许多优点,如工作温度和压力范围较宽(温度可达 50 ℃),精度高、反应快(时间常数可达 1 ~ 2 s),不受环境温度、风速的影响,抗污染的能力及稳定性好,便于远距离指示和调节湿度。

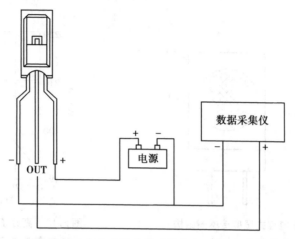

图5.11 电容式湿度传感器的电压连接方式

5.6 其他类型湿度传感器

1)高分子湿度传感器

高分子的湿度传感器大致分为电容量变化型与电阻变化型两种。

高分子电容式湿度传感器的结构如图5.12所示。在高分子薄膜上蒸镀一电极膜片,上方的电极为多孔性以吸收水分,高分子膜吸收水分之后,其介电系数将改变,致使感湿组件之电容量改变,所以只要测定电容 C 就可测得相对湿度。传感器的电容值可由式(5.14)确定,即:

$$C = \frac{gS}{d} \tag{5.14}$$

式中　g——高分子薄膜的介电系数,$\mu F \cdot mm/mm^2$;

　　　d——高分子薄膜的厚度,mm;

　　　S——电极的面积,mm^2。

目前,大多采用醋酸丁酸纤维素作为高分子薄膜的材料,这种材料制成的薄膜吸附水分子后,不会使水分子之间相互作用,尤其在采用多孔金电极时,可使传感器具有响应速度快、无湿滞等特点。

高分子电容式湿度传感器的电容值与相对湿度的关系,如图5.13所示。表5.1列出了RHS型电容式湿度传感器的基本参数。

表5.1　RHS型电容式湿度传感器的基本参数

项　目	参　数	项　目	参　数
湿度测量范围/% RH	15 ~ 95	响应时间/s	<10
工作温度范围/℃	5 ~ 95	工作频率/Hz	50 ~ 300 K
测量精度/% RH	±2	工作电压/V	<12(AC)
湿滞/% RH	1	温度系数/% RH · ℃	—

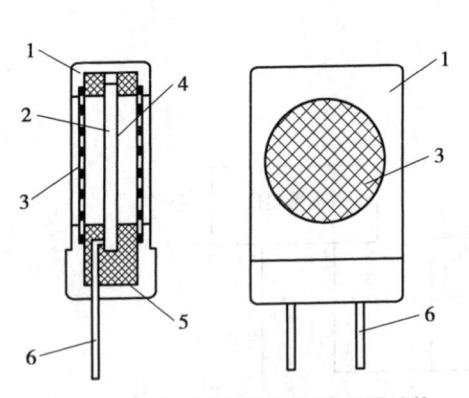

图5.12　高分子电容式湿度传感器结构
1—底板;2—高分子薄膜;3—过滤网;
4—电极;5—支架;6—引线

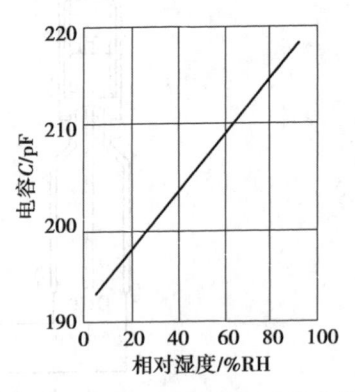

图5.13　高分子电容式湿度传感器
电容值与相对湿度的关系

采用微电子工艺制作的高分子电阻性湿度传感器具有灵敏度高、线性度好、响应时间快、易小型化,以及制作简单方便、成本低等优点。

高分子电阻式湿度传感器主要使用高分子固体电解质材料制作感湿膜,由于膜中的可动离子而产生导电性,随着湿度的增加,其电离作用增强,使可动离子的浓度增大,电极间的电阻值减小。同理,当湿度减小时,电极间的电阻值增大。以此通过电极间电阻值的变化检测传感器对水分子的吸附和释放情况,从而得到相应的湿度值(图5.14)。传感器可使用的材料很多,如高氯酸锂-聚氯乙烯、有亲水性基的有机硅氧烷、四乙基硅烷的等离子共聚膜等。

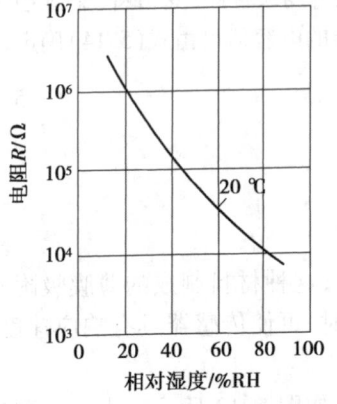

图5.14　高分子电阻式湿度传感器
电阻与相对湿度的关系

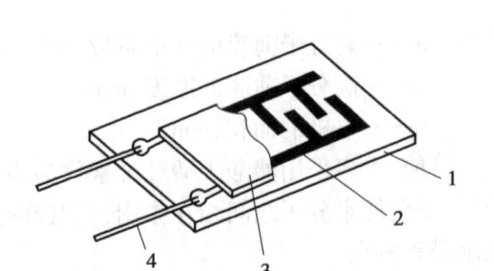

图5.15　金属氧化物膜湿度传感器结构图
1—陶瓷基片;2—梳状电极;
3—金属氧化物感湿膜;4—引线

2)金属氧化物膜湿度传感器

金属氧化物膜湿度传感器是利用半导体金属氧化物湿敏元件作为敏感元件的传感器。Cr_2O_3、Fe_2O_3、Fe_3O_4、Al_2O_3、Mg_2O_3、ZnO 及 TiO_2 等金属氧化物的细粉,它们吸附水分后有速干特性,利用这种现象可以制造出多种金属氧化物膜湿度传感器。金属氧化物膜湿度传感器的结构如图 5.15 所示。这种膜可以吸附或释放水分子而改变其电阻值,通过测量电极间的电阻值即可检测相对湿度。金属氧化物膜湿度传感器的传感器电阻的对数值与湿度呈线性关系,具有较宽的测湿及工作温度范围,测量精度为 2% ~ 4% RH,使用寿命在两年以上。表 5.2 给出了国产金属氧化物膜传感器的基本参数

表 5.2　国产金属氧化物膜传感器的基本参数

项　目	BTS-208 型	CMSA 型
湿度测量范围/% RH	0 ~ 100	10 ~ 98
工作温度范围/℃	30 ~ 150	−35 ~ 100
测量精度/% RH	±4	±2
湿滞/% RH	2 ~ 3	1
响应时间/s	≤60	≤10
工作频率/Hz	100 ~ 200	40 ~ 1000
工作电压/V	<20(AC)	1 ~ 5(AC)
温度系数/% RH/℃	0.12	0.12
稳定性/% RH/年	<4	<1 ~ 2
成分及结构	氧化镁、氧化铬厚膜	硅镁氧化物薄膜

3)金属氧化物陶瓷湿度传感器

金属氧化物陶瓷湿度传感器是由金属氧化物多孔性陶瓷烧结而成。烧结体上有微细孔,可使湿敏层吸附或释放水分子,造成其电阻值的改变。该传感器具有工作范围宽、稳定性好、寿命长、耐环境能力强等特点。由于它们的电阻值与湿度的关系为非线性,而其电阻的对数值与湿度的关系为线性,因此在电路处理上应加入线性化处理单元。另外,由于这类传感器有一定的温度系数,在应用时还需进行温度补偿。近年来的研究发现了不少能作为电阻型湿敏多孔陶瓷的材料,如 LaO_3-TiO_3、SnO_2-Al_2O_3、TiO_2、La_2O_3-TiO_2-V_2O_5、TiO_2-Nb_2O_5、MnO_2-Mn_2O_3 等。

（1）$MgCr_2O_4$-TiO_2 陶瓷湿度传感器

$MgCr_2O_4$-TiO_2 陶瓷湿度传感器的结构如图 5.16 所示,相对湿度与电阻值之间的关系如图 5.17 所示。$MgCr_2O_4$-TiO_2 陶瓷片为 4 mm×5 mm×0.3 mm,气孔率为 25% ~ 30%,孔径小于 1 μm,具有良好的吸湿性。陶瓷片两面涂覆有多孔金电极,金电极与引出线烧结在一起。为了减少测量误差,在陶瓷片的外围设置由镍铬丝制成的加热线圈,以便对器件加热清洗,排除恶劣环境对器件的污染,整个器件安装在陶瓷基片上。$MgCr_2O_4$-TiO_2,陶瓷湿度传感器的相对湿度与电阻值之间的关系见图 5.17。由图 5.17 可知,传感器的电阻值随相对湿度的增加而减少,而且也与周围环境有关。$MgCr_2O_4$-TiO_2 陶瓷湿度传感器在使用前,应先加热 1 min 左右,以消除由于油污及各种有机蒸汽等的污染,避免引起性能恶化。

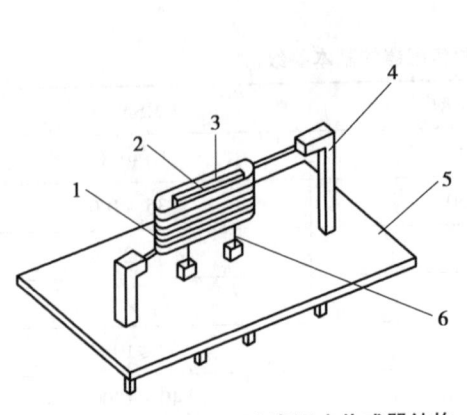

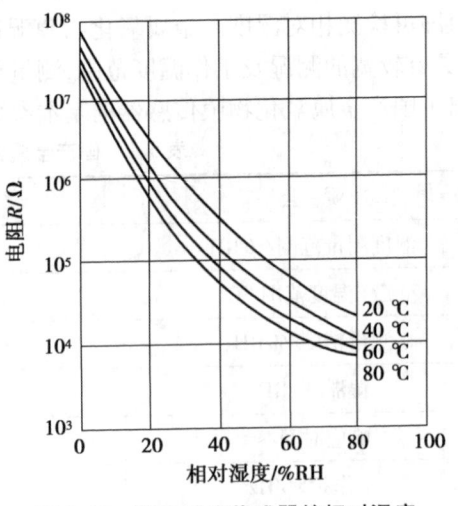

图 5.16　$MgCr_2O_4$-TO_2 陶瓷湿度传感器结构

1—加热线圈;2—湿敏陶囊片;3—金电极;

4—固定端子;5—陶瓷基片;6—引线

图 5.17　陶瓷湿度传感器的相对湿度

与电阻值之间的关系

（2）NiO 陶瓷湿度传感器

NiO 陶瓷湿度传感器主要是由氧化镍金属氧化物烧结而成的多孔状陶瓷体,它的结构及外形如图 5.18 所示。在 NiO 多孔状陶瓷体的两端有多孔电极,电极由引线引出传感器的外部。在电极的外部还设置有过滤层,以防恶劣环境对传感器性能产生影响。整个器件安装在塑料外壳内。

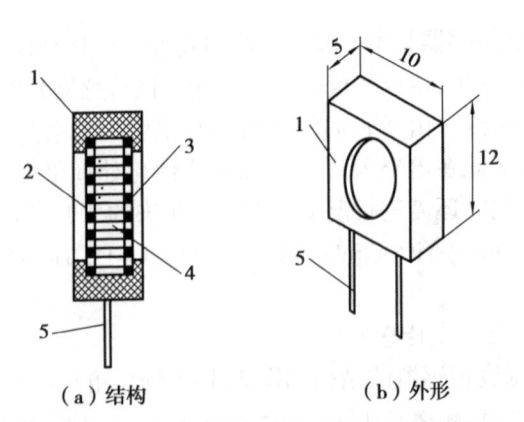

（a）结构　　　　　　　（b）外形

图 5.18　NiO 陶瓷湿度传感器结构及外形

1—外壳;2—过滤层;3—孔状电极;4—NiO 陶瓷;5—引结

NiO 陶瓷湿度传感器就是利用其微细多孔本身对水分子吸附及释放的现象,从而使其电阻值发生变化的一种传感器。它具有工作稳定性好、寿命较长的特点,对丙酮、苯等蒸汽有抗污染能力。由于在结构上加上了过滤层,所以响应时间较长,适合在空调系统中使用。

5.7 湿度传感器的选择

湿度传感器,分为电阻式和电容式2种。它们的基本形式都为在基片上涂覆感湿材料形成感湿膜。空气中的水蒸气吸附于感湿材料后,元件的阻抗、介质常数发生很大的变化,从而制成湿敏元件。

在湿度传感器实际标定困难的情况下,可以通过一些简便的方法进行湿度传感器性能判断与检查。

①一致性判定,把不同类型、不同厂家的湿度传感器放在一起通电比较检测输出值,在相对稳定的条件下,观察测试的一致性。若进一步检测,可在24 h内间隔一段时间记录,一天内一般都有高、中、低3种湿度和温度情况,可以较全面地观察传感器的一致性和稳定性,包括温度补偿特性。

②用嘴呼气或利用其他加湿手段对传感器加湿,观察其灵敏度、重复性、加湿脱湿性能,以及分辨率和最高量程等。

③对传感器作开盒和关盒两种情况的测试,比较是否一致,观察其热效应情况。

④对产品在高温状态和低温状态(根据说明书标准)进行测试,并恢复到正常状态下检测和实验前的记录进行比较,考察它们的温度适应性和一致性等。

湿度传感器的性能最终要依据质检部门正规完备的检测手段。利用饱和盐溶液作标定,也可使用知名品牌的传感器进行比对检测,而且还应进行长期使用过程中的长期标定才能较全面地判断湿度传感器的质量。下面是各种主要湿度仪表的优点、缺点及使用范围,见表5.3。

表5.3 主要湿度传感器及变送器特点

种 类	优 点	缺 点	测量范围
氯化锂电阻湿度传感器及变送器	1.能连续指示,远距离测量与调节;2.精度高,反应快	1.受环境气体的影响;2.互换性差;3.使用时间长了会老化	$\varphi = 5\% \sim 95\%$
氯化锂露点湿度传感器及变送器	1.能直接指示露点温度;2.能连续指示,远距离测量与调节;3.不受环境气体温度影响;4.使用范围广;5.元件可再生	1.受环境气流速度的影响和加热电源电压波动的影响;2.有害的工业气体影响	露点温度-45~70 ℃
电容式湿度传感器与变送器	1.能连续指示远距离测量与调节;2.精度高,反应快;3.不受环境条件影响,维护简单;4.使用范围广	1.价格贵;2.对油质的污染比较敏感	$\varphi = 10\% \sim 95\%$

续表

种　类	优　点	缺　点	测量范围
电动干、湿球湿度计	1. 使用电阻测温能得到稳定特性;2. 不受环境气体成分的影响	1. 需经常维护纱布上水井防止污染;2. 微型轴流风机有噪声	$\varphi = 10\% \sim 100\%$ $10 \sim 40$ ℃(空调应用)
毛发湿度计	1. 结构简单;2. 价廉	1. 有滞后,有变差;2. 灵敏度低	$\varphi = 10\% \sim 90\%$

5.8　湿度测量仪表的检定校验

湿度计的标定与校正需要一个可以维持恒定相对湿度的校正装置,并且用一种可作为基准的方法去测定其中的相对湿度,再将被校正仪表放入此装置进行标点。

5.8.1　双温法校正装置

双温法的基本原理是将某一温度和压力下被水汽饱和的湿空气,在恒压下使其温度升高到设定值,通过道尔顿定律和气体状态方程即可计算出在较高温度下气体的相对湿度。双温法能产生范围相当宽的已知湿度的气体,其相对湿度的准确度可达1% RH。

1)双温法湿度计标定工作原理

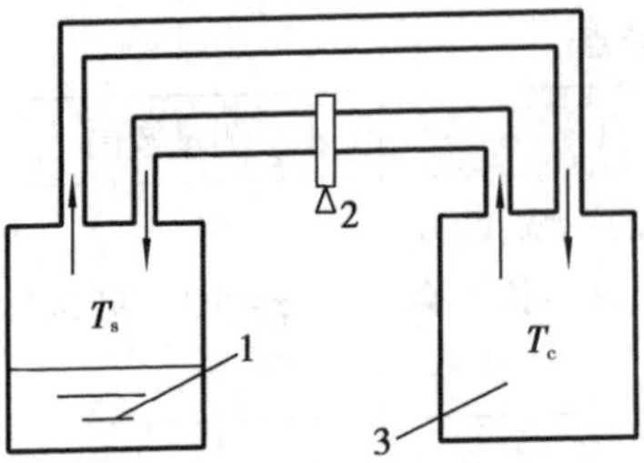

图 5.19　双温法湿度计
1—饱和腔;2—气泵;3—试验腔

双温法的工作原理如图 5.19 所示。T_s, T_c 分别为设定的饱和温度和试验腔温度,且 $T_s < T_c$,通过气泵使气流在饱和腔与试验腔之间不断循环,经过一定时间之后,气流中的水汽达到饱和状态。假设气体为理想气体,并且饱和腔总压力 p_s 等于试验腔内气体总压力 p_c,则在温度为 T_c 的试验腔体气体的相对湿度为:

$$\varphi = \frac{p(T_s)}{p(T_c)} \times 100\% \qquad (5.15)$$

式中　$p(T_s)$, $p(T_c)$——在温度 T_s 和 T_c 下的饱和水蒸气压力。

当 $p_s \neq p_c$ 时,特别是在气流速度较高的情况下,就需要考虑进行压力修正,则:

$$\varphi = \frac{p(T_s)}{p(T_c)} \times \frac{p_c}{p_s} \times 100\% \qquad (5.16)$$

2)双温法湿度标点与校验设备

如图 5.20 所示,根据双温度原理制成的湿度校验设备,适用于一般情况下的各种温度的标定与校验,并且在高流速和低流速条件下都能使空气充分饱和。饱和器 1 置于恒温槽 5 中,恒温槽通过温度传感器 6、控制器及电加热器 2 实现自动恒温。试验腔 11 采用同心管结构。在密闭系统内,借助无油气泵 16 使空气在饱和器和试验腔之间密闭连续循环流动。气体的流速由控制阀 17、旁通阀 15 和流量计 19 控制。气流首先经过盘管换热器 21 充分换热,然后进入饱和器 1。饱和器中的湿度发生器采用离心式结构,即气体沿切线方向进入盛水的圆筒饱和器,喷嘴位于水面上方,与水面以及离心力作用形成涡流,使气体同水充分混合。水雾和液态水被离心力甩向饱和器壁。被分离的气体从顶部进入水雾分离器 4,其残余的小水滴,由排气口前的筛网捕集器捕集,空气在饱和器内达到饱和,饱和气体通过试验腔内管向上流动,然后改变方向,在内管和外管之间的环形通道向下流动。这种回流作用有利于温度分布均匀。来自保护区的湿空气被设置

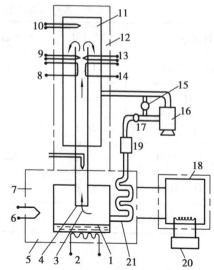

图 5.20　双温密闭循环式湿度校验设备

1—饱和器;2—加热器;3—饱和空气;
4—水雾分离器;5—恒温槽;6,9,13—温度传感器;
7—搅拌器;8—辅助加热器;10—试验腔温度传感器;
11—试验腔;12—绝热层;14—手动加热器;
15—旁通阀;16—气泵;17—流量控制阀;18—低温液槽;
19—流量计;20—冷冻机;21—盘管换热器

在内管的辅助加热器 8、手动控制加热器 14 加热之后进入试验腔 11。加热器 2 为手动调节加热器,用以提供给定温度所需的热量,辅助加热器 8 与温度传感器 9、13 及调节器(图中未画)组成温度自动控制系统,使试验腔内的温度保持在给定值。试验腔的温度由温度传感器 10 测量。12 为同心管的绝热层,用以减小试验腔同外界环境的热交换。如果要装置在低温下工作,通过由冷冻机 20 和低温液槽 18 组成大制冷系统,使恒温槽在给定的低温下运转。

5.8.2　饱和盐溶液湿度校正装置

　　水的饱和蒸汽压是空气温度的函数,温度越高,饱和蒸汽压也越高。当水中加入盐类后,溶液中水分的蒸发受到抑制,而使其饱和蒸汽压降低,降低的程度和盐类的浓度有关。

　　当溶液达到饱和后,蒸汽压就不再降低,称此值为饱和盐溶液的饱和蒸汽压。对于相同温度下不同盐类饱和溶液的饱和蒸汽压是不相等的,如在 26.86 ℃ 左右时若干种盐类的饱和蒸汽压所对应的空气相对湿度数值,见表 5.4。表中从氯化锂($LiCl \cdot H_2O$)为 $\varphi = 11.7\%$,到硝酸钾($KNO_3 \cdot H_2O$)为 $\varphi = 92.1\%$,其间的各种盐溶液所对应的相对湿度为每隔 10% 有一挡。用盐溶液法校正湿度计设备较简单,盐溶液价格低廉,容易控制。各种盐溶液的饱和度不需测定,只要两相存在,看得见盐固体即为饱和状态。每种盐溶液决定一种相对湿度,也就可免去测定饱和溶液的浓度。盐溶液要采用纯净蒸馏水与纯净的盐类制备,从低相对湿度用氯化锂溶液直到高相对湿度用硝酸钾溶液进行校正标定。

表 5.4　各种盐类的饱和溶液对应的相对湿度数值表

各种盐类	相对湿度/%	室内温度/%	各种盐类	相对湿度/%	室内温度/%
$LiCl \cdot H_2O$	11.7	26.68	$NaBr \cdot 2H_2O$	57	26.67
$KC_2H_3O_2$	22.5	26.57	$NaNO_3$	72.6	26.67
KF	28.5	26.65	NaCl	75.3	26.68
$MgCl_2 \cdot 6H_2O$	33.2	26.68	$(NH_4)2SO_4$	79.5	26.67
$K_2CO_2 \cdot H_2O$	43.6	26.67	KNO_3	92.1	26.68
$Na_2Cr_2O_7 \cdot 2H_2O$	52.9	26.67	—	—	—

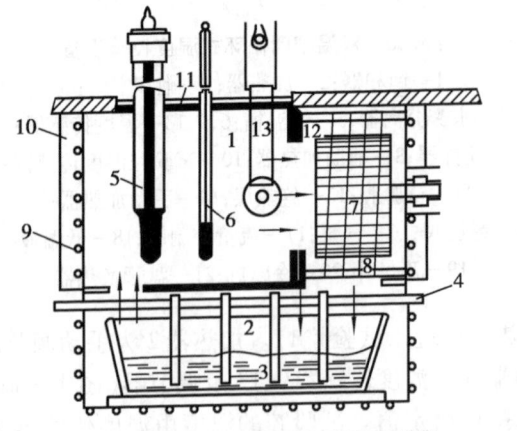

图 5.21　饱和盐溶液湿度计矫正装置

1—标定室;2—盐溶液器皿;3—盐溶液;
4—搅拌器;5—温度调节器;6—温度计;7—风机;
8—电加热器;9—冷却盘管;10—保温层;11—盒盖;
12—小室;13—光电式露点温度计

应用上述原理制成的饱和盐溶液湿度计校正装置的结构,如图 5.21 所示。校正装置外形为一封闭的长方体金属箱子,分上、下两部分。上面为标定室与小室。标定室中安装有调节与测定室内温度用的温度调节器 5、温度计 6,以及测定露点温度用的光电式露点温度计 13。小室中装有风机 7 及电加热器 8。箱子的下部设有盐溶液玻璃容器 2 及搅拌器 4。箱子的外部还安装有冷却盘管 9 及保温层 10。电加热器与冷却盘管受温度调节器的控制,用来恒定标定箱体内的空气温度。图 5.21 箱中饱和盐溶液湿度计校正装置间用隔板分割,隔板左右开有 2 孔使上、下相通,这样通过风机作为动力,使箱中的空气按图中所示箭头方向循环流动。风机运转一定时间后,箱中空气的水蒸气分压力将等于该恒定温度下盐溶液的饱和蒸汽压,这时可用光电式露点温度计测得空气的露点温度,同时根据箱中温度计的读数值,即可求出箱中的相对湿度。而后,装置在标定室中的被校正湿度计即可得到校正与标定。

校正装置的误差与标定的湿度及露点温度有关,露点温度的测量最小可达 0.01 ℃,正确度约为 0.03 ℃;小室温度的最小读数为 0.01 ℃,正确度为 0.02 ℃。一般相对湿度的标定精度可达±1%。

5.9 应用实例

1)某高温空气的湿度测量

(1)测量原理

冷、热风混合湿度测量是通过调节高温及低温空气的混风比,控制混合后空气的温度在常规测量仪表的工作量程范围内。在高温空气的入口设置温度测点,以测量高温空气的干球温度(t_g);在冷风入口及排风口处分别设置干湿球湿度计,以测量冷风及混风的干湿球温度($t_n, t_{ns}; t_m, t_{ms}$)。通过测量上述 5 个温度参数,便可通过热力学关系计算出高温空气的各状态参数,从而实现采用常规仪表对高温空气状态参数的高精度测量。冷、热风混合测量的原理,如图 5.22所示。

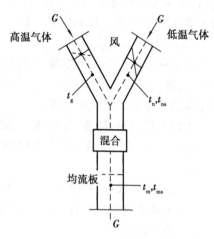

图5.22 高温空气温湿度测试原理图

(2)测试对象

被测空气的干球温度为 $t=140$ ℃,冷空气及混风的干湿球温度分别为:$t_n=20$ ℃,$t_n s=15.76$ ℃;$t_m=62$ ℃,$t_{ns}=43.31$ ℃;各温度测量仪表的测量精度为±0.1 ℃。确定被测空气的含湿量。

(3)结果

由湿空气 i-d 图可得,冷空气及混风的含湿量与比焓分别为:

$d_n = 9.471$ g/kg,$i_n = 44.2355$ kJ/kg;$d_m = 51.107$ g/kg,$i_m = 196.2689$ kJ/kg

高温空气的焓可由式(5.17)确定:

$$i_g = a + bd_s \tag{5.17}$$

式中 a,b——与温度相关的函数。

$$a = 1.01t_g \tag{5.18}$$

$$b = 2.501 + 0.00184t_g \tag{5.19}$$

由式(5.18)和式(5.19)得:$a=141.4$ kJ/kg;$b=2.7586$ kJ/kg。

冷、热空气的混风比:

$$r = \frac{i_m - bd_m - a}{b(d_m - d_n) - (i_m - i_n)} \tag{5.20}$$

代入数据,由式(5.20)得:

$$r=2.3164$$

高温空气的含湿量:

$$d_s = \frac{(i_n - a)d_m - (i_m - a)d_n}{b(d_m - d_n) - (i_m - i_n)} \tag{5.21}$$

由式(5.21)得:

$$d_g = 147.552 \text{ g/kg}$$

2)常见测试方法的比较

(1)实验基础

常见的湿度测量大体有3种方法:①通风干湿球湿度计,然后接到数字表上,直接显示湿度值;②由湿度传感器与数字表组成的湿度测量仪;③由2支特性一致的铂电阻湿度计组成的干湿球湿度计,然后接到数字表上测量干球和湿球之间的温差,查相对湿度表而得到湿度值。

(2)实验方法

将3种不同的测湿传感器,尽可能地放在同一测试点上。实验温度由高到低,湿度是由低到高,再由低到高的实验过程。每个测试点稳定20 min以上开始读数,读10遍,求取平均值作为实验结果。实验用设备:

①恒温恒湿箱:制造厂:Binder(德国);湿度均匀度:2% RH;

②精密数字温湿仪:型号:T&H99-2;经国家标物中心检定,其相对湿度不确定度优于1% RH;

③湿度测量仪:型号:XSLV/A;相对湿度不确定度:2% RH;

④Pt100型A级铂电阻温度计组成的干湿球湿度计(无通风),具有温度修正值。

(3)实验结果

温度为22 ℃时,湿度测试结果(实验过程由低湿到高湿)见表5.5;温度为30 ℃时,湿度测试结果(实验过程由高湿到低湿)见表5.6;温度为40 ℃时,湿度测试结果(实验过程由低湿到高湿)见表5.7。

表5.5　22 ℃时的测试结果　　　　　　　　　单位:%

湿度测试点及设备仪表显示值	精密数字温湿仪(通风干湿球)	湿度测量仪(湿度传感器)	铂电阻组成的干湿球湿度计
60	60.47	58.5	67.3
70	70.37	70.5	75.5
80	80.81	83.5	84.0
90	91.00	94.2	92.8
95	95.17	95.6	96.4

表5.6　30 ℃时的测试结果　　　　　　　　　单位:%

湿度测试点及设备仪表显示值	精密数字温湿仪(通风干湿球)	湿度测量仪(湿度传感器)	铂电阻组成的干湿球湿度计
90	90.05	94.0	90.1
60	59.51	57.6	63.6
35	34.40	27.8	41.2

表 5.7　40 ℃时的测试结果　　　　　　　　单位:%

湿度测试点及设备仪表显示值	精密数字温湿仪(通风干湿球)	湿度测量仪(湿度传感器)	铂电阻组成的干湿球湿度计
35	34.3	27.82	39.1
70	69.52	68.62	71.9
90	88.28	89.90	88.8

(4)结果分析

通过表 5.5—表 5.7 中的数据可以看出:

①精密数字温湿仪(传感器是通风干湿球)。不论实验过程从低到高,还是高到低,测试数据与显示仪表相比最大误差多数为 1%,只有一个数据是 1.72%。此仪表是经国家标物中心检测,不确定度是 1% RH,而恒温、恒湿箱是刚从德国进口。我国的湿度标准与德国的一致,从另一角度证明了测量的准确性。

②湿度测量仪(湿度传感器)。测试数据与显示仪表相比,误差忽大忽小,最大误差 7.2%,且当温度及湿度条件发生变化时,滞后较大,即重复性差。由于湿度传感器是电容湿度传感器,其测湿原理是当湿度改变时电容随之改变而测湿的。根据测湿原理,当湿度从高到低时是一个吸湿过程,在吸湿过程中,由于凝露和吸附作用,使得电容变小。当连续实验且湿度发生变化时,即湿度从高到低后再从低到高时,电容不能恢复到初始状态,导致平衡时间过长、滞后大、重复性差。

③铂电阻组成的干湿球湿度计,测试数据与显示仪表相比,在高湿状况下(高于 90%),最大误差在 2% 以内,在低湿状况(35%)时,最大误差为 6.2%。

(5)结论

①在湿度测量中,最好用通风干湿球测湿仪,且风速在 2.5 m/s 以上,测量准确度较高。

②带有湿度传感器的测湿仪最好用在稳定的湿度场测量,即湿度不经常发生交变的情况下,且测量准确度较低。

③当湿度在 90% 以上时,铂电阻组成的干湿球湿度计,测量误差较小。当被测设备箱体内风速较均匀时,可用来测量湿度均匀度。

思考题

5.1　湿度的表示方法有哪些？分别对它们加以解释。

5.2　简述两种干湿球湿度计的基本原理及其适用场合。相比普通干湿球湿度计,电动干湿球湿度计进行了哪些方面的改进？

5.3　简述氯化锂电阻式湿度计的工作原理及其对应传感器和变送器的特点。

5.4　简述氯化锂露点湿度计测湿度的工作原理,并说明传感器是如何使温度维持在平衡温度的。

5.5　氯化锂电阻传感器是如何解决溶液浓度对测湿范围限制的问题的？

5.6　分别简述光电式露点湿度计和电容式湿度计的工作原理。

5.7　请简要说明双温密闭循环式湿度校验设备的工作原理。

5.8　在湿度传感器实际标定困难的情况下,可以通过哪些简便的方法进行湿度传感器性能判断与检查？

5.9　试述饱和盐溶液湿度计校正装置的工作原理。

5.10　请确定满足下述条件要求的湿度传感器种类：

(1)温度为150 ℃的干燥室的相对湿度；

(2)测量棉纺车间的相对湿度；

(3)测量西藏阿里地区冬季室外空气的相对湿度(极端最低温度为-41 ℃)；

(4)测量面粉车间的相对湿度。

6

压力测试

学习目标：

1. 了解压力检测的主要方法及常用仪表；
2. 掌握液柱式压力计、弹性压力计的原理；
3. 了解电气式压力计的种类，并掌握其工作原理；
4. 掌握霍尔式压力传感器的工作原理；
5. 了解压力检测仪表的选用、安装和校验。

6.1 概 述

压力是生产过程中的重要热工参数，它的大小是依据不同的测压条件，通过不同的测压仪器，采用不同的检测方法得到的。

6.1.1 压力的单位

工程技术上，压力对应于物理概念中的压强，即指均匀而垂直作用于单位面积上的力，用符号 p 表示。在国际单位制中，压力的单位为帕斯卡，简称帕，用称号 Pa 表示，其物理意义是 1 N 的力垂直均匀地作用于 $1\ m^2$ 面积上所产生的压力称为 1 Pa，即 $1\ Pa = \dfrac{1\ N}{1\ m^2}$。

目前，在工程技术上使用的压力单位有帕、工程大气压、物理大气压、巴、毫米汞柱和毫米水柱等。我国已规定国际单位帕为压力的法定计量单位。压力单位的换算关系见表 6.1。

表 6.1 压力单位换算表

单位	帕/Pa	巴/bar	工程大气压/kgf·cm^{-2}	标准大气压/atm	毫米水柱/mmH$_2$O	毫米汞柱/mmHg
帕/Pa	1	1×10^{-5}	1.019716×10^{-5}	0.9869236×10^{-5}	1.019716×10^{-1}	0.75006×10^{-2}
巴/bar	1×10^{-5}	1	1.019716	0.9869236	1.019716×10^{4}	0.75006×10^{3}
工程大气压/(kgf·cm^{-2})	0.980665×10^{5}	0.980665	1	0.96784	1×10^{4}	0.73556×10^{3}
标准大气压/atm	1.01325×10^{5}	1.01325	1.03323	1	1.03323×10^{4}	0.76×10^{3}
毫米水柱/mmH$_2$O	0.980665×10	0.980665×10^{-4}	1×10^{-4}	0.96784×10^{-4}	1	0.73556×10^{-1}
毫米汞柱/mmHg	1.333224×10^{2}	1.333224×10^{-3}	1.35951×10^{-3}	1.3158×10^{-3}	1.35951×10	1

6.1.2 压力的表示方法

在工程中,压力有几种不同的表示方法,并且有相应的测量仪表。

①绝对压力:被测介质作用在容器表面积上的全部压力称为绝对压力,用符号 p_i 表示。用来测量绝对压力的仪表,称为绝对压力表。

②大气压力:由地球表面空气柱重量形成的压力,称为大气压力。它随地理纬度、海拔高度及气象条件而变化,其值用气压计测定,用符号 p_d 表示。

③表压力:通常压力测量仪表是处于大气之中,其测得的压力值等于绝对压力和大气压力之差,称为表压力,用符号 p_b 表示。一般地说,常用的压力测量仪表测得的压力值均是表压力。

$$p_b = p_i - p_d \tag{6.1}$$

④真空度:当绝对压力小于大气压力时,表压力为负值(负压力),其绝对值称为真空度,用符号 p 表示,可表示为:

$$p_z = p_d - p_i \tag{6.2}$$

用来测量真空度的仪表称为真空表。

以上几种表示法的关系见图 6.1。

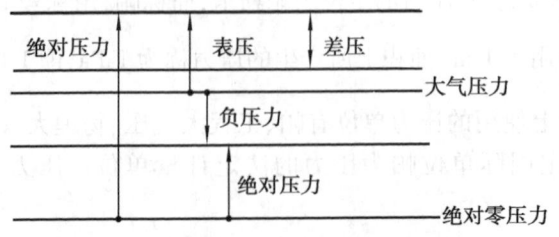

图 6.1 各种压力表示法之间的关系

6.1.3 压力检测的主要方法

压力检测的方法很多,按照信号转换原理的不同,主要采用以下几种检测方法。

①液柱式压力检测法:该种检测法是依据液体静力学原理,把被测压力转换成液柱高度差进行测量。一般采用充有水或水银等液体的玻璃 U 形管或单管进行测量。

②弹性式压力检测法:该方法是根据弹性元件受力变形的原理,将被测压力转换成弹性元件的位移进行测量。常用的弹性元件主要是弹簧管、膜片和波纹管。

③电气式压力检测法:该方法是利用敏感元件将被测压力直接转换成各种电量(如电阻、电荷量等),通过检测电量来检测压力。

④活塞式压力检测法:该方法是将被测压力转换成活塞面积上所加平衡砝码的重力进行测量。它主要用作计量标准仪器。

随着科学技术的发展,最近几年来,利用数字技术制成的数字式压力计在生产中得到广泛的应用。这类压力计大部分是以压力传感器为感压元件,然后将信号放大,经 A/D 转换成具有显示压力单位数值的压力计。

6.1.4 压力检测仪表的类别

由于被测压力种类、检测场合、检测范围和准确度要求不同,因而在生产、科研和计量部门使用的压力计的种类繁多。按各种方法进行分类,见表6.2。

表 6.2 压力仪表的类别

分类方式		类 别				
	作用原理	液柱式压力计	活塞式压力计	弹性式压力计		电气式压力计
				精密压力计	一般压力计	
按作用原理和准确度等级分	准确度等级	一等标准 二等标准 三等标准 0.5 级 1.0 级 1.5 级 2.5 级	国家基准 工作基准 一等标准 二等标准 三等标准	0.25 级 0.40 级 0.60 级	1.0 级 1.5 级 2.5 级 4.0 级	0.01 级 0.02 级 0.05 级 0.1 级 0.2 级 0.5 级 1.0 级 1.5 级 2.5 级 4.0 级
按测量范围分		微压:<10 kPa;低压:10～250 kPa;中压:0.5～100 MPa;高压:10～1000 MPa;超高压:>1000 MPa				
按被测压力的特点和种类分		气压计:检测大气压力的压力计; 压力计:检测表压力的压力计; 真空计:检测负压力的压力计; 压差:检测两处压力差的压力计; 微压计:用于检测 10 kPa 以下的压力计				

续表

分类方式	类　别
按显示方法和功能分	现场显示型:如指针式压力计和记录式压力计; 远距离显示型:如远传压力计、电气式压力计; 报警或调节型:如电接点式压力计; 数字显示型:如数字式压力计
按用途分	普通型;耐热型;耐振型;密封型;禁油型;蒸汽型

6.2　液柱式压力计

6.2.1　液柱式压力计的测压原理

液柱式压力计的工作原理是利用流体静力学平衡原理,采用液柱高度差来测压的。

图 6.2 是用 U 形玻璃管检测压力的结构原理图。当压力 $p_1=p_2$ 时,左右两管的液柱高度是相等的,如图 6.2(a)所示。当压力 $p_2>p_1$ 时,U 形管的两管内的液面会产生高度差 h,如图 6.2(b)所示。

根据液体静力学原理,有:

$$p_2 = p_1 + \rho gh \tag{6.3}$$

式中　ρ——U 形管内所充工作液密度,kg/m^3;

　　　g——U 形管所在地的重力加速度,m/s^2;

　　　h——U 形管左右两管的液面高度差,m。

由式(6.3)得:

$$h = \frac{1}{\rho g}(p_2 - p_1) \tag{6.4}$$

式(6.4)说明,U 形管内两边液面的高度差 h 与两管口的被测压力之差成正比。如果将 p_1 管通大气,即 $p_1=p_0$,则:

$$h = \frac{p}{\rho g} \tag{6.5}$$

式中　p——p_2 管的表压,$p=p_2-p_0$。

由式(6.5)可以看出,用 U 形管可以检测两被测压力之间的差值,即可以检测出差压(或表压),这就是 U 形管液柱式压力计的检测原理。

6.2.2　液柱式压力计的基本结构与常用封液的性质

液柱式压力计的基本结构如图 6.3 所示。它由 U 形玻璃管 1、封液 2 和高度标尺 3 组成。

封液在 U 形玻璃连通管内形成一定高度的液柱来平衡被测压力。对于一定长度的 U 形管,封液的密度大则检测上限高;封液的密度小则灵敏度高,检测上限小。常用的封液有水银、水、酒精和四氯化碳,其性质见表6.3。

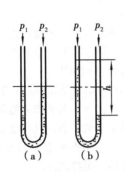

图6.2 液柱式压力计检测原理图

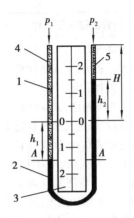

图6.3 液柱式压力计的结构
1—U形管;2—封液;3— 高度标尺;
4—左管封液上面的介质;5—右管封液上面的介质

表6.3 液柱式压力计常用封液的性质

封液名称	化学符号	有无毒性	在 20 ℃时的密度/$(kg \cdot m^{-3})$	体积膨胀系数/$℃^{-1}$
水银	Hg	有	13545.7	$18.2×10^{-5}$
水	H_2O	无	998.2	$20.7×10^{-5}$
酒精	C_2H_5OH	无	789.2	$112×10^{-5}$
四氧化碳	CCL_4	有	1594	$124×10^{-5}$

　　液柱式压力计结构简单、使用方便,有相当高的准确度,应用广泛,但存在量程受液柱高度的限制、体积大、玻璃管容易损坏及读数不方便等缺点。

6.2.3 液柱式压力计的种类

　　在热工检测中用得较多的是 U 形管液柱式压力计、杯型液柱式压力计、倾斜式液柱压力计,它们的结构特点和性能比较列于表6.4 中。

表6.4 常用液柱式压力计的种类与比较

类　别	U 形管液柱式压力计	杯形液柱式压力计	倾斜式液柱压力计
结构图			

续表

类　别	U 形管液柱式压力计	杯形液柱式压力计	倾斜式液柱压力计
主要特征	1.需要进行 2 次读数,所以读数误差较大,尤其是在检测小压力时更为显著; 2.为了提高精度,减少读数误差,可以采用光学读数装置和补偿式结构,做成带有特殊装置的液柱式压力计; 3.为了提高检测范围而又不增加 U 形管的高度,可采用多管压力计,如多管式风压计	1.只需进行一次读数,所以读数误差小,常用作标准仪器; 2.被测压力值除了应考虑液柱高度外,还与管子和杯形容器的直径有关; 3.标尺的刻度已考虑管子与杯体面积比的修正; 4.U 形管液柱式压力计的变形	1.是杯形液柱式压力计的变形,主要用作检测微小压力,多做成微计; 2.被测压力除了考虑液柱高度和管子及杯形容器的直径外,还与管子的倾斜角度 α 有关,α 一般不得小于 15°,否则将影响读数的准确性
计算公式	$p = h\rho g$ 或 $p = h\gamma$	$p = h_1 \rho g \left(1 + \dfrac{d^2}{D^2}\right)$ 或 $p = h_1 \gamma \left(1 + \dfrac{d^2}{D^2}\right)$	$p = h\rho g \left(\sin \alpha + \dfrac{d^2}{D^2}\right)$ 或 $p = h\gamma \left(\sin \alpha + \dfrac{d^2}{D^2}\right)$
	p——被测压力,Pa;h,h_1——液柱高度,m;g——重力加速度,m/s^2; d,D——玻璃管及杯形容器直径,m;p——封液密度,kg/m^3; n——标尺上的液面位置,m;α——倾斜角度,(°);γ——封液重度,N/m^3		

6.2.4　液柱式压力计的误差修正

在实际使用液柱式压力计时,很多因素都会影响其测量准确度,针对某一具体问题,有些影响因素可以忽略,有些需加以修正。

1)环境温度变化的影响及修正

当环境温度偏离规定温度时,工作液密度、标尺长度都会发生变化,但工作液的体膨胀系数比标尺的线膨胀系数大得多,对于一般的工业测量,主要考虑温度变化使工作液密度变化对压力测量的影响。精密测量时还需对标尺长度变化的影响进行修正。

环境温度偏离规定温度 t_0 后,工作液密度改变对压力计读数影响的修正公式为:

$$h_{t0} = h_t [1 - \beta(t - t_0)] \tag{6.6}$$

式中　h_{t0}——修正后的压力计读数,m;

　　　h_t——实测环境温度下压力计读数,m;

　　　t,t_0——测试环境温度及压力计规定温度,℃;

　　　β——工作液体膨胀系数,1/℃。

2)重力加速度变化的修正

仪表使用地点的重力加速度由下式计算:

$$g_n = \frac{g_0[1 - 0.00265 \cos 2\varphi]}{1 + 2H/R}$$ （6.7）

式中　g_n——使用地点的重力加速度,m/s^2;

　　　H——使用地点的海拔,m;

　　　φ——使用地点的纬度,角度;

　　　g_0——标准重力加速度,$g_0 = 9.80665$ m/s^2;

　　　R——地球的公称半径,$R = 6356766$ m。

压力读数的修正公式为:

$$h_n = \frac{g_0}{g_n} h_0$$ （6.8）

式中　h_0——标准重力加速度下的工作液液柱高度,m;

　　　h_n——使用地点的工作液液柱高度,m。

3)毛细管现象的影响

毛细管现象能使压力计测量管内的液柱升高或降低,对单管压力计,这种影响较大。当管内工作液为吸附性液体时,如水、酒精等,液面呈凹面,会产生正误差;当管内工作液为非吸附液体时,如汞,液面呈凸面,会产生负误差。为了减小该读数误差,通常要求液柱式压力计测量管的内径不小于 10 mm。

4)读数及安装位置的影响

液柱式压力计还存在刻度、读数、安装等方面的误差。读数时,必须按照如图 6.4 所示的弯月面顶点位置在标尺上读取,否则将产生读数误差。

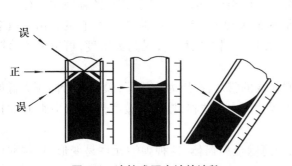

图 6.4　液柱式压力计的读数

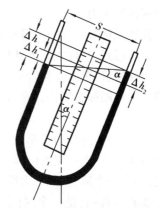

图 6.5　位置误差示意图

液柱式压力计安装时应使仪表保持铅垂位置,否则将产生安装位置误差。位置误差大小与倾斜角度 α 和两液柱距离 S 有关,如图 6.5 所示,位置误差应为:

$$\Delta h = S \tan \alpha$$ （6.9）

6.3 弹性压力计

6.3.1 弹性压力计的原理

弹性压力计是利用弹性元件受力产生的弹性变形为测量基础的测压仪表。当弹性元件在轴向受到外力作用时,会产生拉伸或压缩位移,这种位移的大小与受到的作用外力是成正比的。即:

$$F = CS \tag{6.10}$$

式中　F——轴向外力,N;

　　　S——位移,m;

　　　C——刚度系数,N/m。

根据压力的定义,$p = F/A$

$$F = Ap \tag{6.11}$$

式中　A——弹性元件承受压力的有效面积,m^2;

　　　p——被测压力,Pa。

由式(6.10)和式(6.11)得,$F = Ap = CS$,即:

$$S = \frac{A}{C}p \tag{6.12}$$

由于弹性元件通常是工作在弹性特性的线性范围内,所以可近似地认为 A/C 为常数,这就保证了弹性元件的位移 S 与被测压力 P 呈线性关系,因此,可以通过检测弹性元件的位移来检测被测压力。

弹性元件是一种简单可靠的测压敏感元件,常用的几种弹性元件见表6.5。根据弹性元件的不同形式,弹性式压力计相应地可分为不同类型的测压仪表。常见的弹性元件有:

①弹簧管:单圈弹簧管是弯成圆弧形的金属管子。当通入压力 p 后,它的自由端就会产生位移。单圈弹簧管位移量较小,为了增大自由端的位移量,提高灵敏度,可以采用多圈弹簧管。

②弹性膜片:金属或非金属弹性材料做成的膜片,在压力作用下,膜片将弯向压力低的一侧,使其中心产生一定的位移。为了增加膜片的中心位移,提高灵敏度,可把2片膜片焊接在一起,形成一个薄盒子,称为膜盒。

③波纹管:它是一个周围为波纹状的薄壁金属筒体,这种弹性元件易变形,且位移可以很大。

膜片、膜盒、波纹管多用于微压、低压或负压的测量;单圈弹簧管和多圈弹簧管可以作高、中、低压及负压的测量。

表6.5 弹性元件的结构和特性

类别	名称	示意图	测量范围/Pa		输出特性	动态特性	
			最小	最大		时间常数/s	自振频率/Hz
薄膜式	平薄膜	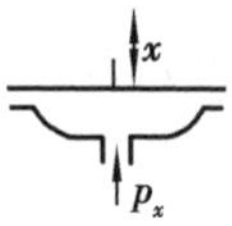	$0 \sim 10^2$	$0 \sim 10^4$	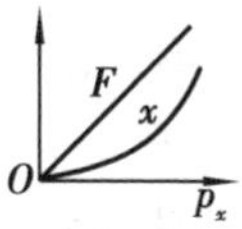	$10^5 \sim 10^{-2}$	10
	波纹膜	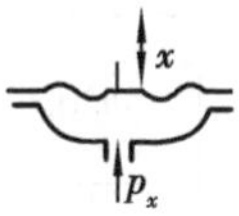	$0 \sim 1$	$0 \sim 10^6$	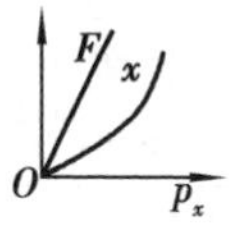	$10^{-2} \sim 10^{-3}$	$10 \sim 100$
	挠性膜	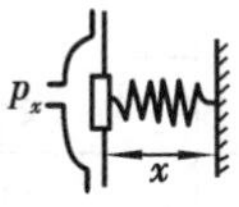	$0 \sim 10^2$	$0 \sim 10^6$	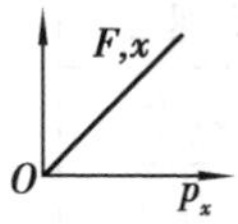	$10^3 \sim 1$	$1 \sim 100$
波纹管式	波纹管	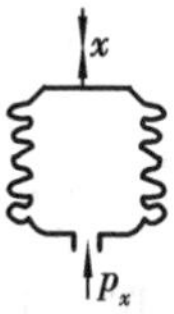	$0 \sim 1$	$0 \sim 10^6$	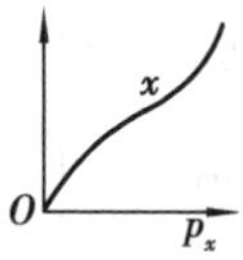	$10^{-2} \sim 10^{-1}$	$10 \sim 100$
弹簧管式	单圈弹簧管	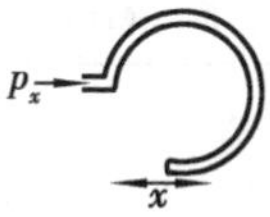	$0 \sim 10^2$	$0 \sim 10^4$	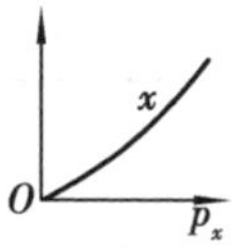	—	$100 \sim 1000$
	多圈弹簧管	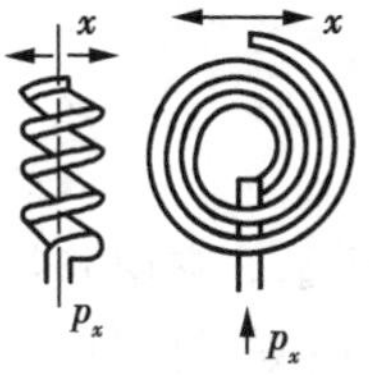	$0 \sim 10$	$0 \sim 10^2$	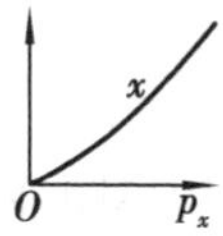	—	$10 \sim 100$

6.3.2 弹性式压力计的种类与性能

弹性式压力计的种类繁多,见表6.6。

表6.6 弹性式压力计的种类

序号	分类方法	类别名称
1	按用途分	一般压力计、精密压力计、特殊压力计
2	按测压种类分	压力计、真空计、压力真空计、绝压计、专用压力计

续表

序号	分类方法	类别名称				
3	按弹性元件种类分	弹簧管式、膜片式、膜盒式、螺旋弹簧管式、薄膜式				
4	按抗振性能分	普通型、抗振动型、耐振动型、抗颠震型、耐颠振型、抗冲击型				
5	按防护性能分	普通型、防水型、密封型、充油型、防尘型				
6	按表壳公称直径分	表壳公称直径/mm	$\phi40$	$\phi60$	$\phi100$	$\phi200$	$\phi250$
		压力计接头螺纹	M10×1	M14×1.5	M20×1.5	M20×1.5	M20～120×1.5
7	按精度等级分	名称	精度等级		表壳公称直径/mm	
		精密压力计	0.25级;0.4级;0.6级		$\phi150;\phi200;\phi250$	
		普通压力计	1.0级;1.5级;2.5级;4.0级		$\phi40;\phi60;\phi100;$ $\phi150;\phi200;\phi250$	
8	按检测范围分	种类	微压	低压	中压	高压	超高压
		范围	<10 kPa	10～250 kPa	0.25～100 MPa	100～1000 MPa	>1000 MPa

6.3.3 弹性式压力计的结构

1)普通型压力计

普通型压力计是指工业用单圈弹簧管压力计,如图6.6所示。它由测量元件(单圈C形弹簧管)和传动放大指示机构(机芯)组成。普通型压力计的检测元件是一根弯成270°圆弧的椭圆形(或扁圆形)截面的空心金属管子,称为C形结构弹簧管,如图6.7所示。椭圆形的长半轴 a 与垂直于图面的弹簧管的中心轴相平行,短半轴为 b。管子的自由端 B 封闭,作为位移的输出信号,另一端 A 固定在接头上,作为压力的输入端。当被测压力 p 通入固定端 A 后,由于椭圆截面在压力 p 的作用下将趋向于圆形,其自由端就由 B 移动到 B',同时,弯成圆弧形的弹簧管随之产生向外挺直的扩张变形(见图6.7上虚线),从而使 B 产生了位移(此位移一般较小,必须通过放大传动机构才能指示出来),这便完成了力与位移的转换。

单圈弹簧管压力计的工作过程是:当被测压力介质由表接头9通入后,迫使弹簧管1的自由端 B 向右上方扩张。自由端 B 的弹性变形位移由拉杆2使扇形齿轮3作逆时针偏转,于是指针5通过同轴的中心齿轮4的带动而顺时针偏转,从而在刻度盘6的刻度标尺上显示出被测压力 P 的数值。由于自由端的位移与被测压力之间具有比例关系,因此单圈弹簧管压力计的刻度标尺是线性的。

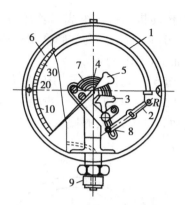

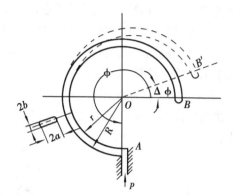

图6.6 普通压力计的结构

1—弹簧管;2—拉杆;3—扇形齿轮;4—中心齿轮;
5—指针;6—刻度盘;7—游丝;8—调节螺丝;9—接头

图6.7 C形单圈弹簧管的结构

2)真空计和压力真空计

弹簧管式真空计和压力真空计的结构原理基本与上述普通型压力计相同,所不同的只是仪表的指针指示的移动方向和表盘的刻度方向与普通型压力计不同。如图6.8所示,真空计的指示是从左至右,与普通压力计刚好相反;压力真空计在自然大气压下指针指向零点,测正压时指针顺时针转动,在测负压(真空)时指针逆时针转动。

3)膜片式和膜盒式弹性压力计

膜片式压力计是由波纹膜片和传动放大指示机构组成,如图6.9所示。波纹膜片4作为压力计的弹性敏感元件安放在上下法兰2和3中间,当被测压力作用于波纹膜片时,使与膜片4相连的直杆5移动,从而带动扇形传动指示机构转动,仪表指针8在表盘9上指示出被测压力值。

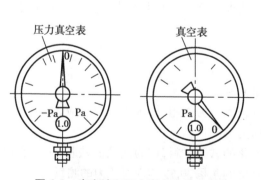

图6.8 真空计和压力真空计表盘刻度

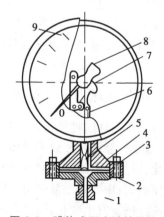

图6.9 膜片式压力计的结构

1—接头;2,3—法兰盘;4—波纹膜片;5—直杆;
6—拉杆;7—扇形齿;8—指针;9—表盘

膜盒式弹性压力计是由开口膜盒(或真空膜盒)与传动指示机构组成,其结构如图6.10所示。弹性元件是膜盒,开口膜盒用来测表压,如图6.10(b)所示。真空膜盒用来测绝对压力,它是将膜盒内腔抽成一定的真空后封口焊接而成,如图6.10(a)所示。

传动指示机构由拉杆2、扇形齿轮4、指针3和刻度盘5组成。在图6.10(c)所示的膜盒差压计中,由于压力p作用使膜盒1产生位移,推动拉杆2,由拉杆带动扇形齿轮4,将膜盒位移信号传送到小齿轮2′和仪表指针3上。当从S孔处加另一压力时,则膜盒压力计便可测两压力差值。

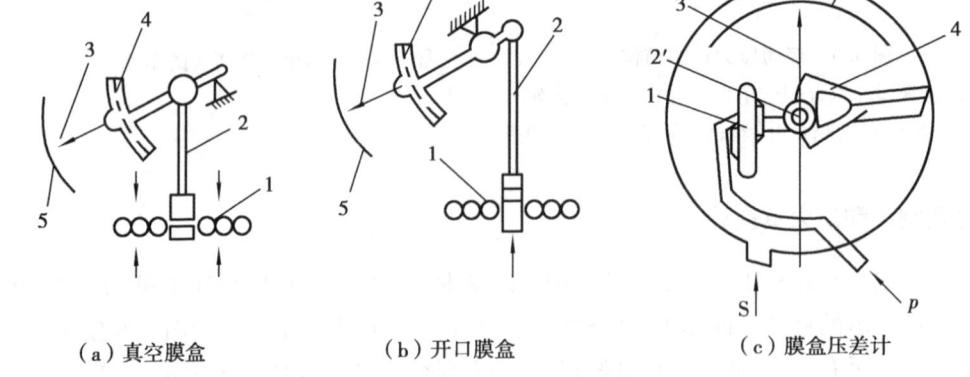

（a）真空膜盒　　　　　（b）开口膜盒　　　　　（c）膜盒压差计

图6.10　膜盒式弹性压力计的结构示意图
1—膜盒;2—拉杆;3—指针;4—扇形齿轮;5—刻度盘

6.4　电气式压力计

电气式压力计是由压力传感器和显示仪表组成。它的检测原理是通过压力传感器将压力的变化转换成电阻、电感、电容或电势等电量的变化,再将此电量变化送入显示仪表处理后显示出被测压力值,从而实现压力的间接测量。电气式压力计具有反应迅速,易于远距离传送,能实现自动记录、显示和控制以及数据处理和计算机监控的特点,用它来检测压力变化快、脉动压力和高真空、超高压的场合较为合适。

6.4.1　电气式压力计的种类

电气式压力计的种类很多,主要有以下几种。

①压阻式:金属导体或半导体材料受到被测压力作用时,根据压阻效应,将压力变换成电阻的变化,通过对电阻的测量从而实现对压力的测量。

②压磁式:用导磁系数随所受压力而变化的铁磁材料,作为线圈的铁芯,压力变化时线圈的电感或互感就发生变化,通过对电感或互感的测量,可以实现对压力的测量。

③压电式:某些电介质受到压力后,其表面产生束缚电荷,通过对此电荷变化的测量,可以实现对压力的测量。

④光纤式:通过压力对光或光纤的调制作用,使光的强度、相位或偏振态发生变化,通过

对它们的测量,实现压力测量。

⑤振动式:被测压力作用到弦丝或振筒上,使其产生应变,它的振动频率随之发生变化,通过测量此频率变化,实现对压力的测量。

6.4.2 电气式压力传感器

电气式压力计所用压力传感器的种类很多,有电阻式、霍尔式、压电式、电容式等。

1)电阻式压力传感器

电阻式压力传感器的主体部分是由某些金属或半导体制成的电阻应变片,其工作原理是电阻应变效应,如图6.11所示。当导体产生机械变形时,它的电阻也要相应发生变化。通过对电阻变化的测量,可实现对压力的间接测量。

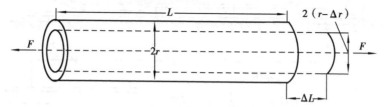

图6.11 电阻应变效应示意图

设电阻丝长度为 L,截面积为 A,电阻率为 ρ,导线直径为 d,则其电阻:

$$R = \rho \frac{L}{A} \tag{6.13}$$

当电阻丝受到轴向应力 F 被拉伸时,其长度变化为 ΔL,截面积变化为 ΔA,电阻率变化为 $\Delta \rho$,则其电阻相对变化率为:

$$\frac{\Delta R}{R} = \frac{\Delta L}{L} + \frac{\Delta \rho}{\rho} - \frac{\Delta A}{A} \tag{6.14}$$

由于 $\frac{\Delta A}{A} = 2 \frac{\Delta d}{d}$,令 $\mu = -\frac{\Delta d}{d} \cdot \frac{L}{\Delta L}$,所以:

$$\frac{\Delta A}{A} = -2\mu\varepsilon \tag{6.15}$$

式中,ε 为导线变形应变,$\varepsilon = \frac{\Delta L}{L}$,可以推得:

$$\frac{\Delta R}{R} = \frac{\Delta L}{L}(1 + 2\mu) + \frac{\Delta \rho}{\rho} = \left(1 + 2\mu + \frac{\Delta \rho / \rho}{\Delta L / L}\right) \frac{\Delta L}{L} = K_0 \varepsilon \tag{6.16}$$

式中,K_0 为电阻式压力传感器的灵敏度系数,它表示单位应变所引起的电阻相对变化,主要由几何尺寸变化和由材料电阻率 ρ 变化所引起的电阻变化两部分组成。对于金属材料的应变式传感器,K_0 主要受几何尺寸变化影响;而对于半导体材料,K_0 主要由电阻率的变化所决定。

从理论上讲,所有的金属材料都具有电阻应变效应,但可以作为电阻应变片敏感元件的金属应满足如下基本要求:灵敏系数 K_0 值要大,并且在较大应变范围内保持常数;电阻温度系数小;电阻率大;机械强度高且易于拉丝或辗薄;与铜丝的焊接性好,与其他金属的接触电势小。目前,常用的材料有康铜、镍铬合金、镍铬铝合金、铂、铂钨合金等。

金属电阻应变片主要分为丝式、箔式和薄膜式电阻应变片等几类,图6.12为金属丝式应变片的典型结构。它主要由四部分组成:

①敏感栅:即金属电阻丝,它是应变片的核心部分,感受外界应变并转换为电阻的变化;

②基底和覆盖层:基底是将应变传递到敏感栅的中间介质,并在电阻丝与试件之间起绝缘作用,覆盖层起着保护敏感栅的作用;

③黏结剂:它将电阻丝与基底粘贴在一起;

④引出线:作为连接测量的导线。

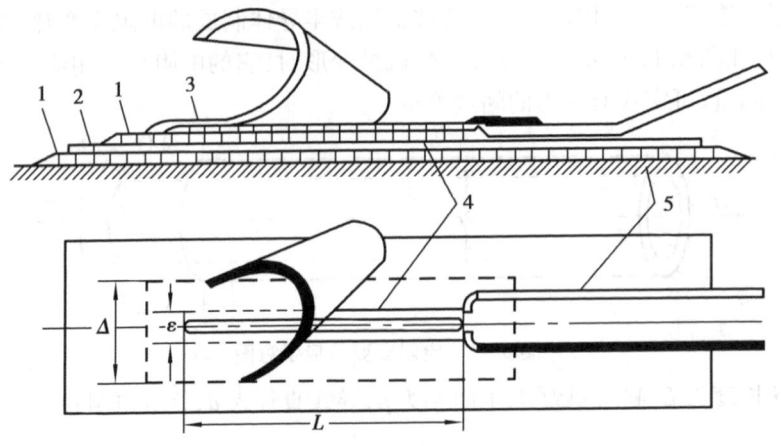

图6.12 金属丝式应变片的基本结构

1—粘合层;2—基底;3—盖片;4—敏感栅;5—引线

2)霍尔式压力传感器

霍尔式压力传感器属于位移式压力(差压)传感器。它利用霍尔效应,把压力作用下所产生的弹性元件的位移信号转变成电势信号,通过测量电势测量压力。

(1)霍尔效应

如图6.13所示,把半导体单晶薄片置于磁场 B 中,当在晶片的 y 轴方向上通以一定大小的电流 I 时,在晶片的 x 轴方向的两个端面上将出现电势,这种现象称霍尔效应,所产生的电势称为霍尔电势,这个半导体薄片称为霍尔片。

霍尔片是一块锗半导体薄片。当霍尔片中流过电流 I 时,电子受磁场力(方向可由左手定则确定)的作用,其运动方向(与电流方向相反)将发生偏移,使得在 z 轴方向的一个端面上造成电子积累而形成负的表面电荷;而在另一端面上则正电荷过剩,于是在 x 轴方向出现了电场。由于电场的建立,产生了电场力,电场力阻止电子的偏移。当磁场力与电场力相平衡时,电子积累达到了动态平衡,这时就建立了稳定的霍尔电势,即:

$$U_H = R_H I B \tag{6.17}$$

式中　R_H——霍尔常数,$R_H = K_H f\left(\dfrac{L}{b}\right)/d$,mV·mm/mA·KGS;其中,$K_H$ 为霍尔元件的灵敏度,mV/mA·KGS;L 为霍尔片电势导出端长度,m;b 为霍尔片的电流输入端宽

度,m;d 为霍尔片厚度,m。

当霍尔片材料、结构已定时,R_H 为常数。由式(6.17)可知,U_H 与 b 成反比,与 L 成正比,改变 b 和 L 可改变 U_H。一般 U_H 为几十毫伏数量级。

(2)霍尔式压力传感器

霍尔式压力传感器由压力-位移转换部分、位移-电势转换部分和稳压电源等3部分组成。

压力-位移转换部分由霍尔片和弹簧管(或膜盒)等组成。霍尔片被置于弹簧管的自由端,被测压力 p 由弹簧管固定端引入,引起弹簧管自由端的变化,带动霍尔片位移,将压力值转换成霍尔片的位移,从而实现压力-位移的转换。位移-电势转换部分由霍尔片、磁钢及引线等组成。在霍尔片的上、下方,垂直安装着磁钢的两对磁极,霍尔片处于两对磁极形成的线性不均匀磁场之中。霍尔片的四个端面引出四根导线,其中与磁钢相平行的两根导线接直流稳压电源,使霍尔片通过恒定不变的电流;另外两根导线用来输出信号。

霍尔磁场由一对具有特殊几何形状极靴的马蹄形磁钢产生(图6.13),右侧的一对磁极的磁场方向指向下,左侧的则指向上,构成一个差动磁场。当霍尔片居于极靴的中央平衡位置时,穿过霍尔片两侧的磁通对称,大小相等、方向相反,因而产生的霍尔电势的代数和为0。当引入被测压力后,弹簧管自由端的位移带动霍尔片偏离平衡位置,霍尔片所产生的两个极性相反的电势大小之和不再为0,从而输出相应的电势信号,完成位移-电势的转换,且输出的电势与被测压力呈线性关系。霍尔电势输送至动圈式仪表或自动平衡记录仪表进行压力显示。

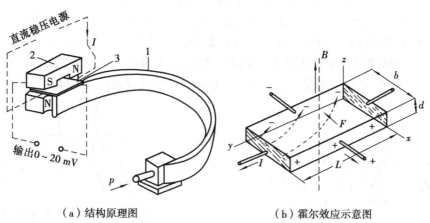

（a）结构原理图　　　　　　　（b）霍尔效应示意图

图 6.13　霍尔式压力传感器

1—弹簧管;2—磁钢;3—霍尔片

根据霍尔效应,要把霍尔片在差动磁场中的位移变换为电势,并使霍尔电势与位移成单值函数关系,则必须控制流过霍尔片的电流恒定,这一恒定电流就由稳压电源供给。

因此,霍尔压力传感器的实质就是一个位移-电势的变换元件,其输出信号为 0～20 mV。若要把这一输出信号转换成标准统一信号,还需要增加毫伏变送装置。由于霍尔电势对温度变化比较敏感,所以在实际使用时需采取温度补偿措施。

3）压电式压力传感器

压电式压力传感器是利用压电材料的压电效应将被测压力转换为电信号的传感器。压电材料是压电式压力传感器的核心部件。压电材料在沿一定方向受到压力或拉力作用而发生变形，并在其表面产生电荷；在去掉外力后，它们又重新回到原来的不带电状态，这种现象就称为压电效应。由压电材料制成的压电元件受到压力作用时，在弹性范围内其产生的电荷量与作用力之间呈线性关系。电荷输出为：

$$q = kSp \tag{6.18}$$

式中　q——电荷量，C；

k——压电常数，C/N；

S——作用面积，m^2；

p——被测压力，Pa。

由式（6.18）可知，测知电荷量就可知被测压力值。

目前，在压电式压力传感器中常用的压电材料有石英晶体、铌酸锂等单压电晶体，石英晶体具有工作温度稳定性好、电阻高、绝缘性能好、机械强度和刚度都很高的特点。除晶体外，压电陶瓷也是目前较常用的压电材料，如钛酸钡陶瓷、钛酸铅系列陶瓷等。另外，也有用高分子材料或复合材料的合成膜作压电材料。不同的压电材料，分别适合于不同的传感器形式。

压电式压力传感器的结构，如图6.14所示。压电元件夹于两弹性膜片之间，压电元件的一个侧面与膜片接触并接地，另一侧面通过金属箔和引线将电量引出。当被测压力均匀作用在膜片上，使压电元件受力而产生电荷。电荷量经放大可以转换为电压或电流输出，输出信号则给出相应的被测压力值。电荷量的测量一般配有电荷放大器。可以更换压电元件以改变压力的测量范围，还可以用多个压电元件叠加的方式提高仪表的灵敏度。

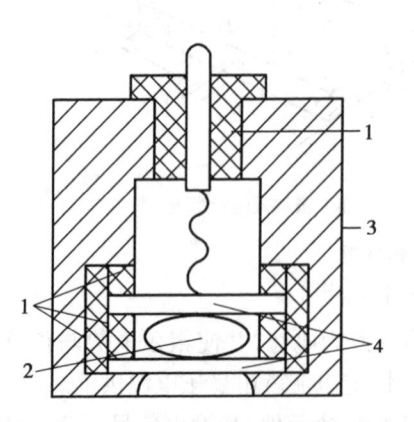

图6.14　压电式压力传感器结构示意图　　　　图6.15　差动式压力（压差）电容转换结构示意图
1—绝缘体；2—压电元件；3—壳体；4—膜片　　1,4—隔离膜片；2,3—不锈钢基座；5—玻璃绝缘层；
　　　　　　　　　　　　　　　　　　　　　　6—固定电极；7—弹性膜片；8—引线

压电式压力传感器体积小，结构简单紧凑，全密封，工作可靠；动态质量小，固有频率高，不需外加电源，噪声小；适于工作频率高的压力测量，测量范围为 0 ~ 70 MPa；测量精确度为

±1% ,±0.2% ,±0.06% 。但是,其输出阻抗高,需要特殊信号传输导线;其温度效应较大,环境适应性有限,需要增加温度补偿、振动加速度补偿等功能,提高其环境适应性。压电式压力传感器主要应用在加速度、压力等测量中。

4)电容式压力传感器

电容式压力传感器是通过弹性膜片的位移引起电容的变化而测出压力(或差压)的。平行极板电容器的电容为:

$$C = \frac{\varepsilon S}{d} \tag{6.19}$$

式中　C——电容器的电容,F;

　　　　ε——介质介电常数;

　　　　S——电容极板面积,m^2;

　　　　d——电容极板间距,m。

由式(6.19)可知,只要保持式中任何两个参数为常数,电容就是另一个参数的函数。故电容变换器有变间隙式、变面积式和变介电常数式 3 种。电容式压力(差压)变送器常采用变间隙式,图 6.15 为其工作原理图。

弹性膜片作为感压元件,是由弹性稳定性好的特殊合金薄片(例如哈氏合金、蒙耐尔合金等)制成。作为差动电容的活动电极,它在压差作用下可左右移动约 0.1 mm。在弹性膜片左右有 2 个用玻璃绝缘体磨成的球形凹面,采用真空镀膜法在该表面镀上一层金属薄膜,作为差动电容的固定极板。弹性膜片位于两固定极板的中央,与固定极板构成 2 个小室,称为 δ室,它们在结构上对称。金属薄膜和弹性膜片都接有输出引线。δ室和隔离腔室内都充有硅油,通过孔相互连通。当被测差压作用于左右隔离膜片时,通过内充的硅油使测量膜片产生与差压成正比的微小位移,从而引起测量膜片与两侧固定极板间的电容产生差动变化。差动变化的 2 电容 C_L(低压侧电容)、C_H(高压侧电容)由引线接到测量电路。

6.4.3　电气式压力变送器

压力(差)变送器把差压、流量、液位等被测参数转换成统一标准信号或数字信号输送给显示仪表或调节器,以实现对被测参数的指示、记录或自动调节。电气式压力变送器和电气式压力传感器相结合,可以实现压力检测的远传和自控要求。

1)电阻式差压变送器

电阻式压力(压差)变送器的敏感部件是在半导体硅圆片(膜片)的应变敏感部位扩散出阻值相同的电阻,并做成膜盒状,如图 6.16 所示。

在膜盒的上端接入参考压力 p_2,下端接入被测压力 p_1。p_1 作用在隔离膜片上,经硅油再传给硅膜片。被测压力 p_1 与参考压力相等时,硅膜片不产生应变变形,这时的电阻 $R_1 = R_2 = R_3 = R_4$,经图 6.17 所示的测量,电路输出为 0。当被测压力 p_1 大于参考压力 p_2 时,硅膜片产生应变,各电阻值将发生变化。根据力学分析,平面式弹性膜片在变形时,中心区与周边区应力方向不同,如中心区受压力时,周边区受拉力,而距离中心 60% 的区域受力为 0。据此,在膜片上用扩散方法制造电阻时,将4个电桥臂中的R_1,R_2置于受拉区,而将R_3,R_4置于受压区,形成推挽电路,且4个等值电阻可形成温度补偿。当膜片受到压力时,电桥一个臂电阻增加,另一个臂电阻减小,测量电桥失去平衡,其输出电流经放大及相应的变换,将压力p_1的变化转换成标准信号4～20 mA的输出。

这种压力变送器具有精度高(0.1%)、温度稳定性好、使用维修方便、抗干扰能力强等优点,在工业上也得到了广泛的应用。

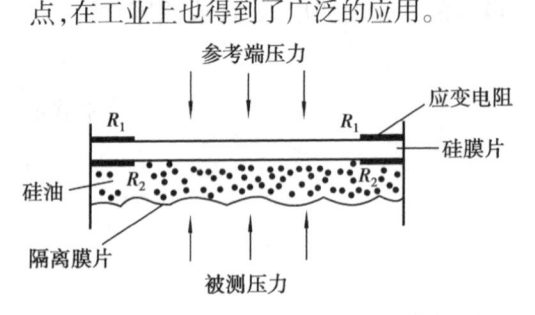 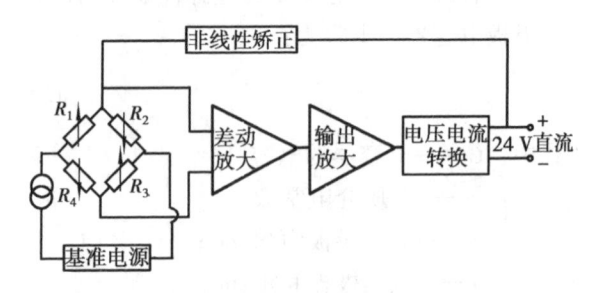

图6.16　硅半导体压力变送器敏感部件原理图　　　图6.17　硅半导体压力变送器测量电路原理图

2)电容式差压变送器

电容式差压变送器是目前工业上广泛使用的一种变送器,其检测元件是电容式压力传感器。整个变送器无机械传动、调整装置,需要输入的能量极低,仪表结构简单,性能稳定、可靠,抗振性好,灵敏度高,具有较高的精度,但其分布电容影响大,必须采取措施设法减小其影响。

电容式差压变送器系统构成如图6.18所示。输入差压Δp作用于测量部分电容式压力传感器的感压膜片,使其产生位移,从而使感压膜片电极(即可动电极)与两固定电极所组成的差动电容之容量发生变化,再经电容/电流转换电路转换成电流信号I_d,I_d和调零与零迁电路产生的调零信号I_z的代数和同反馈信号I_f进行比较,其差值送入放大器放大,得到整机的输出信号I_0。

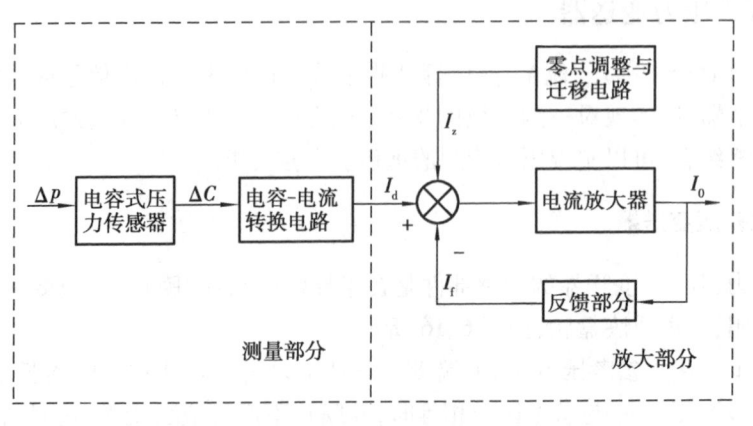

图6.18　电容式差压变送器系统构成方框图

6.5 压力检测仪表的选用和校检

6.5.1 压力检测仪表的选用

压力检测装置的正确选择是保证压力检测系统在热工检测中发挥应有作用的重要措施。根据被测压力的种类(压力、负压或压差),被测介质的物理、化学性质和用途(标准、指示、记录和远传等)以及生产过程所提出的技术要求,既满足测量准确度,又遵循经济性原则,合理地选择压力仪表的型号、量程和精度等级。

1)压力检测仪表量程的选择

压力检测仪表量程的选择是根据实际生产中工艺要求的被测压力范围和安全来确定的。例如,对于弹性式压力计,为了确保仪表的弹性元件能在弹性变形的安全范围内可靠地工作,在量程选择时,除按被测压力大小考虑外,也要考虑到被测对象可能发生的异常超压情况,量程选择就必须留有足够的余地。

一般在被测压力较为稳定的情况下,选择量程的原则是:最大工作压力不应超过仪表满量程的 3/4;在被测压力波动较大或检测脉动压力时,最大工作压力不应超过仪表满量程的 2/3。为了保证检测准确度,最小工作压力不能低于满量程的 1/3。当被测压力变化范围较大,最大和最小工作压力不可能同时满足时,仪表量程的选择应首先满足最大工作压力要求。

目前,我国生产的压力(包括差压)检测仪表有统一的量程系列,即:1.0、1.6、2.5、4.0、6.0 kPa,以及它们的 10^n 倍数(n 为整数)。国产的普通(弹簧管)压力计的量程系列分别为:0.1、0.16、0.25、0.4、0.6、1.0、1.6、2.5、4.0、6.0、10、16、25、40 MPa。

2)压力检测仪表精度的选择

压力检测仪表的精度主要根据生产中工艺要求允许的最大误差来确定。其原则是要求仪表的基本误差应小于实际被测压力允许的最大绝对误差;同时,在选择时应本着节约的原则,只要测量精度能满足生产要求,就不必追求过高精度的仪表。

目前,我国压力检测仪表规定的精度等级有:

①标准压力计:0.05、0.1、0.16、0.2、0.25、0.35 等。

②一般压力计:0.5、1.0、1.5、2.5、4.0 等。

3)压力检测仪表的种类和型号

由于压力计的种类和型号很多,所以在选择时应根据被测压力的大小、被测介质的特点、对压力示值显示的要求以及现场的环境条件等诸多因素进行综合考虑。

①对腐蚀性较强的被测介质,应选择不锈钢之类的弹性元件或敏感元件制作的压力计;对于氧气、乙炔等被测介质,应选择专用表。

②对于被测介质压力不大,不要求迅速读数的可选择液柱式的 U 形管和单管压力计。

③在测量微压时,宜选择液柱式压力计或膜盒压力计。

④在易燃易爆场合使用电传压力计时,应选择防爆型。

⑤对于只需要观察压力变化的情况,应选择直接指示型仪表,如弹簧管压力计;如需要对压力信号进行控制并要求报警的,可选择电接点压力计。

⑥生产上要求集中检测或测压点离操作岗位较远,测压点很低(如在地下室),以及需要在不同的地方同时进行测量观察时,可选择远传压力计或其他电气式压力计(如各类压力传感器);如需要检测快速变化的压力信号,宜选择电气式压力计(如压阻式压力传感器)。

⑦对于温度过高或过低的环境,应选择温度系数小的敏感元件及相应的变换元件制作的压力计。

⑧对于不同的安装场合应选择相应安装方式和外形尺寸的压力计。例如,盘装仪表应选择轴向有边、径向有边或矩形的压力计,盘装仪表的表面直径一般选 $\phi150$,现场指示仪亦可采用 $\phi100$;在照明条件差,安装位置高、示值看不清楚的场合,应选择 $\phi200 \sim \phi250$ 的仪表,最好选择数字式压力计。

6.5.2　压力检测仪表的校准与调整

压力检测仪表由于使用时间过长,使用不当、环境恶劣、仪器性能改变等原因,难免会出现各种故障。所以,在一定周期内应进行校准与调整,看其是否还符合出厂技术标准。对于不符合技术标准的仪表,就要进行调整(或修理)。经调修后的仪表还需进行再检定校准,合格后才能继续使用。

1)工业用普通压力计的校准与调整

工业用普通压力计主要是指在工业压力检测中广泛使用的弹簧管式压力计。弹簧管式压力计的校准一般都是采用比较法,即将被测压力计装在压力校准器上与标准压力计进行比较。检定时给被测压力计和标准压力计通以相同的压力,比较它们的指示数值。只要所选标准压力计的允许绝对误差小于被检仪表允许绝对误差的1/3(此时标准压力计的误差便可忽略不计),即可以认为标准压力计的读数就是真实压力的数值。

工业用普通压力计(弹簧管式压力计)的检定方法请参考国家有关计量检定规程。在检定压力计的过程中,如发现压力计存在故障或误差超差等情况,应进行调整或修理。

(1)压力计零点超差的调整

压力计在校准时,常会出现零点的正、负超差现象。这类误差的调整可以先取下指针和刻度盘,使游丝松紧适度后,再将刻度盘、指针重新安装,安装时,只要将指针对准零点即可。

仪表指针的取下和安放是仪表在调整和校准过程中经常遇到的问题。如何正确地将仪表指针安放好,也是减少误差的一个重要因素。

对于有挡针的压力计,可以通过指针的安放来调整误差。如果误差的方向一致,例如稍偏大或偏小,则指针可对准接近标准值的压力点上安放后再回零,如指针仍能紧靠挡针则已达到了调整误差的目的。一般来讲,小误差都可以用此方法进行调整。

对于没有挡针的仪表,指针的安放只能在没有压力的情况下进行,而且安放时指针的刀口要对准零刻度线。如果要借助零点来调整仪表的误差,也不能超过仪表等级所规定的零点偏差值。

（2）仪表出现非线性误差的调整

当仪表在校准中发现仪表出现非线性误差时，可以采取以下办法进行调整。

①更换或调整弹簧管：如果有备件，可以更换新的弹簧管；如果没有备件，可把弹簧管调头使用，重新焊接；如果满量程误差超差并偏向一边，如全是正误差或全是负误差，则可将弹簧管自由端闷头左右移动。

②调整中心齿轮和扇形齿轮的啮合情况：在校准或检定中发现仪表有一点或两三点超差，可以通过调整中心齿轮和扇形齿轮的啮合位置来实现，即只需将中心小齿轮向前或向后移动数齿即可。

③通过在仪表的刻度盘上重新分度来达到调整仪表的非线性误差。

④通过调整仪表的传动比来消除仪表的非线性误差。

当仪表的传动比不对时，仪表也会出现非线性误差。可以通过调整仪表扇形齿轮与连杆的位置使传动比达到要求。调整时，如果是正误差，可以将扇形齿轮与连杆连接的调节螺丝向外调；如果是负误差，可将调节螺丝向里调。但应注意的是不能调得过大，如果位移调得过多，仪表的指示还会出现非线性误差。所以，在调整时应掌握以下规则：

仪表连杆与扇形齿轮的啮合位置，一般是在全指示值的 1/2 压力处，它与扇形齿轮的中心线成直角。

（3）仪表不回零或达不到上限值的调整

压力计在使用、校准和检定中发现仪表不能回零位或达不到上限值时，可以通过调整游丝来实现。

弹簧管压力计的游丝是起反力矩作用的，仪表指针不回零或达不到上限值与游丝没有盘紧有关。例如，盘得太松或放得太小，仪表指针就达不到上限值。这是因为未到上限值时，游丝就已到了平衡状态。如果继续升压，就能克服游丝本身的力矩，以及克服与原来 2 倍的机械间隙，所加的压力几乎都消耗在阻力上了，此时应将游丝的松紧度调整到适宜的程度。

2）霍尔式远传压力计的校准与调整

霍尔式远传压力计的系统校准与调整接线，如图 6.19 所示。

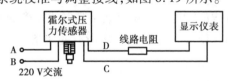

图 6.19 霍尔式远传压力计的校准与调整接线示意图

（1）校准步骤

①向压力表校准器加入传压介质（变压器油），排出空气。

②把标准压力表和霍尔式压力传感器接到校准器的 2 个接头上紧固。

③把霍尔压力传感器的接线端子 A 和 B 端接上 220 V 交流电源。把 D 和 C 接到显示仪表，并按显示仪表外线路电阻的要求配好显示仪表的线路电阻的欧姆数，如图 6.19 所示。然后在无压力输入之前，调整好霍尔式压力传感器和显示仪表的机械零位。

④缓慢地加压进行逐点校准。

⑤当到达上限值时,加压 5 min,最后逐点回检,并做好记录。

(2)调整方法

①仪表中的调幅电位器是调整示值误差的,调整时应和调零配合进行。因为调零螺杆是与固定磁钢的铜架连在一起的,螺杆的调整等于直接使磁场位移。

②如果调幅电位器已调足,该情况下只有改变稳压电阻。在调整时可用电阻箱进行,但必须把调幅电位器先调到中心点,再慢慢调节其他电阻,使之匹配良好。

③在磁钢固定铜架的两侧有两颗铜螺丝,一般不进行调整。这两颗螺丝是调节磁场间隙的。向外旋出是减小间隙,增加磁场强度;向里旋进是增大间隙,也就是增大磁阻,减弱磁场强度。

④固定弹性元件的螺丝和自由端与霍尔片连接,一般不作为调节之用。因为这种元件的调节位移很大,而且很难掌握磁场和霍尔片的中间间隙与线性位置。如果间隙需要改变,只要调节固定磁钢的铜架两侧的螺丝和零位调节螺丝已足够使用。

3)电阻式远传压力表的校准

电阻式远传压力表的系统校准工作与弹簧管压力表相仿,校准时,先校准测压部分。测压部分校准合格后,应接上显示仪表与调整电阻进行系统配套校准。校准方法同霍尔式远传压力计所述方法,即依次升降压力,校准标有数字的刻度,以保证两仪表的示值一致。

如果显示仪表与远传压力表的指示不一致,并超出仪表基本允许误差时,应将显示仪表的刻度值重新定点、分度、画刻度线,然后重新校准。

重新刻度时,先把原刻度板取下,刮去刻度线条并擦洗干净和整平,然后喷上一层白色油漆,待油漆干后,按远传压力表有数字的刻度依次升降压力表校准器的压力。再校准一点,在显示仪表上用铅笔对准指针作一垂直线,即为定点。这样,正、反行程反复校准几次,直至所做记号与远传压力表的刻度值相符为止。再取下刻度板,大格之间进行等分,再划上刻度线和标上数字,以及所有精度等级、外接电阻等符号。待墨迹干后,表面上再喷涂一层薄薄的清漆。最后,配套后再进行刻度的校准。刻度线条的粗细长度的要求:分度线短而细,有数字的刻度线要求长而粗。分度线的宽度一般是有数字刻度线宽度的 1/2,为 0.5 ~ 0.8 mm,长度是有数字线长度的 2/3,为 8 ~ 12 mm。同时,要求所有的线条应向下垂直且互相平行。

6.6 应用实例

6.6.1 液柱式压力计测定空气压力

空调通风管网经常涉及对风量、风速、风压的测定,而风速通常又是和风量直接相关,二者只需要测定一个参数,另一个参数可以通过测定流动断面的几何尺寸后间接求得。风速可以根据流体流动的贝务利方程求得。根据流动断面流体动压和静压相互转化的关系,空调通风管网经常采用直接测定断面空气压力的方法来求取其他参数。

图 6.20 是利用液柱式压力计测风机性能的例子。在风机入口段选定断面 1—1,2—2,分别在管壁设置测压孔连接液柱式压力计 J_1,J_2,可以测试风机的风量和全压。

1)风量 Q

$$Q = A_1 u_1 \tag{6.20}$$

由能量方程有:

$$- p_1 = \frac{\rho_{气} u_1^2}{2} + \zeta \frac{\rho_{气} u_1^2}{2} \tag{6.21}$$

$$u_1 = \sqrt{\frac{2(-p_1)}{(1+\zeta)\rho_{气}}} = \varphi \sqrt{\frac{2|p_1|}{\rho_{气}}} \tag{6.22}$$

式中　ζ——喇叭口处局部阻力系数;

φ——流速系数,按国标制作喇叭入口时,$\varphi = 0.98 \sim 0.99$;

ρ——进气状态下的空气密度,kg/m^3;

ρ_1——微压计测出的压力值,Pa;

A_1——吸风管 A 处面积,m^2;

u_1——断面 1 处平均流速,m/s。

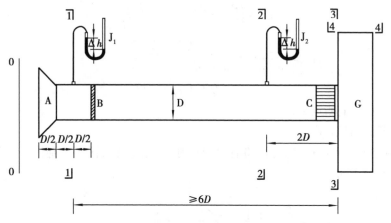

图 6.20　液柱式压力计在风机性能测试上的应用

A—集流器;B—网栅节流器;C—整流器;G—实验风机;J—液柱式压力计

2)全压 p

列断面 2 与风机出口能量方程:

$$p_{st,1} + \frac{\rho u_1^2}{2} + p = p_{st,2} + \frac{\rho u_2^2}{2} + \sum p_w \tag{6.23}$$

$p_{st,2} = p_a$,故风机全压为:

$$p = \frac{\rho u_2^2}{2} + \sum p_w - p_{st,1} - \frac{\rho u_1^2}{2} \tag{6.24}$$

$$p = p_{d2} + p_{st} \tag{6.25}$$

风机出口动压：

$$p_{d2} = \frac{\rho u_2^2}{2} \tag{6.26}$$

风机静压：

$$p_{st} = \sum p_w - p_{st,1} - \frac{\rho u_1^2}{2} \tag{6.27}$$

$$\sum p_w = 整流器损失 + 沿程损失 = \xi_1 p_{d1} + \lambda \left(\frac{L}{d}\right) p_{d1} \tag{6.28}$$

式中　ζ_1——按国标制作整流器时,局部阻力系数 $\zeta_1 = 0.1$；

　　　λ——沿程阻力系数,冷轧钢板 $\lambda = 0.025$；

　　　L——由 2—2 断面到整流器的长度,m。

该例中设置集流器、网栅节流器、整流器等附属装置主要是为了保证取压孔处流体压力值的准确取得,避免流动绕流和涡旋的影响。

实际测定中为了获得较高精确度,有时对测定断面采用多次测定,并求其平均动压、平均静压的方法。由于风系统压力不大,为了提高读数的精确度,也常常采用毕托管及微压计测得断面上各测点的动压值 p_{di},计算求得断面的平均动压 p_{dq}、平均风速 u_p 及管中风量 Q。

$$p_{dp} = \left(\frac{p_{d1} + p_{d2} + \cdots + p_{dn}}{n}\right) \tag{6.29}$$

$$u_p = \sqrt{\frac{2p_{dp}}{\rho}} = \sqrt{\frac{2}{\rho}} \sqrt{\frac{p_{d1} + p_{d2} + \cdots + p_{dn}}{n}} \tag{6.30}$$

$$Q = F u_p \tag{6.31}$$

式中　n——断面上测点数；

　　　F——断面面积,m^2。

如果需测定风压的点很多,可以将各测点的压力通过测压管连接到同一个地方,进行集中读数,如图 6.21 所示。

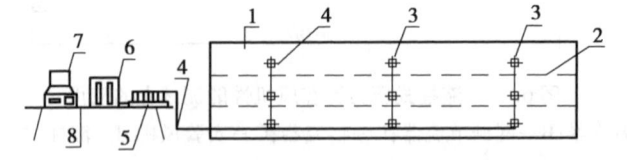

图 6.21　液柱式压力计在通风研究中的应用实例

1—模型本体;2—模型内部隔板;3—取压孔;4—压力连接管;5—压力集中测试板;
6—液柱式微压计;7—实验 PC;8—操作台

图 6.21 是某通风模型研究中测试各流道的流动阻抗实验。由于制作成小尺寸的模型,并为了减少测试对模型内空气流动的影响,测试中测试人员不能进入模型本体 1 的内部空间;模型内部隔板 2 将模型内部分成了 3 层,各层设置了很多压力测试点 3,实际实验中有近 100 个测点需要进行压力的测定。因此,实验人员采用压力信号连接管 4 将各测点的压力集中连接到压力集中测试板 5,通过液柱式微压计 6 直接读取各测点间的压力(压差)。实验 PC

7用于及时对实验数据的保存和分析,所有的仪器设备集中设置在操作台8上,便于集中管理和控制。

6.6.2 弹性压力计测定水压力

弹性压力计在建筑环境与能源应用工程中的空调冷热水管网、生活给水管网、建筑消防管网中经常用到,通常是设置在这些水管网中循环水泵的出入口处,如图6.22所示。

水泵出入口弹性压力计读数之差直接反映了水泵的扬程。实际应用中要注意根据水泵的额定扬程选择弹性压力计的量程范围,既要防止水泵运行(尤其是刚启动时)压力过高损坏压力计(量程范围不能太小),又要注意压力计读数的精确度(量程范围不能太大)。实际应用中,水泵出口压力计通常应比水泵入口压力计量程范围大,而不能选用相同的压力计。

如某建筑高30 m,其空调冷冻水输配管网经水力计算后选用的水泵扬程为32 m,膨胀水箱设置在屋顶,冷冻水泵设置在一层机房内。现为该水泵进出口处选用合适的弹性压力计。

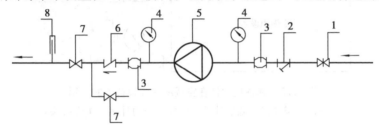

图6.22 弹性压力计在水泵出入口的应用实例
1—入口闸阀;2—水过滤器;3—柔性接头;4—弹性式压力计;
5—水泵;6—止回阀;7—截止阀;8—温度计

由于该水泵入口和膨胀水箱直接相连,压力基本恒定不变,可以认为近似为0.30 MPa。根据在被测压力较为稳定的情况下,选择量程时最大工作压力不应超过仪表满量程的3/4的原则,选用量程为0~0.40 MPa的弹性压力计。水泵出口压力则不稳定,除了水泵本身运行(如电力负荷波动、水泵调频等)波动的原因外,各空调末端水量调节也引起水泵出口压力变化,在水泵启动和停机的瞬间出口的压力波动值更大。可考虑水泵出口的瞬时高压为建筑静水压力和水泵扬程的叠加,即0.3 MPa+0.32 MPa=0.62 MPa(近似认为水泵启动扬程为32 m,实际上会大于该值)。因此,根据在被测压力波动较大时,最大工作压力不应超过仪表满量程2/3的原则,选用量程为0~1.0 MPa的弹性压力计。其最小工作压力大于0.3 MPa,满足不能低于满量程1/3的要求,保证了一定的准确度。

在水泵进出水管上安装压力计,如果量程范围选择不当,将造成压力计损坏或形同虚设的情形。例如在建筑消火栓或喷淋系统中,水泵常常是从消防水池取水,而水泵的扬程有时高达120 m(甚至更高)。如果简单地在水泵出入口各安装一个量程为1.6 MPa的弹性压力计,则水泵入口的压力表将基本没有读数(压力通常只有4 mH$_2$O),而水泵出口的压力表则很容易损坏。因为水泵启动时流量达不到额定流量,因而其出口压力会比额定扬程大,从而造成出口压力超过压力表量程上限。

此外,为了使水泵出入口安装的弹性压力计正常使用,正确的安装和适当的维护也是必不可少的。由于水泵出口压力波动的原因,通常需要在水泵出口压力表前设置表弯,以缓冲水泵出口压力的波动,保护压力表。如果是间歇运行的管网,尤其是经过长时间的停运,管网内由于锈蚀会产生一定的杂质等,可能堵塞压力计或者引起压力计指针指示失真。因此,需要定期对压力计进行校准和检修。

在空调冷热源设备的出入口也经常应用弹性压力计,如图6.23所示。冷热源设备进出水管上压力表读数之差反映了冷热源设备的流动阻力,便于对整个管网压力分布的掌握和管网运行的调节。此外,出口压力计的读数反映了冷热源设备内部工作压力,便于运行人员实时监控设备的工作,保证安全运行。

弹性压力计读数直观,结构简单,安装方便且经济适用,所以在液体输配管网中得到了广泛应用。

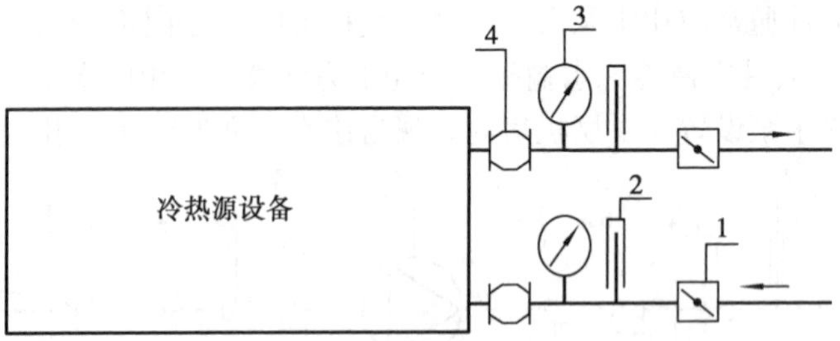

图6.23 弹性压力计在空调冷热源设备上的应用
1—入口蝶阀;2—温度计;3—弹性式压力计;4—柔性接头

思考题

6.1 在工程中,压力常用的表示方法有哪几种? 它们之间有何关系?

6.2 简述液柱式压力计的工作原理及其误差产生的原因和修正方法。

6.3 用不同截面的U形管去测量同一压力,液柱高度相同吗? 为什么?

6.4 按照信号转换原理的不同,常用的压力检测方法有哪些?

6.5 压力检测仪表的类型选择应考虑哪些因素?

6.6 何为压电效应,压电式压力传感器的特点是什么?

6.7 电阻式压力传感器中电阻应变片敏感元件的金属应满足哪些要求?

6.8 简述压力变送器及其传感器的选择原则。

6.9 某台空压机的缓冲器,其工作压力范围为1.1~1.6 MPa,工艺要求就地测量,测量误差不得大于工作压力的±5%,试选择一块合适的压力表。

6.10 有一块2.5级测量范围为0~2.5 MPa的弹簧压力表。校验前指针已不在零位上(指约在0.08 MPa处),加压后,标准表上指示为2.35 MPa时,被校表已指示上限刻度了,但在加压过程中发现,仪表的线性还较好,试分析说明该表应如何调整才能合格。

6.11 某U形管压力计(液封是水),右管内径 d_2 为8.2 mm,左管内径 d_1 为8.0 mm,调好零点测压时,右管读数是 200 mmH$_2$O,若认为被测压力是 400 mmH$_2$O,求由此带来的误差。

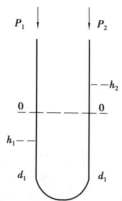

6.12 有一真空压力表,其正向可测到 600 kPa,负向可测到 -101.33 kPa。现校验时发现,其最大误差发生在 300 kPa,即上行和下行时标准压力表的指示分别为 305 kPa 和 295 kPa,问该表是否符合它的精度等级 1.5 级的要求?

7

流速测量

学习目标:

1. 熟悉测压管和热电风速仪的工作原理和使用方法;

2. 掌握叶轮风速仪、激光多普勒测速仪的工作原理和使用方法;

3. 熟悉粒子图像测速技术的工作原理;

4. 了解流速测量仪表的标定方法。

7.1 概 述

流速是描述流体流动状态的主要参数之一。流速不但影响流体输配系统的水力工况和设备运行状态;同时,空气流速也是重要的室外气象参数和室内环境评价参数。在流体输配系统中,由于流体在限定的流通截面内流动,其流速是与流量对应的(见第 8 章)。

根据不同的测量原理,常用的流速测量方法有动力测压法、散热效率测速法、激光测速法和机械测速法等。

动力测压法是建立在一维管道流动理论基础上,通过管道流体压力来测量流速的。在流体流动过程中,存在与流动方向同向的动压和均匀分布于各个方向的静压。当仪器迎向流体流动方向测量时,其读数为动压与静压之和,即全压;当仪器测量方向垂直于流体流动方向时,其读数为静压;全压与静压之差即为动压。流体的流速可以通过其与动压的关系计算得出。动力测压法测速的典型仪器为测压管。

散热效率测速法是建立在热交换原理基础上,利用传感器的散热率与掠过其上的流速成正比的关系,通过测量传感器在动态热平衡中的散热率来测量流速。典型的仪器有热电风速仪和卡他温度计等。

机械测速法是建立在物体动力学的能量原理和动量原理基础上来测量流速的。典型的仪器,如机械式风速仪,就是将叶轮置于流体中,当叶轮迎着流体流动方向测量时,流体动能驱动叶轮旋转,旋转的角速度与流体流速成正比,通过单位时间叶轮的转数便可计算出流体流速。

激光测速法的测量仪器有激光多普勒测速仪和粒子图像速度场仪。其中,激光多普勒测速仪是建立在激光多普勒频移原理上,通过利用静止激光源照射流体,由于流体粒子散射光的频率与静止光源频率之差与粒子运动速度成正比,由此可以测量流动速度。

动力测压法、散热效率测速法和机械测速法属于接触式测量方法,在测量过程中会干扰和破坏流体流场。当进入流场的测量仪器的相对体积较大时,这种干扰作用会更加明显。激光测速法属于非接触式测量方法,测量过程不会干扰流体流场,特别适用于狭小流场、易变流场和含有害物的流场。

7.2 测压管

7.2.1 标准测压管

标准动压测压管(毕托管)是传统的流速测量传感器,与差压仪表配合使用,可以测量被测流体的压力和差压,或者间接测量被测流体的流速分布以及平均流速。另外,如果被测流体及其截面是确定的,还可以利用毕托管测量流体的体积流量或质量流量。

标准动压测压管由两个相套的空心管构成,如图 7.1 所示。在测压管顶端开有全压测孔1,由内管 5 接至全压引出接口 8。在水平测量段的适当位置开有静压测孔或条缝 4,由外管 3接至静压引出接口 7。两个引出接口读数之差为流体的动压。

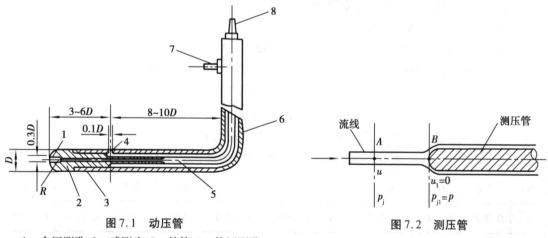

图 7.1　动压管　　　　　　　　　图 7.2　测压管

1—全压测孔;2—感测头;3—外管;4—静压测孔;
5—内管;6—管柱;7—静压引出接口;8—全压引出接口

将测压管置于流体中,如图 7.2 所示。测压管头部 B 点处由于气流的绕流而完全滞止,产生临界点,$u_1 = 0$,B 点的压力为滞止压力(即全压)。根据不可压缩流体的伯努利方程式,A,B 点间的关系为:

$$p_j + \frac{1}{2}\rho u^2 = p_{j1} + \frac{1}{2}\rho u_1^2 \qquad (7.1)$$

式中　p_j,p_{j1}——A(即测点)、B 点的静压,Pa;

　　　u,u_1——A,B 点的气流速度,m/s。

　　因此 $u_1 = 0$,故 $p = p_{j1}$。

$$p = p_j + \frac{1}{2}\rho u^2 \qquad (7.2)$$

$$u = \sqrt{\frac{2}{\rho}(p - p_j)} \qquad (7.3)$$

$$\rho = \frac{p_B}{287(273.15 + t_n)} \qquad (7.4)$$

式中　p,p_B——B 点的全压力和当地的大气压力,Pa;

　　　t_n——管道内空气温度,℃。

　　式(7.3)中的 $p - p_j$ 即为该测点的动压值。这样,可根据测得的动压值以及空气温度和当地大气压力计算求得气流速度。

　　但是,实际上流体流经测压管头部时总有能量损失,应给予修正,即:

$$u = \sqrt{\frac{2}{\rho}(p' - p_j')\xi} \qquad (7.5)$$

$$\xi = \frac{p - p_j}{p' - p_j'} \qquad (7.6)$$

式中　p,p_j——测点真实的全压和测压管读数,Pa;

　　　p',p_j'——静压值和测压管读数,Pa;

　　　ξ——测压管的校正系数。

　　经合理设计的标准测压管,ξ 值可保持在 1.02 ~ 1.04。

　　当气流的马赫数 Ma>0.25 时,应考虑气体的压缩性,此时气流速度为:

$$u = \sqrt{\frac{2}{\rho}\frac{(p' - p_j')}{1 + \varepsilon}\xi} \qquad (7.7)$$

式中　ε——气体的可压缩性系数;ε 与 Ma 的关系见表 7.1。

表 7.1　可压缩性修正系数 ε 与马赫数 Ma 的关系

Ma	0.1	0.2	0.3	0.4	0.5	0.6	0.7	0.8	0.9	1.0
ε	0.0025	0.0100	0.0225	0.0400	0.00620	0.0900	0.1280	0.1730	0.2190	0.2750

　　国际标准化组织规定,测压管使用范围上限不得超过相当于 Ma=0.25 时的流速,下限则要求被测量的流速在全压测孔直径上的雷诺数 Re>200,以避免造成大的误差。

　　测压管应尽可能与气流方向一致,当二者偏离超过 ±(6° ~ 8°) 时,将会产生附加的测量误差。

7.2.2　S形测压管

普通的测压管若用于测量含尘气体时,测孔易被堵塞,造成测量的误差,或者根本无法使用。这时可采用S形测压管,如图7.3所示。它由两根相同的金属管并排组成,端部为两个方向相反而开孔面又相互平行的测孔。测定时,一个孔口面正对气流,即与气流方向垂直,测得的是全压;另一个孔口面背向气流,测得的是静压。由于S形测压管的开孔面积较大,减少了被粉尘堵塞的可能,可保证测定的正常进行。

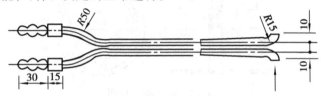

图7.3　S形测压管

标准测压管和S形测压管具有一定的使用条件。当气体流速较低时,比如在标准状态下空气流速为1 m/s时,动压只有0.6 Pa,仪表很难准确地指示此动压值,因此测压管测流速的下限有规定:要求测压管总压力孔直径上的流体雷诺数需超过200。S形测压管由于测端开口较大,在测量低流速时,受涡流和气流不均匀性的影响,灵敏度下降,因此一般不宜测量小于3 m/s的流速。

在测量时,如果管道截面较小,因为相对粗糙度(R/D)增大和插入测压管的扰动相对增大,使测量误差增大,所以一般规定测压管直径与被测管道直径(内径)之比不超过0.02,最大不得超过0.04。管道内壁绝对粗糙度R与管道直径(内径)D之比,即相对粗糙度R/D不大于0.01。管道内径一般应大于100 mm。

S形测压管(或其他测压管)在使用前必须用标准测压管进行校正,求出它的校正系数。校正方法是在风洞中以不同的速度分别用标准测压管和被校测压的速度值之比,称为被校测压管的校正系数K。

7.2.3　均速管

均速管又称阿牛巴(Annubar)管或动压平均管。用前文所述的标准毕托管、S形毕托管测风速时,往往需要测出多点风速而得到平均风速,在一定程度上不太方便。均速管是基于毕托管原理而发展起来的一种新型流速测量管。均速管能够直接测出管道截面上的平均流速,简化了测量过程,提高了测量准确性。均速管如图7.4所示,一般只适用于圆形风道。

其测量思路是把风道截面分成若干个面积相等的部分,比如分成4部分(两个半环形和两个半圆形),选取合适的测点位置,测出各个小面积的总压力值,然后取4个小面积的总压力平均值作为整个测量截面上的平均总压力。它是一根沿直径插入管道中的中空金属杆,在迎向流体流动方向有成对的测压孔,一般有两对,其外形似笛。迎流面的多点测压孔测量的是总压,与全压管相连通,引出平均全压,背流面的中心处开有一个取压孔,与静压管相通,引出静压。均速管是利用测量流体的全压与静压之差来测量流速。

均速管流量计具有如下特点:一体化式结构,成套性好、价格便宜、便于安装;压力损失小、能耗少;准确度及长期稳定性较好;适用范围广,适用于液体、气体和蒸汽等多种流体以及高温高压介质的流量测量;适合大管道和不规则管道的流量测量;对直管段的要求比孔板低,需要配用低量程差压计。

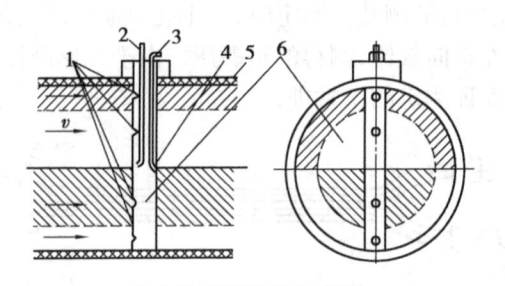

(a)均速管结构示意图

1—总压孔;2—总压导管;3—静压导管;4—静压孔;5—管道;6—均速管

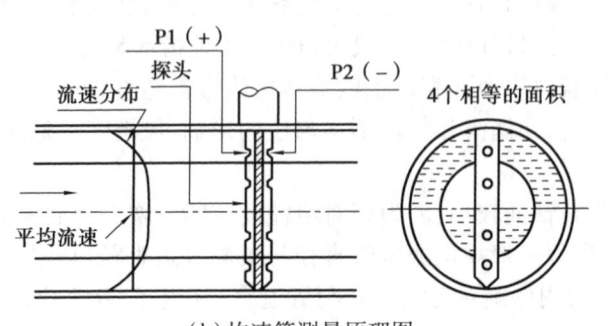

(b)均速管测量原理图

图7.4　均速管

7.2.4　复合测压管

能够同时测量流体的总压及流速大小及方向的测压管称为复合测压管。

在平面流场的测量中,流体的总压、静压及流速的大小及方向通常用二元复合测压管测量。常用的二元复合测压管有3种:圆柱形、管束形和楔形测压管。图7.5所示为圆柱形复合测压管。它是在垂直于圆柱轴线的平面上开3个孔。中间一个孔用来测量流体的总压,两侧孔与中间孔对称,并相隔一定的角度,用来测量流动方向。方向孔上感受的压力为流体总压与静压间的某一压力值,因此只要事先标定,就可以用三孔测压管同时测量平面流场中总压力、静压和流速的大小及方向。

要测量空间流体的流速大小、方向和压力,常用的有球形五孔三通测压管、管状五孔三通测压管和楔形五孔三通测压管。图7.6为球形五孔三通测压管。支杆轴线穿过球的中心或向后倾斜。杆相对于球的中心向后移动得越多,方向特征的不对称性越小。

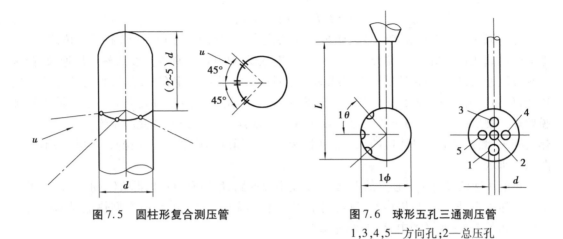

图 7.5　圆柱形复合测压管

图 7.6　球形五孔三通测压管

1,3,4,5—方向孔;2—总压孔

7.3　热电风速仪

用测压管测量气流速度,由于滞后大,不适用于测量不稳定流动中的气流速度。即使在脉动频率只有几赫兹的不稳定气流中测量流速,有时也不能获得满意的测量结果。热电风速仪具有探头尺寸小、响应快等特点,其截止频率可达 80 kHz 或更高,所以它可在测压管难以安置的地方使用,主要用于动态测量。

热电风速仪是利用通电探头在流场中的散热量与流场速度之间存在一定关系来测定速度的。当探头处于流场中时,流体对其有冷却作用,由于探头体积很小、连接线也非常细,可忽略探头的导热和辐射热损失,其散热量主要由流体掠过探头表面的对流热损失决定。在探头上电热与对流散热量平衡:

$$I^2 R = hF(t_w - t_f) = (A + Bu^m)F(t_w - t_f) \tag{7.8}$$

式中　I——通过探头的电流,A;

　　　R——探头的电阻,Ω;

　　　h——探头对流表面传热系数,W/(m^2 · ℃);

　　　F——探头表面积,m^2;

　　　t_w,t_f——探头温度和流体温度,℃;

　　　u——掠过探头的流体速度,m/s;

　　　A,B,m——常数。

探头的电阻、表面积是不变的,当流体温度一定时,流体的速度就只与电流和探头温度有关,即:

$$u = f(I,t_w) \tag{7.9}$$

只要固定了 I 与 t_w 中的任意一个,流速就与另一个成单值函数关系。根据所固定的参数情况,热电风速仪可分为恒流型和恒温型两种,前者保持电流恒定,根据探头温度变化测量流速;后者保持探头温度恒定,根据电流测量流速,式(7.9)相应地变形为:

$$u = f(I) \quad 或 \quad u = f(t_w) \tag{7.10}$$

热电风速仪由探头和指示仪表组成。探头内有电热线圈(或电热丝)和温度传感器(一般为热电偶或热电阻)。当温度传感器焊接在电热丝的中间时,称为热线式热电风速仪,简称为热线风速仪;当温度传感器同电热线圈不接触并与玻璃球固定在一起时,称为热球式热电风速仪,简称为热球风速仪。此外还有热膜风速仪,它是将喷溅在衬底上的一层很薄的铂金膜熔焊在楔形或圆柱形石英骨架上。热线探头根据其用途可分为测量一元流动速度的一元热线探头、测量平面流动速度的二元探头以及测量空间流动速度的三元探头。其探头形式如图 7.7 所示。

热电风速仪具有两个独立的电路,一个是电热回路,串联有直流电源 E(一般为 2 ~ 4 V),用于加热探头;另一个是传感器回路,用于测量探头温度。恒流型和恒温型热电风速仪的工作原理如图 7.8 所示(图中 R_W 为测速探头电阻)。

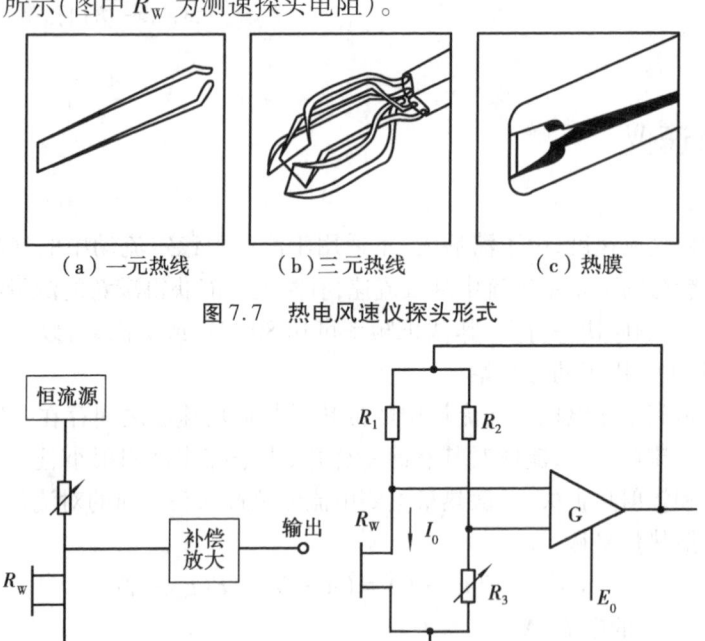

（a）一元热线　　　（b）三元热线　　　（c）热膜

图 7.7　热电风速仪探头形式

图 7.8　热电风速仪原理图

（a）恒流型　　　　　　　　（b）恒温型

在恒流型热电风速仪的电热回路中,通过额定电流加热探头,探头温度升高,探头内的热电偶产生热电势,经传感器回路仪表指示出来。探头的温升、热电势(热电阻)的大小均与气流的速度有关。气流速度越大,探头散热越快,温升越小,热电势也就越小;反之,气流速度越小,探头散热越慢,温升越大,热电势也就越大。据此,可在指示仪表盘上直接标出风速值。

在测量过程中探头温度保持不变,当流速增大时,传感器(热敏电阻)散热量增加,温度有下降的趋势,其所在电桥的一臂热敏电阻阻值增加,电桥即有不平衡电压输出。据此,一方面可以计算流速值,另一方面通过放大电路可调整电桥供电电压,增大通过热敏电阻的电流,保持热敏电阻温度恒定。

热电风速仪操作简便,灵敏度高,反应速度快。测速范围有 0.05 ~ 5 m/s,0.05 ~ 10 m/s,

0.05～20 m/s等。正常使用条件为温度：-10～+40 ℃，相对湿度<85%。它既能测量管道内风速，也可测量室内空间的风速。

由式(7.8)可见，被测气流的速度除了与通过探头的电流或测头温度有关外，还与被测介质温度、探头的表面换热特性有关。因此，在测量变温流场时，还需要测出被测介质温度，并参照式(7.8)进行温度补偿修正。在使用时测头应避免灰尘、油污的污染，从而避免造成探头热特性变化。探头使用一定时间后应及时进行校准。

为了降低探头导热损失，热电风速仪探头连线很细，因此容易损坏而不易修复，测定中应时刻注意保护好探头，严禁用手触摸，并防止与其他物体碰撞。测定完毕应立即将探头收到套筒内。为了减少辐射换热影响，在测量过程中探头应尽量远离壁面。

调校仪表时，探头一定要收到套筒内，测杆垂直头部向上，以保证探头在零风速状态下。测定时应将标记红色小点的一面迎向气流，因为探头在风洞中标定时即为该位置。风速仪指针在某一区间内摆动，可读取中间值。如果气流不稳定，可参考指示值出现的频率来加以确定。测得风速值后，应对照仪表所附的校正曲线进行校正。

热电风速仪的主要用途有以下几点：①测量平均流动的速度和方向；②测量来流的脉动速度及其频谱；③测量湍流中的雷诺应力及两点的速度相关性、时间相关性；④测量壁面切应力；⑤测量流体温度。除此以外还开发出许多专业用途。

7.4　叶轮风速仪

叶轮风速仪由叶轮和计数机构组成，它是以气流流动动能推动机械装置来显示风速的仪表。

风速仪的敏感元件为轻型的叶轮，叶轮通常用金属铝制成，分为翼形和杯形两种。翼形叶轮的叶片是由几个扭转成一定角度的薄铝片组成；杯形叶轮的叶片为铝制的半球形叶片，如图7.9所示。当气流流动的动压力作用于叶片上时，叶轮会产生旋转运动，其转速与气流速度成正比。叶轮的转速经轮轴上的齿轮传递给指示或计数设备。

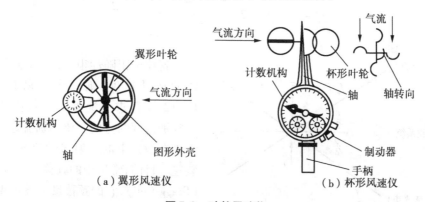

图7.9　叶轮风速仪

有些叶轮风速仪内部自带有计时装量，仪器可根据有效计时时间内叶轮转动圈数而自动指示风速值。若仪器不带计时装置，测定中可用秒表计时。操作中要求二者开停需一致，以

保证测定的准确。此时,风速按式(7.11)计算:

$$u = \frac{s}{\tau} \tag{7.11}$$

式中　s——叶轮风速仪指针示值,m;

　　　τ——叶轮风速仪的有效测定时间,s。

叶轮风速仪机械强度大,测量范围广,可测量 $0.5 \sim 10$ m/s 至数十米每秒的风速,分辨率一般在 0.1 m/s 左右,被广泛应用于通风、空调和室外环境的风速测定中。

使用前应检查风速仪的指针是否在零位,开关是否灵活可靠。测定时必须将叶轮风速仪全部置于气流中,气流方向应垂直于叶轮的平面,否则将引起测定误差。当气流推动叶轮转动 $20 \sim 30$ s 后,再启动开关开始测量。测定完毕应将指针回零。读得风速值后还应在仪器所附的校正曲线上查得实际的风速值。叶轮是风速仪的重要部件,由于暴露在外容易受到损伤,使用中注意不要碰撞它。

叶轮风速仪测得的是测量时间内风速的平均值。因此,它不适用于测定脉动气流和气流的瞬时速度。

7.5　激光多普勒测速仪

当光源与光接收器之间存在相对运动时,发射光波与接收光波之间会产生频率偏移,称作多普勒频移;其大小与光源和光接收器之间的相对速度有关,这种现象称为光学多普勒效应。激光多普勒测速仪将激光照射到跟随流体一起运动的微粒上,激光被运动着的微粒所散射,散射光的频率和入射光的多普勒频移与微粒的速度即流体的速度成正比,测量该频率就可以测得流体的速度。

如图 7.10 所示,对于一对入射激光频率为 f_0,入射激光波长为 λ_0,交角为 θ 的相交激光。以速度 u 运动的微粒,两束光的接受频率差产生的多普勒频移 f_D 为:

$$f_D = f_2 - f_1 = 2f_0 \frac{u \sin \frac{\theta}{2}}{c} = 2 \frac{u \sin \frac{\theta}{2}}{\lambda_0} \tag{7.12}$$

式中　c——光速。

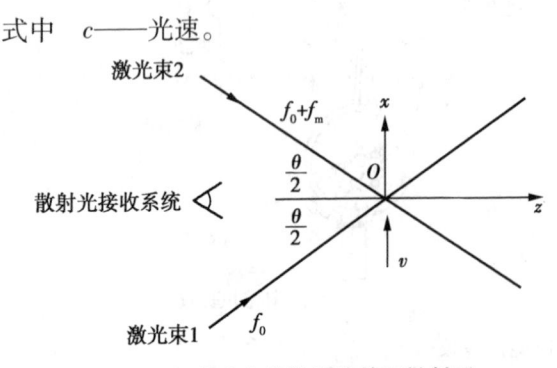

图 7.10　激光多普勒测速的双散射系

若粒子跟随性很好,其速度就约等于流体的运动速度,则式中 u 就是流速。式 (7.12) 只能求出速度分量数值的大小,无法判别速度的方向。要判别流速的方向,通常是在激光束的入射光学单元中加装频移装置。目前,常采用的频移装置是声光器件(Bragg Cell),它的频移量一般在 40 MHz 以上。在预置了固定的频移量后,即使微粒速度为 0,光检测器仍有频率为固定频移量的交流信号输出。当微粒正向穿过测量体时,光检测器输出频率低于固定频移量;当微粒反向穿过测量体时,光检测器输出频率高于固定频移量。

典型激光多普勒测速系统,如图 7.11 所示。该系统主要由激光器、入射光系统、接收光系统(包括光检测器)、信号处理器和微机数据处理系统等几个部分组成。

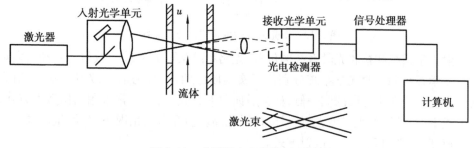

图 7.11 典型激光多普勒测速系统

（1）激光光源

激光具有很好的单色性和方向性,容易在微小的区域上聚焦而产生较强的光,便于检测;波长稳定且精确已知,非常适合作为测速光源。激光多普勒测速仪常采用连续气体激光器,如氦-氖激光器和氩离子激光器。氦-氖激光器发出的是红光($\lambda = 632.8$ nm),所发出的激光功率是几毫瓦到几十毫瓦。

（2）入射光系统

入射光系统包括光束分离器和发射透镜。光束分离器用来把同一束激光按等强度分成 2 束或多束平行光束,以适应二维或三维速度测量要求。发射透镜将来自光束分离器的平行光通过聚焦透镜汇聚到测量点。在双光束双散射工作模式下,2 束光相交区域近似一个椭球体,其体积决定了测速仪的灵敏度和空间分辨率。

（3）接收光系统

接收光系统包括接收透镜和光检测器。接收透镜的作用是收集流体中示踪微粒通过测量体时发出的散射光,即由透镜将收集的散射光会聚到光检测器。光检测器的作用是将接收到的光信号转换成电信号,即得到多普勒频移的光电信号。光检测器有光电倍增管、光电管和光电二极管等,其中光电倍增管较为常用。

（4）信号处理器

信号处理器的作用是接收来自光电接收器的电信号,并对信号进行高通和低通滤波,去除基底及一部分噪声,从中取出速度信息,把这些信息传输给计算机进行分析、处理和显示。其中,多普勒信号处理器应根据所测流体或固体运动的不同而选择不同的信号处理器。激光多普勒测速光学布置有 3 种基本模式,即参考光模式、单光束双散射模式和双光束双散射模式。3 种基本光学模式可以用不同的光路结构来实现。

双光束双散射模式的光路系统,如图 7.12 所示。由激光光源产生的激光束经光束分离器和反射镜分成 2 束平行光,由聚焦透镜聚集到测量点处,2 束激光都被运动微粒散射后由光电检测器接收。为了增大光检测器接收的微粒散射光强度,在光检测器前设置大口径接收透镜聚焦散射光束。2 束散射光在光检测器内混频,输出频率等于多普勒频移的交流信号。

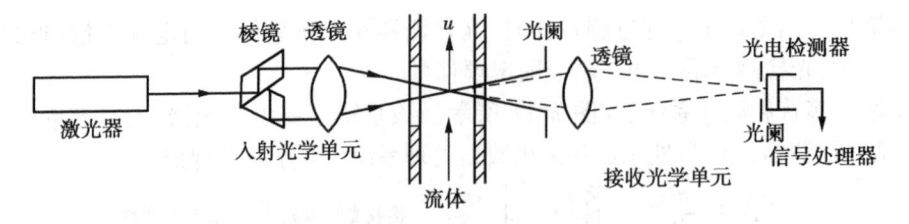

图 7.12　双光束双散射模式的光路系统

按入射光学系统和接收光学系统的位置,光路系统又可分为前向散射方式和后向散射方式。入射光学系统和接收光学系统分别位于实验段的两侧,称为前向散射方式;入射光学系统和接收光学系统在实验段的同一侧,称为后向散射方式。目前,常采用前向散射方式,因为在这种方式下,粒子散射光强度大,信号的信噪比高。但在有些情况下,如测量压气机叶片通道中气流速度时,必须采用后向散射方式。

激光多普勒测速仪测速范围可达每秒数千米,精度约为 0.1%。激光多普勒测速仪与传统的建筑环境与能源应用工程领域的测速管和热线风速仪相比,具有如下优点:

①无接触测量:测量对流场无干扰,适用于有回流流场、火焰流场的测量。

②动态响应快:它可进行实时测量,是研究湍流结构和测量瞬时速度的重要手段。

③空间分辨率高:激光测量体小,适用于边界层、薄层流体、狭窄通道等的流速测量。

④严格线性化测量:多普勒测速是利用频差进行测速,而频差与速度呈严格的线性关系,测量时不需要标定。

⑤测量精度高:读数仅对速度敏感,而与流体种类及其他性质,如温度、压力、密度、黏度等无关。

⑥测速范围广且测量方向特性稳定。

激光多普勒测速仪也有其局限性。它对流动介质有一定的光学要求,即要求激光能照进、穿透流体;信号质量受散射离子影响,要求离子能完全跟随流体介质流动。这些使得这种测速技术的应用范围受到一定的限制。

7.6　粒子图像测速技术

激光多普勒测速仪和热线流速仪一样,都属于单点测量技术,难以实现对流场的全场、瞬态测量。20 世纪 70 年代末发展起来的粒子图像测速技术(Particle Image Velocimetry, PIV)是在流动显示的基础上,充分吸收现代计算机技术,光学技术以及图像分析技术的研究成果而成长起来的最新流动测试手段。它不仅能显示流场流动的物理形态,而且能够提供瞬时全场流动的定量信息,使流动可视化研究实现从定性到定量的飞跃。

PIV 是一种用多次摄像以记录流场中粒子的位置,并分析摄得的图像,从而测出流动速度的方法,其优点在于能够测量瞬时速度场。其基本原理是在流场中布撒示踪粒子,并用脉冲激光片光源入射到所测流场区域中,通过连续两次或多次曝光,粒子的图像被记录在底片上或 CCD 相机上。采用光学杨氏条纹法、自相关法或互相关法,逐点处理 PIV 底片或 CC 记录的图像,获得流场速度分布。其基本测速原理简单来说是测量图像位移 Δx、Δy,位移必须足够小,使得 $\Delta x/\Delta t$ 近似于速度 u,其轨迹必须是接近直线并且沿着轨迹的速度应该近似恒定。上述条件可以通过选择 Δt 来达到,使 Δt 小到可以与受精度约束的拉格朗日速度场的泰勒微尺度进行比较。图 7.13 所示为 PIV 测速原理的简单示意图。

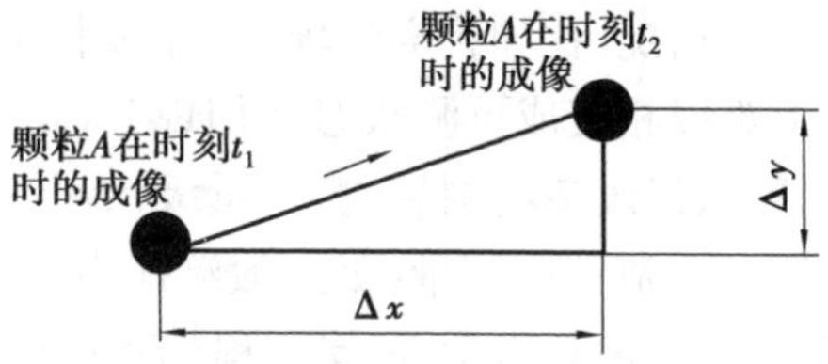

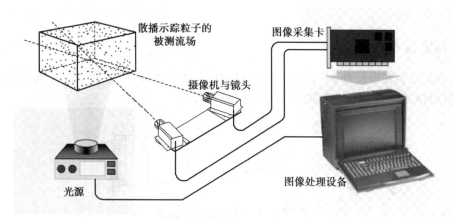

图 7.13　PIV 测速原理

根据粒子图像测速技术原理,PIV 实际工作中的系统一般包含 4 个主要部分:示踪粒子、光学照明部分、图像采集部分以及图像处理部分,如图 7.14 所示。

图 7.14　PIV 系统的组成

光学照明部分:在 PIV 系统中,为了获取较好质量的粒子图像,需要外部辅助光源的配合,用以增强示踪粒子散射光的强度,一般采用波长为 532 nm 的激光光源,有时也采用高亮的 LED 光源。

图像采集部分:PIV 的核心是图像分析,所以采集到合适的图像十分重要,因此不仅需要高帧率、高分辨率的摄像机,还需要大带宽、高速的图像记录设备(如 CameraLink 高速图像采集记录器)以及相关的信号控制设备。

图像处理部分:将粒子图像进行相关匹配分析、追踪分析等处理,以得到粒子散斑的运动,该部分功能主要在 PC 机上完成。

示踪粒子:为了提高透明流体的可测性,布撒示踪粒子用来显示流体的流动状态,通过测量粒子的运动来获取流场信息。高质量的示踪粒子要求为:①比重要尽可能与实验流体相一致;②足够小的尺度;③形状要尽可能圆且大小分布尽可能均匀;④有足够高的光散射效率。通常在液体实验中使用空心微珠或者金属氧化物颗粒,空气实验中使用烟雾或者粉尘颗粒(超音速测量使用纳米颗粒),微管道实验使用荧光粒子等。

粒子图像测速技术综合了孤立点测量技术和显示测量技术的优点,克服了两种测量技术的弱点而成,可通过流场图像的分析获得流动结构,因此既具备单点测量技术的精度和分辨率,又能获得流动显示的瞬态信息和整体结构,实现了全流场瞬态测量。这个特点使得该技术具有获得小尺度结构矢量图的能力,这对于既拥有很宽范围的运动尺度,又要求具有能分析足够小尺度的空间分辨率的湍流研究无疑是非常重要的。它也可以满足一些稳定流动的测试需要,所谓稳定流动指的是速度脉动与平均速度相比很小的流动。实际流动中存在着许多特殊情况,比如狭窄流场,其流动本身是稳定的,但流场狭小,空间单点测量(如 LDV)的分光束难以相交成可测状态,而 HWFA 的干扰又会破坏流场的状态。综上所述,PIV 应用范围包括:微尺度流动测量(微米量级),风洞速度测试空气动力学实验(如汽车、火车、飞机、建筑物等),水流速度测量(如一般流体力学研究、船体设计、旋转机械、渠道流等),环境研究(燃烧的研究、波动力学、海岸工程、潮汐模型、河流水文等),生物医学研究,湍流研究等。

7.7 流速测量仪表的标定

7.7.1 标定设备

流速测量仪表在出厂前,或者在使用一段时间后都需要进行标定。标定流速的方法很多,目前应用较多的是在校正风洞中用比较法进行标定。

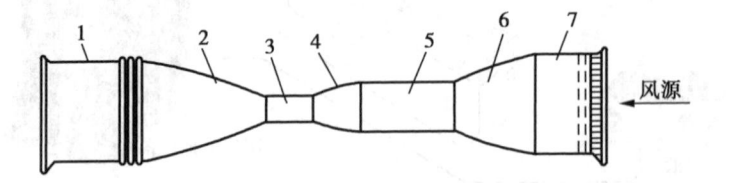

图 7.15 校正风洞结构示意图

1—风机段;2—扩散段;3—测量段;4—细收缩段;5—工作段;6—粗收缩段;7—稳定段

校正风洞是由若干个功能段组成的能对气流加速的管道,如图 7.15 所示。风机段内设调速轴流风机和导流器,从风洞内抽吸空气,使风洞内形成一定的负压气流动力。外部空气从稳定段进入风洞,为了尽量使进入的气流均匀稳定,除了稳定段要保持一定长度的直管段外,在其内还需设置蜂窝器和阻尼器。气流经粗收缩段和细收缩段进行两次加速后,分别进入工作段和测量段,在工作段和测量段内形成流场均匀度和稳定度很高的中、高速气流,可分别用于标定中速和高速流速测量仪表。随后气流经扩散段减速后由风机段排出。

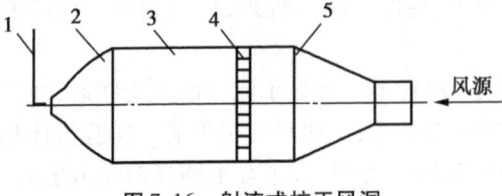

图 7.16 射流式校正风洞

1—待标定测压管;2—收缩段;3—稳定段;

4—整流栅;5—进口过渡段

还有一种射流式校正风洞,如图 7.16 所示。将待标定仪表设置在开口的实验段内,标准仪表设置在稳压段内,稳压段内气流速度小于 10 m/s。流速测量仪表的标定过程实际上是在均匀、稳定的流场中将被标定的仪表测得的数据与标准仪表测得的数据进行比较,根据比较结果得出被标定的仪表的修正系数或特性曲线。由于风速读数与被测气流的温度、湿度及大气压力有关。因此,在风速仪表标定时也需要测量温度、湿度及大气压力等参数。

7.7.2 测压管的标定

测压管标定主要目的是确定测压管的校正系数、方向特性等内容。测压管的校正系数确定可采用风速校正系数：

$$K = \frac{u}{u'} \qquad (7.13)$$

式中 K——测压管风速修正系数；

u, u'——标准测压管和被校测压管测得的风速值，m/s。

因动压与速度的平方成正比，也可采用动压校正系数 K^2 进行校正：

$$K^2 = \frac{p_d}{p'_d} \qquad (7.14)$$

式中 p_d, p'_d——标准测压管和被校测压管测得的动压值，Pa。

一般用动压修正系数较为方便。普通测压管的修正系数接近于 1，S 形测压管的修正系数一般在 0.7 左右。

测压管的方向特性，即对流动偏斜角的不灵敏性。若测压管和气流来流方向在水平和垂直方向存在偏差角度为 α 和 δ，则分别可用系数 $\bar{p}_{d,\alpha}$ 和 $\bar{p}_{d,\delta}$ 修正。

$$\bar{p}_{d,\alpha} = \frac{p_{d,\alpha=i} - p_{d,\alpha=0,\delta=0}}{\dfrac{\rho u^2}{2}} \qquad (7.15)$$

$$\bar{p}_{d,\delta} = \frac{p_{d,\delta=i} - p_{d,\alpha=0,\delta=0}}{\dfrac{\rho u^2}{2}} \qquad (7.16)$$

式中 $p_{d,\alpha=0,\delta=0}$——测压管对准来流方向时，所测得的动压值，Pa；

$p_{d,\alpha=i}$——当 $\delta=0, \alpha=i$ 时，测压管所测得的动压值，Pa；

$p_{d,\delta=i}$——当 $\alpha=0, \delta=i$ 时，测压管所测得的动压值，Pa；

u——来流的速度，m/s。

7.7.3 热电风速仪的标定

热电风速仪标定的目的是获得流体速度与热电风速仪测头温度（恒流型）的真实响应关系，或者对恒温型热电风速仪获得流体速度与电流（或电势）的真实响应关系。热电风速仪精确的标定应在激光多普勒测速仪上进行。通常可在标准风洞中进行。

利用标准风洞标定，在校正风洞中或其他已知流体流动速度的流场中，利用标准热电风速仪测量出风速，对恒流型热电风速仪测量热电风速仪测头的温度，对恒温型热电风速仪同时测量被标定仪器的电流（或电势），做出相应的标定曲线。标定方法同测压管标定。

7.8 应用实例

7.8.1 柜式空调器出风口速度流场测试

测量目的为分析造成柜式空调器空气流动损失的基本原因,提高风口流动效率。

1) 测试装置及测量方案

测试系统包括柜式空调器室内机组、流速计、记录仪及计算机,如图 7.17 所示。其中流速计为 TSI 公司多参数通风计,型号为 8384A-M-GB,热电探头,读入精度为±3%,输出精度为 0.015 m/s,量程为 0 ~ 80 m/s,分辨率为 0.1 m/s。在测试过程中,出口导流片呈水平状态。TSI 探头水平安装对准出口气流,距离出口面 40 mm。

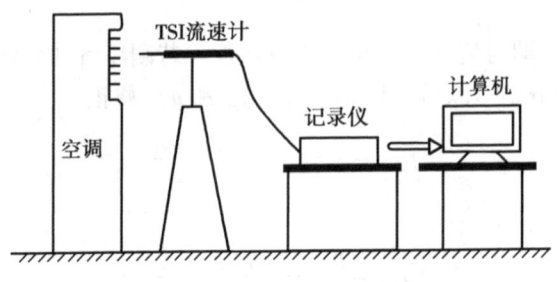

图 7.17　出风口风速测量装置示意图

测试样机出风口长 400 mm,高 220 mm。出风口有 6 个厚度为 4 mm 的水平可调节导流片,在垂直方向,有一个厚度为 6 mm 的垂直固定导流片位于中间,两边各分布两个厚度为 2 mm 的垂直固定导流片。为了测量和分析方便,垂直方向自上而下的测量空间定义为 A ~ G,水平方向从左到右定义为 Ⅰ ~ Ⅶ,对每个水平区域从 Ⅰ ~ Ⅶ进行测量,并根据各区域的空间尺寸大小,使 Ⅰ,Ⅶ区域各分配一个中间测点,而其他 4 个区域各均匀分配 4 个测点。因此,从 A ~ G 的每一个水平区域都有 19 个测点,整个出风口布置 133 个测点,如图 7.18 所示。

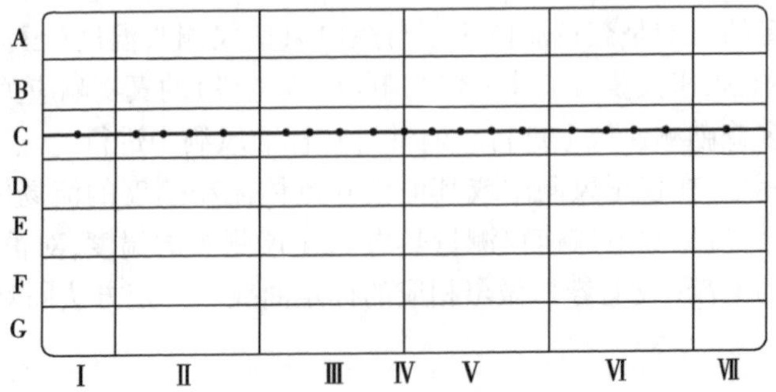

图 7.18　出风口测点布置

2)测试结果

根据图 7.18 测点的布置,测得各点速度值见表 7.2。

表7.2　出风口速度测量值

单位:m/s

	Ⅰ	Ⅱ				Ⅲ				Ⅳ	Ⅴ				Ⅵ				Ⅶ
	1	2	3	4	5	6	7	8	9	10	11	12	13	14	15	16	17	18	19
A	2.38	2.93	3.61	2.86	3.16	3.19	3.15	2.63	2.42	2.81	2.66	2.71	3.06	2.86	2.58	2.52	3.02	2.65	1.65
B	2.59	3.60	3.65	3.85	3.60	3.43	3.41	3.40	3.43	3.02	3.05	3.50	3.53	3.38	3.35	3.45	3.18	2.91	2.48
C	2.35	3.37	3.48	3.55	3.39	3.33	3.37	3.38	3.40	2.50	3.45	3.48	3.35	3.10	3.21	3.16	3.02	2.07	1.58
D	3.14	3.60	3.43	3.46	3.64	3.42	3.46	3.66	3.68	3.03	3.43	3.32	3.45	3.16	2.99	3.12	3.09	2.40	1.52
E	3.98	3.54	3.82	4.12	4.24	3.92	3.94	4.23	2.24	3.68	3.85	3.28	3.74	3.56	3.47	3.71	3.54	2.91	2.68
F	1.68	2.18	3.96	4.75	4.18	4.53	4.89	4.13	4.80	4.18	4.11	4.45	4.29	3.40	3.40	3.78	4.50	2.90	2.38
G	0.49	1.90	2.24	3.08	3.38	3.96	4.12	3.50	3.28	4.04	2.32	3.38	3.56	3.63	3.06	3.10	3.89	2.50	0.67

3)数据分析

根据表 7.2 数据,将 7 个水平截面的速度及其平均值分别表示在图 7.19 和图 7.20 中。从图 7.19 可以看出,各条曲线均有明显的凹线部分,清楚地表示出固定垂直导流片所产生的尾涡对气流的影响。从图中还可以看出,靠近 9 ~ 11 测点区域所受影响较大,这是由于中间导流片的厚度(6 mm)比其他导流片大的缘故。同时,图 7.19 和图 7.20 中各条曲线左右两端速度均较低,表明箱体左右侧壁对气流速度的影响很大,尤其在右壁附近区域出现了速度的最低值,速度变化显著,因为该区域气流除了受到壁面的影响外,还受到安装在蒸发器右侧的制冷管道及附件的影响。可见,这是一个不容忽视的重要损失源。

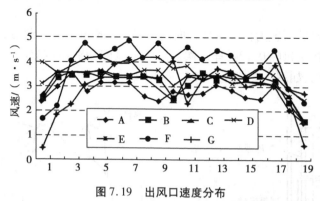

图7.19　出风口速度分布

从垂直方向看,靠近上壁面 A 的截面速度较小,说明上壁面的 90°转角对流动的影响很大。另外,靠近下壁面的 G 截面明显比 F 截面速度低,这说明了下壁面对流动的影响。

从以上分析可知,柜式空调器室内机组出口导流片的厚度及形状、上下左右壁面、转角角度及蒸发器及其管路附件的安装位置均对空气的流动造成影响,从而引起了较大的内部流动损失。

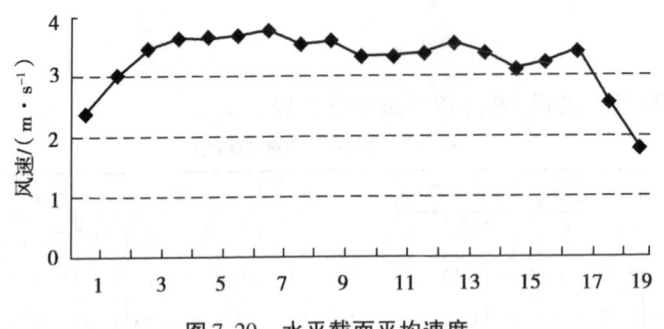

图 7.20 水平截面平均速度

7.8.2 离心压缩机叶轮内部流场测量

测量目的:通过测量叶轮内部流场分布情况,分析在小流量工况下流道内气流速度矢量的变化趋势等流动特性。

1)测试装置及测量方案

试验用离心式叶轮为等宽度闭式叶轮,由有机玻璃制作而成。叶片为二元叶片。叶轮外径 400 mm,叶轮内径 240 mm,叶宽 35 mm,叶片数为 13 个,扩压器为无叶扩压器。

测量仪器为激光相位多普勒测速仪器(PDA)。其测量原理为利用 2 束相干激光聚焦,在聚焦点形成控制体,当粒子穿越控制体中的明暗干涉条纹时产生多普勒信号,从而测量粒子速度。为了避免有机玻璃本身材质的问题,因为只要材料密度稍有不均匀,就会使激光在穿透有机玻璃板后的折射角度不一致,从而使得 4 束激光不能在同一点上聚焦。本测量用环氧树脂将厚度仅为 1 mm 的无色光学玻璃分别镶嵌在叶轮及蜗壳的前板上,以保证激光在进入叶轮内部后仍有良好的聚焦性和一定的光强。本次测量只使用一个 PDA 激光探头,探头置于风机正面,同时作发射激光及接收多普勒信号用,示踪粒子采用由超声波空气加湿器产生的水雾。

单个流道内测点的布置为自叶轮外径向内每隔 2 mm 布置一个测点,共 20 个测点,沿圆周方向由轴编码器控制每隔 0.1°采样 1 次。沿叶轮宽度分别在距前盘 6 mm,16 mm,26 mm 处布置了 3 个测量面,如图 7.21 和图 7.22 所示。

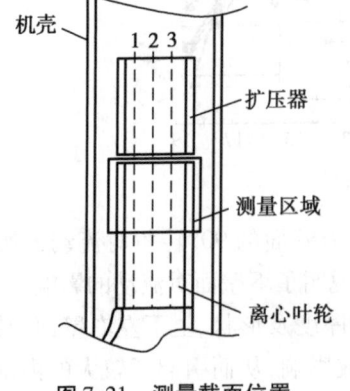

图 7.21 测量截面位置

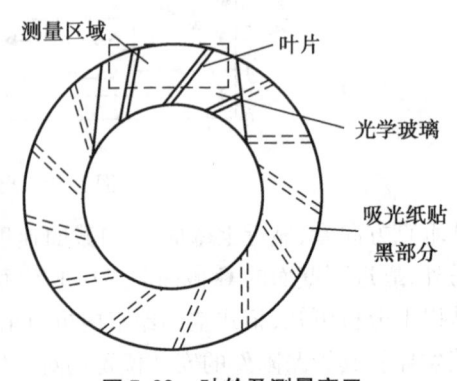

图 7.22 叶轮及测量窗口

2）测试结果

图7.23—图7.25分别为600 r/min时小流量工况下,从流道中部至出口的盖侧、中间截面、盘侧径向面上所测得的速度矢量图。

3）数据分析

因为流量小于设计流量,在叶轮流道内部,流动集中在吸力面一侧,存在较大的径向速度梯度。在叶轮流道的中部,由盖侧至盘侧,气流角逐渐增大,径向速度亦逐渐增大。这说明沿轴向方向,主流区域不断增大,叶轮内流动趋于均匀。在盘侧沿圆周方向,相对速度的减小较盖侧缓慢,直至压力面附近相对速度才明显偏向于切向方向。由此可以说明,盘侧的流动状况要好于盖侧。

比较这两幅图可以发现:小流量工况下,在盖侧的压力面附近有明显低速区产生。这说明从盖侧到盘侧,当流量小于设计流量时,流道中部盖侧的压力面有分离趋势。

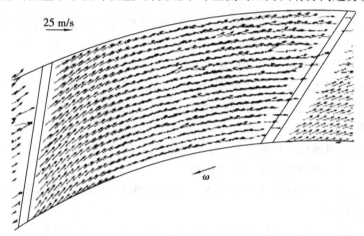

图7.23　盖侧相对速度矢量图

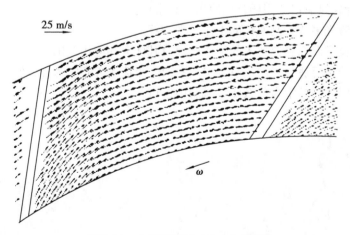

图7.24　中间截面相对速度矢量图

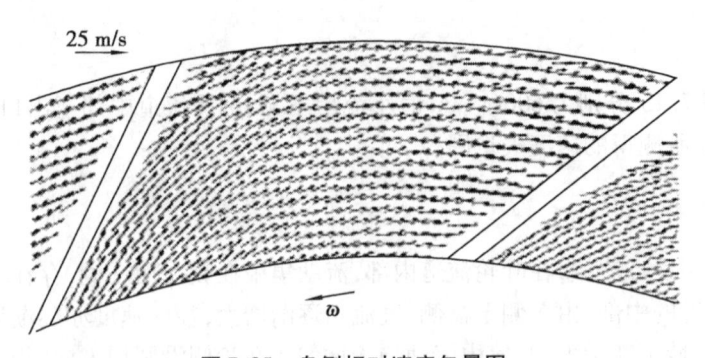

图 7.25　盘侧相对速度矢量图

思考题

7.1　简述常用的流速测量方法及其工作原理,其中哪些方法属于接触式测量方法？哪些是非接触式测量方法？比较其优缺点。

7.2　简述测压管测流速的原理和常用测压管的类型及其适用场合。

7.3　为避免造成大的误差,国际标准化组织规定测压管使用在哪个范围内？

7.4　用标准测压管测量气流速度时,测压管应如何放置？为什么？

7.5　S 形测压管与普通的测压管比较,有哪些优点？

7.6　简述热电风速仪测风速的原理,使用时应注意哪些问题？影响测量精度的因素有哪些？分析减少其测量误差的措施。

7.7　热电风速仪在所固定的参数情况可分为哪两类？热线风速仪的探头形式有哪些？简述其特点。

7.8　简述在恒流型热电风速仪的电热回路中,探头温升、热电势大小与气流速度之间的关系。

7.9　简述叶轮风速仪适用场合和使用注意事项。

7.10　简述激光多普勒测速仪的工作原理和特点。

7.11　简述粒子图像测速技术的工作原理及其优势和应用范围。

7.12　测压管是否适宜于测量空调房间室内气流流场分布？为什么？

7.13　测速仪表的标定为什么要在风洞中进行？

8

流量测量

学习目标：

1. 了解流量测量的主要方法及常用仪表；
2. 掌握差压式流量计、转子流量计、涡轮流量计的工作原理及使用方法；
3. 掌握差压式流量计的标准流量公式及其节流装置的主要形式；
4. 了解流量测量仪表的选用、安装和校验。

8.1 概　述

流量、温度、压力和物位称为过程控制中的四大参数，人们通过这些参数对生产过程进行监视与控制。对流体流量进行正确测量和调节是保证生产过程安全经济运行、提高产品质量、降低物质消耗、提高经济效益、实现科学管理的基础。在整个过程检测仪表中，流量仪表的产值占 1/5 ~ 1/4。在能源计量中，也使用了大量的流量计。

流量测量是研究物质量变的科学，因此，其测量对象已不限于传统意义上的管道流体，凡是需要掌握流体流动的地方都有流量测量的问题。天然气、煤气、成品油、液化石油气、蒸汽、压缩空气、氧气、氮气、水的计量中，也要使用大量的流量计。

流量测量过程与流体流动状态、流体的物理性质、流体的工作条件、流量计前后直管段的长度等有关。因此确定流量测量方法，选择流量检测仪表，都要综合考虑上述因素的影响，才能达到理想的测量要求。

流量测量是一门复杂、多样的技术，这不仅由于测量精确度的要求越来越高，而且测量对象也越来越复杂。如流体种类有气体、液体、混相流体，流体工况有从高温到极低温的温度范围，从高压到低压的压力范围，既有低黏度的液体，也有高黏度的液体，而流量大小更是悬殊，有每小时数毫升的微小流量，也有每秒达数万立方米的大流量。脉动流、多相流更增加了流量测量的复杂性。例如,在楼宇自动化系统中,对进出重点设备或装置的流体流量进行测量,其结果用于设备运行状态监视、控制和设备管理。本章介绍流量测量的基本知识和常用的流量检测仪表。

本文中的流量多是指瞬时流量,即单位时间内通过某截面的流体数量。根据不同的流量测量原理和实际需要,瞬时流量可分为:

①质量流量 q_m,指单位时间内流过的流体质量,(kg/s);

②体积流量 q_v,指单位时间内流过的流体体积,(m^3/s);

③重量流量 q_w,指单位时间内通过的流体重量,(N/s)。

重量流量、质量流量和体积流量的表达式如式(8.1)、式(8.2)和式(8.3)所示(假设流体在整个截面上的密度是均匀的)。因为流体的密度 ρ 随压力、温度的变化而变化,故在给出体积流量的同时,必须指明流体的状态。特别是对于气体,其密度随压力、温度变化显著,由体积流量换算质量流量时,应格外注意。

$$q_v = \int_0^A v\mathrm{d}A = \bar{v}A \tag{8.1}$$

$$q_m = \int_0^A \rho v\mathrm{d}A = \rho\bar{v}A \tag{8.2}$$

$$q_w = g\int_0^A \rho v\mathrm{d}A = \rho g\bar{v}A \tag{8.3}$$

式中　$\bar{v}$——整个截面上流体的平均流速,m/s;

　　　ρ——流体的密度,kg/m^3;

　　　g——测量地点的重力加速度,m/s^2;

　　　A——截面面积,m^2。

8.2　流量测量方法和仪表

在工程应用中,除了要测量瞬时流量外,往往还需要了解在某一段时间内流过流体的总量,对某一时间段内的瞬时流量进行积分即可得到该时间段内的流体总量。

1)流量的测量方法和仪表分类

流量测量方法大致可以归纳为以下几类:

①通过测量流体差压信号来反映流量的差压式流量测量法;

②通过直接测量流体流速来得出流量的速度式流量测量法;

③利用标准小容积来连续测量流量的容积式流量测量法;

④以测量流体质量流量为目的的质量流量测量法。

2)流量的测量仪表分类

根据流量仪表的工作原理对其进行分类,见表8.1。

表 8.1 各种流量仪表的分类及特点

工作原理		仪表名称		适用介质	适用管径/mm	测量精度/%	安装要求、特点
差压式流量计	流体流过通管道中的阻力件时产生的压力差与流量之间有确定关系,通过测量差压值求得流量	节流式	孔板	液、气、蒸汽	50～1000	±(1～2)	需直管段,压损大
			喷嘴		50～500		需直管段,压损中等
			文丘里管		100～1200		需直管段,压损小
		均速管		液、气、蒸汽	25～9000	±1	需直管段,压损小
		转子流量计		液、气	4～150	±2	垂直安装
		靶式流量计		液、气、蒸汽	15～200	±(1～4)	需直管段
		弯管流量计		液、气		±(0.5～5)	需直管段,无压损
		毕托管流量计		液、气、蒸汽		±(0.2～0.5)	需直管段,压损小
容积式流量计	直接对仪表排出的定量流体计数确定流量	椭圆齿轮流量计		液	10～400	±(0.2～0.5)	无直管段要求,需装过滤器,压损中等
		腰轮流量计		液、气			
		刮板流量计		液		±0.2	无直管段要求,压损小
速度式流量计	通过测量管道截面上流体平均流速来测量流量	涡轮流量计		液、气	4～600	±(0.1～0.5)	需直管段,装过滤器
		涡街流量计		液、气	150～1000	±(0.5～1)	需直管段
		电磁流量计		导电液体	6～2000	±(0.5～1.5)	直管段要求不高,无压损
		超声波流量计		液	>10	±1	需直管段,无压损

3)流量仪表的主要技术参数

流量仪表的主要技术参数主要包括以下 4 个:

①流量范围:流量范围指流量计可测的最大流量与最小流量之间的范围。

②量程和量程比:流量范围内最大流量与最小流量值之差称为流量计的量程。最大流量与最小流量的比值称为量程比。

③允许误差和精度等级:流量仪表在规定的正常工作条件下允许的最大误差,称为该流量仪表的允许误差,一般用最大相对误差和引用误差来表示。流量仪表的精度等级是根据允许误差的大小来划分的,其精度等级有:0.02,0.05,0.1,0.2,0.5,1.0,1.5,2.5 等。

④压力损失:压力损失的大小是流量仪表选型的一个重要技术指标。压力损失小,流体能量消耗小,输运流体的动力要求小,测量成本低;反之,则能耗大,经济效益相应降低。故流量计的压力损失越小越好。

8.3 差压式流量计

差压式流量计根据流体流动的节流原理进行流量测量。当流体在安装有一个直径比管径小的节流件的管道中流动时,流通面积的突然减小,就使得流束产生局部收缩,流速增大,从而导致流体静压能降低,于是在节流件上、下游之间产生静压差。该静压差的大小与流过的流体流量大小有关,所以差压式流量计又称为节流式流量计。这种流量计一般由节流装置、导压管和差压计或差压变送器等组成。它具有原理简明、设备简单、维护费用低、应用技术比较成熟、容易掌握等优点。但差压式流量计仍存在测量精度普遍偏低、量程比窄(一般仅为 3:1 ~ 4:1)、现场安装条件要求高、压损大等缺点。本书介绍的差压式流量计包括:节流式流量计、毕托管和均速管流量计、转子流量计、靶式流量计等。

8.3.1 节流式流量计

节流式流量计组成,如图 8.1 所示。流体流经节流件时的情况,如图 8.2 所示。测量原理及流量方程:

$$\frac{p_1}{\rho_1} + \frac{u_1^2}{2} = \frac{p_2}{\rho_2} + \frac{u_2^2}{2} \tag{8.4}$$

$$u_1\rho_1 \frac{\pi}{4}D^2 = u_2\rho_2 \frac{\pi}{4}d'^2 \tag{8.5}$$

式中　p_1,p_2——截面 1 和 2 上流体的静压力,Pa;

　　　　u_1,u_2——截面 1 和 2 上流体的平均流速,m/s;

　　　　ρ_1,ρ_2——截面 1 和 2 上流体的密度,kg/m²;

　　　　D,d'——截面 1 和 2 上流束直径,m。

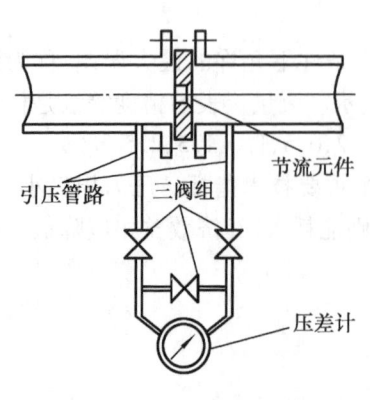

图 8.1　节流式流量组成

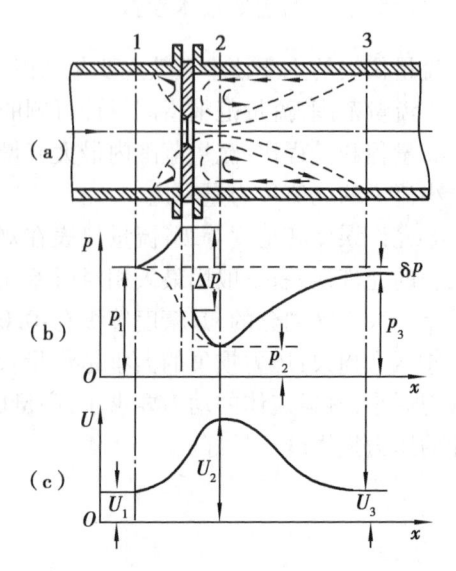

图 8.2　流体流经节流件时压力和流速

$$u_2 = \frac{1}{\sqrt{1 - \left(\dfrac{d'}{D}\right)^4}} \sqrt{\frac{2}{\rho}(p_1 - p_2)} \tag{8.6}$$

体积流量用 q_v 表示,则:

$$q_v = u_2 A_2 = \frac{1}{\sqrt{1 - \left(\dfrac{d'}{D}\right)^4}} \frac{\pi}{4} d'^2 \sqrt{\frac{2}{\rho}(p_1 - p_2)} \tag{8.7}$$

体积流量用 q_m 表示,则:

$$q_m = \rho u_2 A_2 = \frac{1}{\sqrt{1 - \left(\dfrac{d'}{D}\right)^4}} \frac{\pi}{4} d'^2 \sqrt{2\rho(p_1 - p_2)} \tag{8.8}$$

以实际采用的某种取压方式所得到的压差 Δp 来代替 (p_1-p_2) 的值,同时引入流出系数 C（或流量系数 α）对上式进行修正:

$$q_v = \frac{C}{\sqrt{1 - \beta^4}} \frac{\pi}{4} d'^2 \sqrt{\frac{2}{\rho}\Delta p} = \alpha \frac{\pi}{4} d^2 \sqrt{\frac{2}{\rho}\Delta p} \tag{8.9}$$

式中　C——流出系数;

　　　a——流量系数;

　　　P——节流之前流体密度,kg/m^3。

$$\beta = \frac{d'}{D}$$

$$q_m = \frac{C}{\sqrt{1 - \beta^4}} \frac{\pi}{4} d^2 \sqrt{2\rho\Delta p} = \alpha \frac{\pi}{4} d^2 \sqrt{2\rho\Delta p} \tag{8.10}$$

$$\alpha = \frac{C}{\sqrt{1 - \beta^4}} \tag{8.11}$$

$$E = \frac{1}{\sqrt{1 - \beta^4}} \tag{8.12}$$

对于可压缩流体,考虑到节流过程中流体密度的变化而引入流束膨胀系数 ε 修正采用节流件前的流体密度 ρ,由此流量公式可表示为:

$$q_v = \alpha\varepsilon \frac{\pi}{4} d^2 \sqrt{\frac{2}{\rho}\Delta p} \tag{8.13}$$

$$q_m = \alpha\varepsilon \frac{\pi}{4} d^2 \sqrt{2\rho\Delta p} \tag{8.14}$$

式中　ε——流束膨胀系数。

（1）节流装置

①标准节流装置的适用条件:

a.流体必须是牛顿流体,在物理学和热力学上是均匀的单相的,或者可认为是单相流。

b.流体必须充满管道和节流装置且连续流动,流经节流件前流动应达到充分紊流,流束平行于管道轴线且无旋转,流经节流件时不发生相变。

c.流动是稳定的或随时间缓变的。

②标准节流元件的结构形式：

a.标准孔板。标准孔板是一块具有与管道同心的圆形开孔的圆板,迎流一侧是有锐利直角入口边缘的圆筒形孔,顺流的出口呈扩散的锥形,如图 8.3 所示。其结构简单,加工方便,价格便宜;但压力损失较大,测量精度较低,只适用于洁净流体介质,测量大管径高温高压介质时孔板易变形。

b.标准喷嘴。标准喷嘴是一种以管道轴线为中心线的旋转对称体,主要由入口圆弧收缩部分与出口圆筒形喉部组成,有 ISA1932 喷嘴和长径喷嘴两种形式,ISA1932 喷嘴如图 8.4 所示。

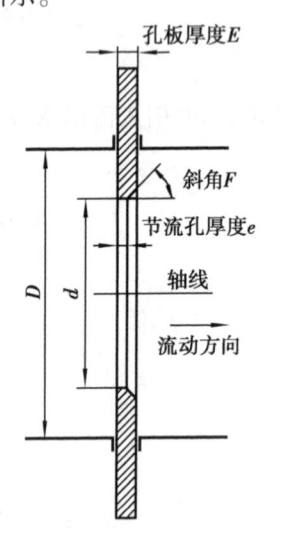

图 8.3　标准孔板

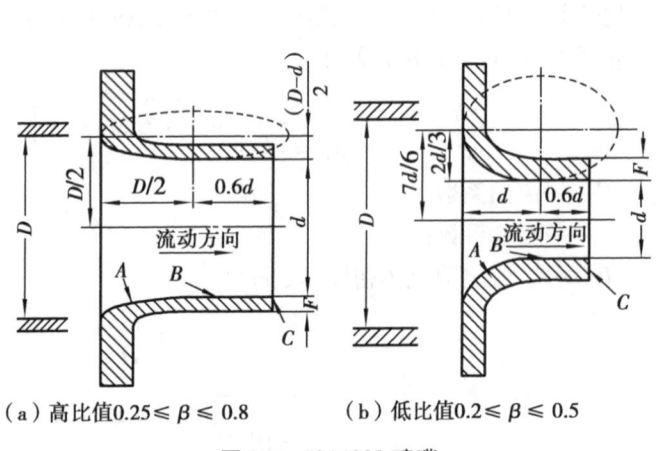

（a）高比值0.25≤β≤0.8　　（b）低比值0.2≤β≤0.5

图 8.4　ISA1932 喷嘴

c.文丘里管。文丘里管有两种标准形式:经典文丘里管与文丘里喷嘴。文丘里管压力损失最低,有较高的测量精度,对流体中的悬浮物不敏感,可用于污脏流体介质的流量测量,在大管径流量测量方面应用得较多。但尺寸大,笨重,加工困难,成本高,一般用在有特殊要求的场合。

（2）节流装置的取压方式

根据节流装置取压口位置可将取压方式分为理论取压、角接取压、法兰取压、径距取压与损失取压 5 种,如图 8.5 所示。

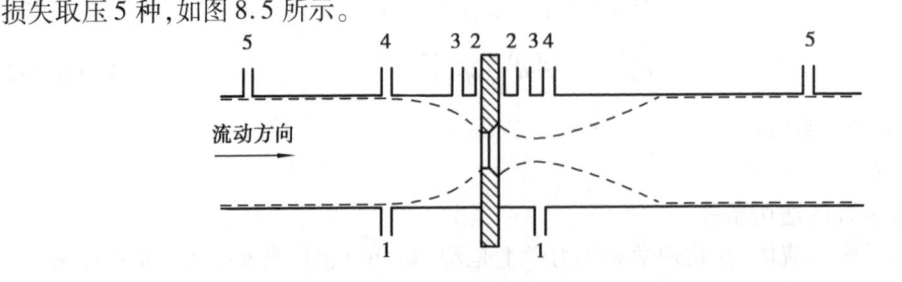

图 8.5　节流装置的取压方式

1—理论取压;2—角接取压;3—法兰取压;4—径距取压;5—损失取压

目前,广泛采用的是角接取压法,其次是法兰取压法,它们的取压装置如图8.6和图8.7所示。角接取压法比较简便,容易实现环室取压,测量精度较高。法兰取压法结构较简单,容易装配,计算也方便,但精度较角接取压法低些。

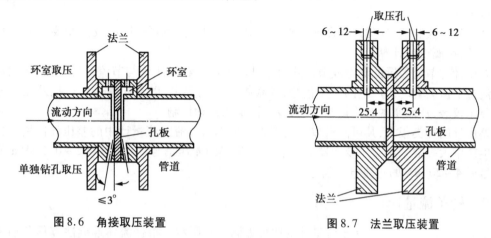

图8.6　角接取压装置　　　　　　　　图8.7　法兰取压装置

测量管道截面应为圆形,节流件及取压装置安装在两圆形直管之间。节流件附近管道的圆度应符合标准中的具体规定。

当现场难以满足直管段的最小长度要求或有扰动源存在时,可考虑在节流件前安装流动整流器,以消除流动的不对称分布和旋转流等情况。安装位置和使用的整流器形式在标准中有具体规定。

非标准节流装置,如图8.8所示。

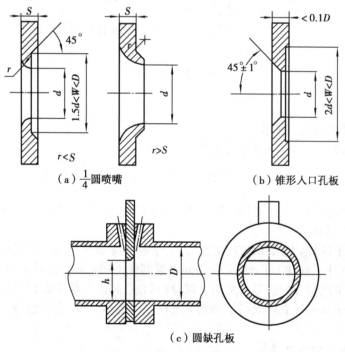

（a）$\frac{1}{4}$圆喷嘴　　　　　（b）锥形入口孔板

（c）圆缺孔板

图8.8　非标准节流装置

（3）标准节流装置的计算

①流量计算:这类计算命题是在管道、节流装置,取压方式,被测流体参数已知的情况下,根据测得的差压值计算被测介质流量,属于校核计算。常用于使用现场,所依据的基本公式是流量公式。

②设计节流装置:这类计算命题是要根据用户提出的已知条件,以及限制要求来设计标准节流装置,属设计计算。

差压计与节流装置配套组成节流式流量计。差压计经导压管与节流装置连接,接收被测流体流过节流装置时所产生的差压信号,并根据生产的要求,以不同信号形式把差压信号传递给显示仪表,从而实现对流量参数的显示、记录和自动控制。

差压计的种类很多,凡可测量差压的仪表均可作为节流式流量计中的差压计使用。目前工业生产中大多数采用差压变送器。它们可将测得的差压信号转换为 0.02 ~ 0.1 MPa 的气压信号或 4 ~ 20 mA 的直流电流信号。

8.3.2 转子流量计

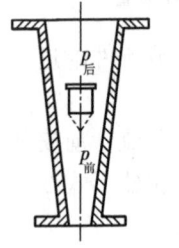

图8.9 转子流量计

转子流量计的原理如图8.9所示。根据流体连续性方程和伯努利方程,转子流量计的体积流量可表示为:

$$q_v = \alpha A_0 \sqrt{\frac{2}{\rho_f} \Delta p} \tag{8.15}$$

式中　α——流量系数;

A_0——转子与锥形管间的环形流通面积,对应于转子高度 h, $A_0 = Ch$, 系数 C 与转子和锥管的几何形状及尺寸有关,m^2;

ρ_f——流体的密度;

Δp——转子前后的压差(Δp 是一常数)。

转子稳定时,有式(8.16)成立:

$$V(\rho_t - \rho_f)g = \Delta p \cdot A \tag{8.16}$$

式中　ρ_t——转子的密度;

V——转子的体积;

A——转子的最大截面积。

将稳定时公式(8.16)代入流量方程式得:

$$q_v = \alpha Ch \sqrt{\frac{2V(\rho_t - \rho_f)g}{\rho_f A}} = \varphi h \sqrt{\frac{2V(\rho_t - \rho_f)g}{\rho_f A}} \tag{8.17}$$

令 $\varphi = \alpha C$(仪表常数)。由式(8.17)可知,浮子的停浮高度 h 与流量 q_v 成对应关系。

（1）转子流量计结构

①玻璃管转子流量计主要由玻璃锥形管、转子和支撑结构组成。转子根据不同的测量范围及不同介质(气体或液体)可分别采用不同材料制成不同形状。流量示值刻在锥形管上。

②金属管转子流量计的锥形管采用金属材料制成,其流量检测原理与玻璃管转子流量计相同。金属管转子流量计有就地指示型和电气信号远传型两种,电气信号远传型工作原理图见图8.10。

（2）转子流量计的刻度换算

转子流量计是一种非通用性仪表,出厂时其刻度需单独标定。仪表厂在工业标准状态

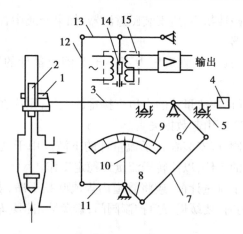

图 8.10 电远传式转子流量计工作原理图

1,2—磁钢;3—杠杆;4—平衡锤;5—阻尼器;

6,7,8—连杆机构;9—标尺;10—指针;

11,12,13—连机机构;14—铁芯;15—差动变压器

下,包括以空气标定测量气体流量的仪表,以及以水标定测量液体流量的仪表。若被测介质不是水或空气,则流量计的指示值与实际流量值之间存在差别,必须对流量指示值按照实际被测介质的密度温度、压力等参数的具体情况进行刻度修正。

液体介质

$$q'_v = q_v \sqrt{\frac{(\rho_f - \rho')\rho}{(\rho_f - \rho)\rho'}} \tag{8.18}$$

式中　q'_v——修正后的体积流量,m^3/s;

　　　ρ_f——被测流体密度,kg/m^3;

　　　ρ——水在工业标准状态下的密度,kg/m^3;

　　　ρ'——水在实测条件下的密度,kg/m^3。

气体介质

$$q'_v = q_v \sqrt{\frac{p'}{p}\frac{T}{T'}} \tag{8.19}$$

式中　p'——实测条件下气体压力,Pa;

　　　p——工业标准状态下气体压力,Pa;

　　　T——实测条件下气体温度,K;

　　　T'——工业标准状态下气体温度,K。

为了能让转子流量计正常工作且能达到一定的测量精度,在安装流量计时要注意以下几点:

①转子流量计最好垂直安装在无振动的管道上。

②为了方便检修和更换流量计、清洗测量管道,安装在工艺管线上的金属管浮子流量计应加装旁路管道和旁路阀。

③转子流量计入口处应有 5 倍管径以上长度的直管段,出口应有 250 mm 直管段。

④如果介质中含有铁磁性物质,应安装磁过滤器;如果介质中含有固体杂质,应考虑在阀门和直管段之间加装过滤器。

⑤当用于气体测量时,应保证管道压力不小于 5 倍流量计的压力损失,以使浮子稳定工作。

⑥测量气体时,如果气体在流量计的出口直接排放大气,则应在仪表的出口安装阀门,否则将会在浮子处产生气压降而引起数据失真。

⑦测控系统中的控制阀,应安装在转子流量计的下游。用于气体测量时,应保证工作压力不小于转子流量计压损的 5 倍,以使转子流量计稳定工作。

⑧安装金属管浮子转子流量计前,应将管道内焊渣吹扫干净;安装时要取出转子流量计中的止动元件;安装后使用时,要缓慢开启控制阀门,避免冲击损坏转子流量计。

8.3.3 靶式流量计

靶式流量计工作原理如图 8.11 所示。它适用于测量高黏度、低雷诺数流体的流量,如用于测量重油、沥青、含固体颗粒的浆液及腐蚀性介质的流量。

$$F = k\frac{\rho}{2}u^2 A_B \qquad (8.20)$$

式中　F——流体对靶的作用力,N;

　　　u——流体流速,m/s;

　　　A_B——靶的受力面积,m^2。

管道直径为 D,靶直径为 d,环隙通道面积为 A,则可求出流体体积流量为:

$$q_v = A_u = \sqrt{\frac{1}{k}\frac{D^2-d^2}{d}}\sqrt{\frac{\pi}{2}}\sqrt{\frac{F}{\rho}} \qquad (8.21)$$

设:

$$\alpha = \sqrt{\frac{1}{k}}\quad \beta = \frac{d}{D}$$

$$q_v = \alpha D\left(\frac{1}{\beta}-\beta\right)\sqrt{\frac{\pi}{2}}\sqrt{\frac{F}{\rho}} \qquad (8.22)$$

8.3.4 毕托管流量计

毕托管流量计工作原理如图 8.12 所示。毕托管是将总压管和静压管组合在一起,能同时测得流体总压和静压之差的复合测压管,用以测量空间某点处的平均速度 $\bar{u}$。根据速度式流量测量方法,依据式(8.23)可求出流体的体积流量。

$$q_v = \bar{u}F \qquad (8.23)$$

式中　$\bar{u}$——管道截面上流体的平均流速,m/s;

　　　F——管道截面积,m^2。

图8.11左侧图示:

靶　杠杆　密封膜片

U

测量管

图 8.11 靶式流量计工作原理图

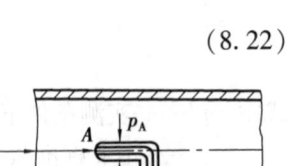
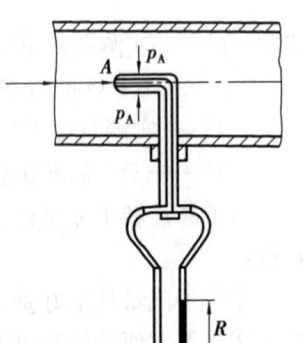

图 8.12 毕托管流量计

8.4　容积式流量计

容积式流量计的工作原理:其本体内的计量腔容积是已知的,流体流动通过流量计过程中,连续充满已知容积的计量腔空间,记录下流体经过计量腔的次数,就可测量出流体的流量。容积式流量计比较准确、可靠。

容积式流量计的主要优点:计量精度高;安装管道条件对计量精度没有影响;可用于高黏度液体的测量;范围度宽;直读式仪表无需外部能源可直接获得累计总量,清晰明了,操作简便。主要缺点:结构复杂,体积庞大;被测介质种类、口径、介质工作状态局限性较大;不适用于高、低温场合;大部分仪表只适用于洁净单相流体;产生噪声及振动。

8.4.1　椭圆齿轮流量计

椭圆齿轮流量计工作原理如图 8.13 所示。由于流体在流量计入出口处的压力 $p_1 \neq p_2$,当 A,B 两轮处于图 8.13(a)所示位置时,A 轮与壳体间构成容积固定的半月形测量室(图中阴影部分),此时进出口差压作用于 B 轮上的合力矩为 0,而在 A 轮上的合力矩不为 0,产生一个旋转力矩,使得 A 轮顺时针方向转动,并带动 B 轮逆时针旋转,测量室内的流体排向出口;当两轮旋转处于图 8.13(b)位置时,两轮均为主动轮;当两轮旋转 90° 处于图 8.13(c)位置时,转子 B 与壳体之间构成测量室,此时,流体作用于 A 轮的合力矩为 0,而作用于 B 轮的合力矩不为 0,B 轮带动 A 轮转动,将测量室内的流体排向出口。

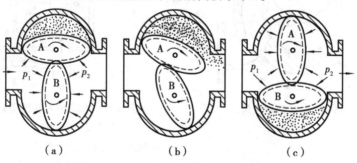

图 8.13　椭圆齿轮流量计工作原理图

当两轮旋转至 180° 时,A,B 两轮重新回到图 8.13(a)位置。如此周期性地主从更换,两椭圆齿轮连续旋转。椭圆齿轮每旋转一周,流量计将排出 4 个半月形(测量室)体积的流体。设测量室的容积为 V,则椭圆齿轮每旋转一周排出的流体体积为 $4V$。只要测量椭圆齿轮的转数 N 和转速 n,就可知道累积流量和单位时间内的流量,即瞬时流量:

$$Q = 4NV \tag{8.24}$$

$$q_{\mathrm{v}} = 4nV \tag{8.25}$$

8.4.2　腰轮流量计

腰轮流量计又称罗茨流量计,其工作原理与椭圆齿轮流量计相同,结构也很相似,只是转子的形状略有不同,如图8.14所示。腰轮流量计的转子是一对不带齿的腰形轮,在转动过程中两腰轮不直接接触而保持微小的间隙,靠套在壳体外的与腰轮同轴上的啮合齿轮驱动。

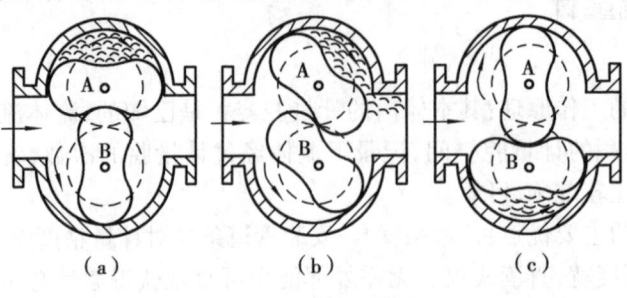

（a）　　　　　　（b）　　　　　　（c）

图8.14　腰轮流量计

8.4.3　凸轮式刮板流量计

凸轮式刮板流量计如图8.15所示。转子在流量计进、出口差压作用下转动,每当相邻两刮板进入计量区时均伸至壳体内壁且只随转子旋转而不滑动,形成具有固定容积的测量室,当离开计量区时,刮板缩入槽内,流体从出口排出,同时后一刮板又与其另一相邻刮板形成测量室。转子旋转1周,排出4份固定体积的流体,由转子的转数就可以求得被测流体的流量。

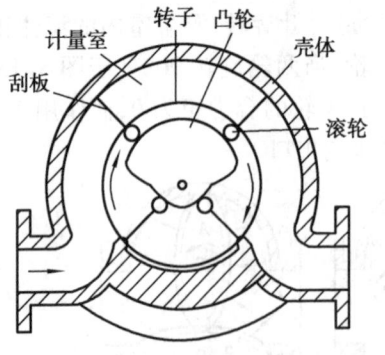

图8.15　凸轮式刮板流量计

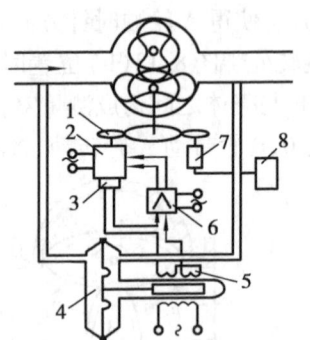

图8.16　伺服式腰轮流量计工作原理图
1—传动齿轮;2—伺服电机;3—反馈测速发电机;
4—微差压变送器;5—差动变压器;6—伺服放大器;
7—直流测速发电机;8—显示记录器

8.4.4　伺服式腰轮流量计

伺服式腰轮流量计工作原理如图8.16所示。在流量计工作时,腰轮由伺服电机通过传动齿轮带动,伺服电机转动的快慢,随流体入出口压力差的大小而改变。导压管将入出口压力引至差压变送器以测量入出口压差的变化,当入出口压差大于0时,差压变送器输出信号经放大后驱动伺服电机带动腰轮加快旋转,使流量计排出较大流量的流体,从而使压差趋近于0。这种近于无压差的流量计,使泄漏量减小到最低限度,因而可以实现小流量的高精度测量,而且测量误差几乎不受流体压力、黏度和密度的影响。

8.4.5 容积式流量计的特点

①在所有的流量传感器中,容积式流量传感器测量精确度高。

②测量范围度较宽,典型的流量范围度为 5:1 到 10:1,特殊的可达 30:1。

③容积式流量传感器的特性一般不受流动状态的影响,也不受雷诺数大小的限制,但易受物性参数的影响。

④安装方便,流量传感器前不需要直管段,这是其他类型的流量传感器不能及的。

⑤可测量高黏度、洁净单相流体的流量测量。测量含有颗粒、脏污物的流体时需安装过滤器,防止仪表被卡住,甚至被损坏。

⑥机械结构较复杂,体积庞大,笨重,一般只适用于中小口径管道。

⑦部分形式的传感器(如椭圆齿轮式、腰轮式、卵轮式、旋转活塞式、往复活塞式等)在测量过程中会产生较大噪声,甚至使管道产生振动。

8.5 质量流量计

流体的体积是流体温度、压力和密度的函数,是一个因变量,而流体的质量是一个不随时间、空间温度、压力的变化而变化的量。常用的流量计中,如孔板流量计、层流质量流量计、涡轮流量计、涡街流量计、电磁流量计、转子流量计、超声波流量计和椭圆齿轮流量计等的流量测量值是流体的体积流量。在科学研究、生产过程控制、质量管理、经济核算和贸易交接等活动中所涉及的流体量一般多为质量。采用上述流量计仅仅测得流体的体积流量往往不能满足人们的要求,通常还需要设法获得流体的质量流量。

质量流量计的测量方法可分为间接测量和直接测量两类。传统质量流量测量方法以间接式为主,在测量流体的温度、压力、密度和体积等参数后,通过修正、换算和补偿等方法间接地得到流体的质量,这种方法又称推导式。间接式测量中间环节多,测量的准确度难以得到保证和提高。随着现代科学技术的发展,相继出现了一些直接测量质量流量的计量方法和装置,从而推动了流量测量技术的进步。直接式测量方法则由检测元件直接检测出流体的质量流量。

1)间接式质量流量计

一般是采用体积流量计和密度计或两个不同类型的体积流量计组合,实现质量流量的测量。常见的组合方式主要有 3 种,如图 8.17—图 8.19 所示。

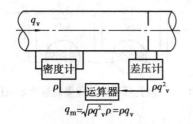

图 8.17 节流式流量计与密度计的组合

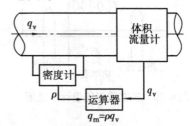

图 8.18 体积流量计与密度计的组合

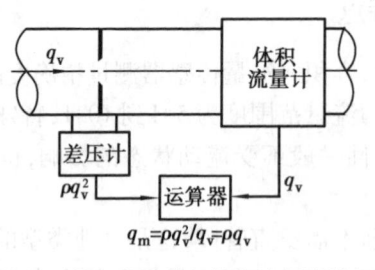

图 8.19　体积流量计与体积流量计的组合

2) 直接式质量流量计

直接式质量流量计的输出信号直接反映质量流量,有许多种形式。

(1) 热式质量流量计

如图 8.20 所示,根据传热规律,有:

$$q_m = \frac{P}{c_p \Delta T} \tag{8.26}$$

式中　q_m——质量流量,kg/s;

$\qquad P$——功率,kW;

$\qquad c_p$——流体的比定压热容,kJ/(kg · ℃);

$\qquad \Delta T$——两点温度差,℃。

(2) 差压式质量流量计

以马格努斯效应为基础,实际应用中利用孔板和定量泵组合实现质量流量测量。这种流量计有双孔板和四孔板与定量泵组合两种结构,如图 8.21 所示。

根据差压式流量测量原理,当 $q > q_v$ 时,孔板 A 和 B 处压差分别为:

$$p_A = p_2 - p_1 = K\rho(q_v - q)^2 \tag{8.27}$$

$$\Delta p_B = p_2 - p_3 = K\rho(q_v + q)^2 \tag{8.28}$$

$$\Delta p_B - \Delta p_A = p_1 - p_3 = 4K\rho q_v q = K_1 \rho q_v \tag{8.29}$$

式中,K 为常数,孔板 A、B 前后的压差与流体质量流量成正比,测出压差便可以求出流体质量流量。

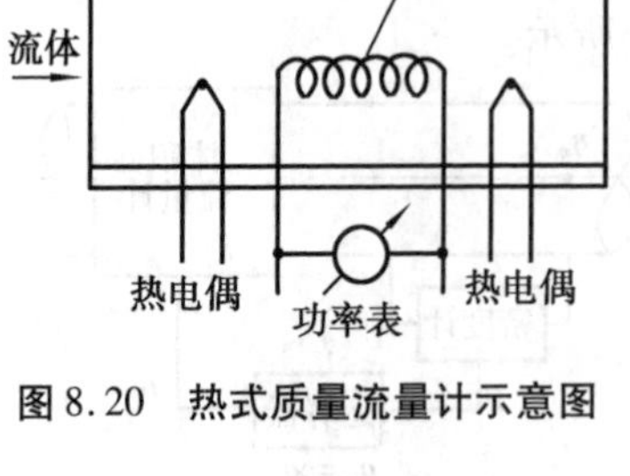

图 8.20　热式质量流量计示意图 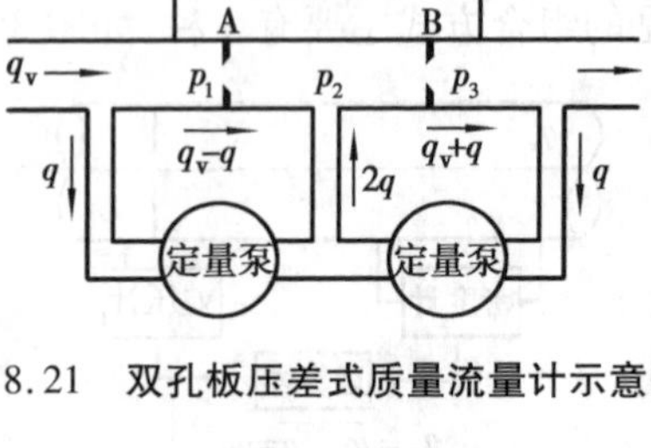　　　　图 8.21　双孔板压差式质量流量计示意图

8.6 涡轮流量计

（1）工作原理与结构

在一定范围内，涡轮的转速与流体的平均流速成正比，通过磁电转换装置将涡轮转速变成电脉冲信号，以推导出被测流体的瞬时流量和累积流量，如图 8.22 所示。

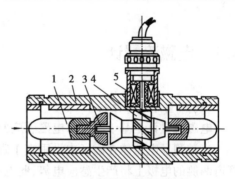

图 8.22　涡轮流量计原理图
1—导流器;2—外壳;3—轴承;
4—涡轮;5—磁电转换器

（2）流量方程

参见图 8.23 和图 8.24，得：

$$u_s = u \tan \theta \qquad u_s = \omega R \tag{8.30}$$

式中　u_s, u——流体平均流速，叶片的切向速度，m/s。

$$n = \frac{\omega}{2\pi} = \frac{u \tan \theta}{2\pi R} \tag{8.31}$$

式中　n——涡轮转速，r/s。

而磁电转换器所产生的脉冲频率：

$$f = nZ = \frac{u \tan \theta}{2\pi R} Z \tag{8.32}$$

式中　Z——涡轮叶片的数目。

体积流量方程：

$$q_v = uA = \frac{2\pi AR}{Z \tan \theta} f = \frac{f}{\gamma} \tag{8.33}$$

式中　γ——单位体积流量通过磁电转换器所输出的脉冲数。

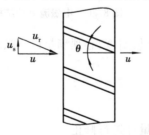

图 8.23　热式质量流量计示意图

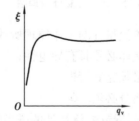

图 8.24　双孔板压差式质量流量计示意图

（3）涡轮流量计的特点和使用方法

涡轮流量计的优点是测量精度高，复现性和稳定性均好；量程范围宽，量程比可达(10 ～ 20):1，刻度线性；耐高压，压力损失小；对流量变化反应迅速，可测脉动流量；抗干扰能力强，信号便于远传及与计算机相连。通常，涡轮流量计主要用于测量精度要求高，流量变化快的场合，还用作标定其他流量的标准仪表。

8.7　电磁流量计

（1）测量原理与结构

电磁流量计是基于法拉第电磁感应原理制成的一种流量计,如图 8.25 所示。

当被测导电流体在磁场中沿垂直于磁力线方向流动而切割磁力线时,在对称安装在流通管道两侧的电极上将产生感应电势,此电势与流速成正比。体积流量方程为:

$$q_v = \frac{1}{4}\pi D^2 u = \frac{\pi D}{4B}E = \frac{E}{k} \tag{8.34}$$

式中　B——磁感应强度,T;

　　　D——管道内径,m;

　　　E——感应电势,V。

电磁流量计的结构如图 8.26 所示。

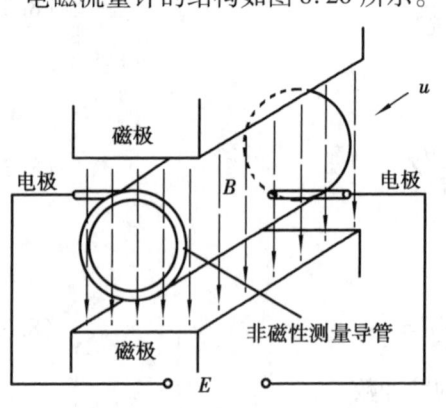

图 8.25　电磁流量计原理图

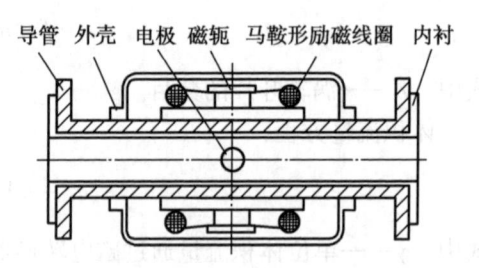

图 8.26　电磁流量计结构图

由于电磁流量计的工作原理所致,为获得满意的测量精度,必须满足以下条件:

①被测流体必须具有导电性;

②液体必须充满管道;

③流体成分必须均匀;

④如果流体导磁,流量计的磁场将改变,必须对流量计进行修正。

（2）电磁流量计的特点

①管内无收缩或突出部件,无压力损失,节能、降耗。

②信号在测量管内磁场区域内形成,并以整个管截面平均值方式出现。因此,通常只需较短的上游侧及下游侧直管段,即传感器前面至电极轴线 5 倍管径,在传感器后面至电极轴线 2 倍管径的直管段。

③由于只有衬里和电极与介质接触,故只要合理选用这两种材料,即可实现对具有脏污和强腐蚀性等的电流体的流量测量。

④原始信号已经是电压信号,它与平均流速成函数关系,故信号转换部分较为简单。

⑤测量与流速分布和其他特性无关。

⑥适应性强,传感器可以长期潜水工作(可选);可以实现双向流体测量。

⑦程比大,至少为10∶1。

电磁流量计的优点是压力损失小,适用于含有颗粒、悬浮物等流体的流量测量;可以用来测量腐蚀性介质的流量;流量测量范围大;流量计的管径小至 1 mm,大至 2 m 以上;测量精度为 0.5 ~ 1.5 级;电磁流量计的输出与流量呈线性关系;反应迅速,可以测量脉动流量。其缺点是:被测介质必须是导电的液体,不能用于气体、蒸汽及石油制品的流量测量;流速测量下限有一定限度;工作压力受到限制;结构比较复杂,成本较高。

8.8　超声波流量计

超声波是一种机械波,具有方向性好,穿透力强,遇到杂质或分界面会产生显著的反射等特点。利用这些物理性质,可把一些非电学量参数转换成声学参数,通过压电元件转换成电量,并通过超声波传感器进行流体流量的测量。

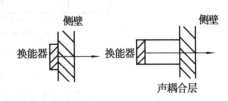

图 8.27　超声波换能器的设置

超声波换能器也称为超声波探头,即超声波传感器。可以利用压电材料的道压电效应制成超声波发射头,利用压电效应制成超声波接收头。由于压电效应的可逆性,在实际使用中,有时用一个换能器兼作发射头和接收头。充当超声波激励源作用的超声波换能器被安装在容器或管道的外侧,它可产生连续的或者是脉冲形式的超声波。最常用的压电效能器频率为 0.5 ~ 10 MHz,一般为圆片状,半径在 10 mm 左右。它们既可以直接贴在壁的外侧,又可以通过声耦合材料与侧壁接触。声耦合材料在极高温度检测时起隔热作用。换能器的安装方法如图 8.27 所示。

实现工业测量的超声波技术方案有若干种,不同的方法适用的场合不一样。用超声波测流量是非接触式测量,对流体不产生附加阻力。常用的方法有时差法、相差法、频差法、声束位移法和多普勒效应法。假设用频差法进行流速和流量的测量,并假设流体充满管道截面流动。超声波换能器 K_1,K_3 发射超声波,分别由 K_2,K_4 接收,其中 K_1 发射的超声波顺流传播,K_3 发射的超声波逆流传播,其传播的时间分别为 t_1,t_2,则:

$$t_1 = \frac{L}{c + u \cos \theta} \tag{8.35}$$

$$t_2 = \frac{L}{c - u \cos \theta} \tag{8.36}$$

式中　L——超声波发射器与接收器端面的距离,m;

　　　u——流速,m/s;

　　　c——超声波波速,m/s;

　　　θ——收、发超声波换能器连线与流向夹角。

在调制器控制下,超声波的发射是间歇地不断重复发射和接收的过程,便形成周期性高

频信号,其频率分别为:

Δf 与 u 成正比,而与 c 无关,从而消除了声速随介质温度变化而造成的测量误差。$Q = Au$,A 为管道截面积。由此可知,通过测量频差转换的电信号,就可测得流速和流量。

超声波测流量的作用原理有传播速度法、多普勒法、波束偏移法、噪声法、相关法、流速－液面法等。下面主要介绍传播速度法和多普勒法两种方法。

1)传播速度法测量原理(图8.28)

①时差法:即测量超声波脉冲顺流和逆流时传播的时间差。流体流速为:

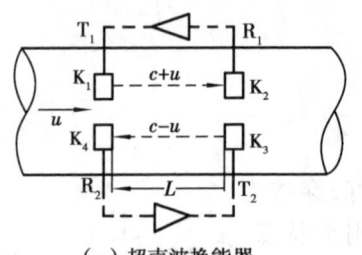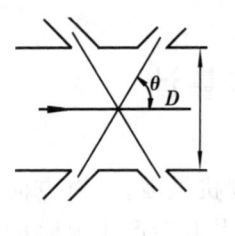

(a)超声波换能器　　　　　　(b)换能器安装位置

图8.28　超声波测速原理图

c—超声波在静止液体中的传播速度;L—超声波发射器
$T_1(T_2)$ 到接收器 $R_1(R_2)$ 之间的距离;u—液体的流动速度

$$\Delta t = t_2 - t_1 = \frac{2Lu}{c^2} \tag{8.37}$$

式中　t_1, t_2——按顺流、逆流方向,超声波到达接收器时间,s。

②相差法:即将上述时间差转换为超声波传播的相位差来测量。超声波换能器向流体连续发射形式为 $s(t) = A \sin(\omega_t + j_0)$ 的超声波脉冲,式中 ω 为超声波的角频率。

$$\Delta \alpha = \alpha_2 - \alpha_1 = \omega \Delta t = 2\pi f \Delta t \tag{8.38}$$

$$u = \frac{c^2}{2\omega L}\Delta \alpha = \frac{c^2}{4\pi f L}\Delta \alpha \tag{8.39}$$

按顺流方向发射时收到的信号相位:

$$\alpha_1 = \omega t_1 + \alpha_0 \tag{8.40}$$

按逆流方向发射时收到的信号相位:

$$\alpha_2 = \omega t_2 + \alpha_0 \tag{8.41}$$

③频差法:即通过测量顺流和逆流时超声脉冲的循环频率之差来测量流量的。

顺流时脉冲循环频率:

$$f_1 = \frac{1}{t_1} = \frac{c + u}{L} \tag{8.42}$$

逆流时脉冲循环频率:

$$f_2 = \frac{1}{t_2} = \frac{c - u}{L} \tag{8.43}$$

脉冲循环频差:

$$\Delta f = f_1 - f_2 = \frac{2u}{L} \tag{8.44}$$

流体流速：

$$u = \frac{L}{2}\Delta f \tag{8.45}$$

层流：

$$u = \frac{4}{3}\bar{u} \tag{8.46}$$

紊流：

$$u = k\bar{u} \tag{8.47}$$

流体的体积流量方程为：

$$q_v = \frac{\pi}{4}D^2\bar{u} = \frac{\pi}{4k}D^2\bar{u} \tag{8.48}$$

2）多普勒法测量原理

根据多普勒效应，当声源和观察者之间有相对运动时，观察者所感受到的声频率将不同于声源所发出的频率。这个频率的变化与二者之间的相对速度成正比。超声多普勒法流量测量原理图如图 8.29 所示。

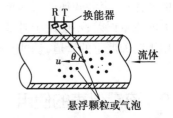

图 8.29　多普勒法流量测量原理图

超声波流量计由超声波换能器、电子线路及流量显示系统组成。超声波换能器通常由锆钛酸铅陶瓷等压电材料制成，通过电致伸缩效应和压电效应，发射和接收超声波。换能器在管道上的配置方式如图 8.30 所示。

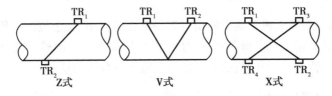

图 8.30　超声波换能器在管道上的配置方式

超声波检测是用途极其广泛的一门技术，它针对的对象可以是气、液、固体。应用超声波测量流速、流量，对流体不产生附加阻力，没有可动部件，精度高，能对那些剧毒、放射性、强腐蚀性介质进行测量，结构简单，安装维护方便。

3）超声波流量传感器的结构和特点

（1）结构

超声波流量传感器的结构主要由安装在测量管道上的超声换能器（或由换能器和测量管组成的超声流量传感器）和转换器组成。转换器在结构上分为固定盘装式和便携式两大类。换能器和转换器之间由专用信号传输电缆连接，在固定测量的场合需在适当的地方装接线盒。夹装式换能器通常还需配有安装夹具和耦合剂。

（2）特点

①超声波换能器可以安装在管道外壁上，不会对管内流体的流动带来影响，实现不接触测量，可以解决其他流量传感器难以测量的强腐蚀性，非导电性、放射性流体的流量测量。

②夹装式换能器的超声波流量传感器可无需停流截管安装，只要在管道外部安装换能器即可。

③超声波流量测量为无流动阻挠测量，无额外压力损失。

④量程范围宽，其范围一般可达 20:1。

⑤根据管道直径设置足够长的直管段。

⑥流量传感器的仪表系数可从实际测量管道及声道等几何尺寸计算求得，即可采用干法标定，除带测量管段式外一般不做实流校验，在无法实现实流校验的情况下，可优先选择超声波流量传感器。

⑦流速沿管道的分布情况会影响测量结果，超声波流量计测得的流速与实际平均流速之间存在一定差异，而且与雷诺数有关，需要进行修正。但是流体的声速是温度的函数，流体的温度变化会引起测量误差，只能用于清洁液体和气体，不能测量悬浮颗粒和气泡超过一定范围的液体；外夹装式换能器的超声波流量传感器不能用于衬里或结垢太厚的管道，否则带来较大的流量误差；不能用于衬里（或锈层）与内管壁剥离的管道，气体会严重衰减超声信号；不能用于锈蚀严重的管道，锈蚀会改变超声传播路径。

8.9 流量仪表的使用

8.9.1 流量测量仪表的合理选用

流量仪表的选型对能否成功测得流量有着很重要的作用，由于被测对象的复杂状况以及仪表品种繁多，产品质量难以掌握等情况，使得仪表的选型感到困难。没有一种十全十美的流量计，都有各自的特点，选型的目的就是选择工程中最合适的仪表。

1）流量仪表选型详细因素

①仪表性能：包括精确度、重复性、线性度、范围度、流量范围，信号输出特性、响应时间，压力损失等。

②流体特性：包括流体、温度、压力、密度、黏度、化学腐蚀，磨蚀性、结垢、堵塞、混相、相变、电导率、声速、导热系数、比热容、等熵指数。

③安装条件：包括管道布置方向、流动方向、检测件上下游侧直管段长度、管道口径，维修空间电源、接地辅助设备（过滤器或消气器）安装、脉动等。

④环境条件：包括环境温度、湿度、电磁干扰、安全性、防爆、管道振动等。

⑤经济因素：包括仪表购置费、安装费、运行费、校验费、维修费，仪表使用寿命、备品备件等。

2)仪表选型的步骤

①从流体种类及以上 5 个方面因素初选可用仪表类型。

②对初选类型进行资料及价格信息的收集,为最后确定做准备。

③采用淘汰法逐步集中到一两种类型,对 5 个方面因素反复比较,最终确定选定目标。

各种流量测量仪的精度、量程和应用特殊要求,见表 8.2。

表 8.2 各种流量测量仪的精度、量程和应用特殊要求

	精度/%	量 程	特殊要求
称重法	0.1	—	缺省为不含气泡和杂质
浮子流量计	3.0~5.0	$0 \sim 10^3$ kg/h	透明液体(金属管可测不透明液体)
孔板(喷嘴)	3.0	适用于较大的流量	—
水 表	2.0	$0 \sim 10^4$ kg/h	—
超声波流量计	1.5	$u:0 \sim 16$ m/s	—
超声波多普勒流量计	2.0~5.0	$5000 \sim 8 \times 10^6$ kg/h	含有气泡或杂质
电磁流量计	0.5	$100 \sim 5 \times 10^6$ kg/h	液体电导率不能过低
涡街流量计	1.0	$300 \sim 2 \times 10^5$ kg/h(一般较大)	—
涡轮流量计	1.0	$100 \sim 5 \times 10^5$ kg/h	—

8.9.2 流量仪表的比较

(1)测量精度

质量流量计、电磁流量计的测量精度均较高,其中精密型流量计可达 0.1 级;而超声波流量计的测量精度相对较低,最高仅可达到 1 级左右。若系统精度要求较高(如计量设备、实验设备),则应优先选用前者。

(2)测量介质的类型

电磁流量计只能检测导电率较高的流体,对导电率较低的流体或气体则不能检测;质量流量计可以检测单一气体或液体,对气—液两相流体则基本不能检测;超声波流量计既可检测单一的气体或流体,也可检测气液两相流体,并可对有腐蚀性或易燃易爆介质进行非接触测量(直接安装在管道外面)。

(3)测量介质的压力

流量计的结构不同,其对被测流体压力的适应能力也不同,电磁流量计只能检测压力在 2 MPa 以下的介质;质量流量计则可检测压力为 10 MPa 左右的介质;对超声波流量计来讲,由于可用作非接触测量(即可夹持在被测管路上),从而能够检测较高压力的介质,最高可达 70 MPa 以上。

(4)环境要求

质量流量计要求测量环境无振动,否则误差可增加 1%~10%;超声波流量计则一般应用

在环境温度为-10～+50 ℃的场所;同时要求测量环境无电磁干扰、振动、并应避免阳光直射,电磁流量计要求测量环境干燥通风、无强电磁干扰等。

(5)安装要求

电磁流量计既可水平安装,也可垂直安装,一般要求在上游处有至少5D的直管段(D为测量管道内径),但要求被测介质必须完全充满测量管路才可;超声波流量计要求其换能器上游必须有至少10D的直管段,下游应有至少5D的直管段。若上游有泵、阀门等元件,则应适当延长直管段的长度。质量流量计受介质流速厂分布的影响较小,因而应用时不需要上游端的直管段。

(6)价格

在满足测量要求的前提下,仪表的价格成为是否选用的决定因素。一般来讲,同种测量规格的流量计以质量流量计价格相对较高,为4万～5万元人民币(国产);电磁流量计、超声波流量计的价格相对低一些,单价在1.5万～2万元人民币。因此,后面两种具有较好的价格优势。

8.10 流量计的校准

目前所应用的流量计,除标准节流装置不必进行实验检定外,其余的流量计出厂时几乎都要进行检定。在流量计使用的过程中,也应经常进行校准。流量计的检定和校准是根据国家计量局颁布的各种流量计的检定规程进行的。

液体流量计的校准方法主要有容积法、质量法、标准体积管法和标准流量计比较法。气体流量计的校准方法主要有音速喷嘴法、伺服式标准流量计比较法和钟罩法。本节仅对液体流量计的校准方法做简要介绍。

(1)容积法

容积法应用最普遍。这是一种计量在测量时间内流入定容容器的流体体积,以求得流量的方法。图8.31为静态容积法水流量检定装置典型结构示意图(检定脉冲输出的流量计,检定其他输出流量计需更换21)。换向器13用来改变流体的流向,使水流入标准容器中(可根据流量大小,选择标准容器15或16),换向器13启动时触发脉冲计数控制仪21,以保证水和脉冲信号计数的同步测量。校准时用泵从贮液容器中抽出的试验流体打到高位水箱中,然后通过被校流量计,若选择标准容器15,则关闭放水阀17,打开放水阀18,并将换向器13置于使水流流向标准容器16的位置。待流量稳定后,启动换向器13,将水流由标准容器16换入标准容器15,同时触发脉冲计数器累计被校准流量计的脉冲数,当达到预定的水量或预置脉冲数时,换向器自动换向,使水流由标准容器15换入标准容器16,从该容器的读数玻璃管的刻度上读出在该段时间内进入标准容器的流体的体积V,记录下脉冲计数控制仪21所显示的被校准流量计的脉冲数N。用校准流量计的脉冲数N与获得的标准体积V比较,确定被标流量计的仪表常数和精度。由频率指示仪20指示流量计的瞬时流量。此法系统精度可达0.2%。

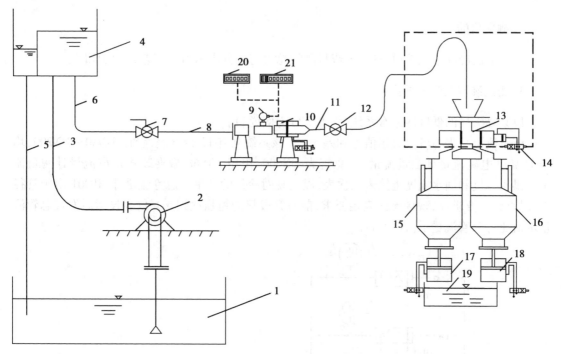

图 8.31 静态容积法水流量校准装置典型结构示意图

1—水池;2—水泵;3—上水管;4—水塔或稳压容器;5—溢流管;6—校准管路;7—截止阀;
8—上游直管段;9—被校准流量计;10—气动夹表器;11—下游直管段;12—流量调节阀;
13—气动换向器;14—气、电转换阀;15、16—标准容器;17、18—气动放水阀;19—回水槽;
20—频率指示仪;21—脉冲计数控制仪

（2）质量法

质量法是一种称量在测量时间内流入容器的流体质量以求得流量的方法。校准时用泵从贮液容器中抽出试验流体通过被校流量计后进入盛液体的容器,在称出重量的同时测定流体的温度,用来确定所测流体在该温度下的密度值。用所测流体的重量除以所测温度下的流体的密度,即可求得流体的体积。将其同仪表的体积示值（累计脉冲数）进行比较,即可确定被校流量计的仪表常数和精度,此法系统精度可达0.1%。

（3）标准体积管法

标准体积管法的工作原理基于容积法（标准容器法）,但它是属于动态测量。

（4）标准流量计比较法

该法是将被校流量计和标准流量计串联接在流过试验流体的管道上,通过比较两者的测量值求出误差。标准流量计的精度要比被校流量计的精度高2~3倍。

8.11 应用实例

1)测量名称

某幢大楼的低区冷媒系统流量测量总表与各分表示值。

2)测量目的

分析造成冷冻水系统(图8.32)流量测量总表与各分表示值之和差5%的原因。

3)测试装置及测量方案

以某幢大楼的低区冷冻水系统(图8.32)为例说明。

流量测量总表与各分表示值之和差5%。该系统共有12台分表,管径DN80~DN200,均用1FM型电磁流量计测量流量,而总管为DN600,采用AT868型夹装式超声流量计测量流量。供水温度和回水温度也接入二次表,以实现对冷量的计量。总管流量计HIQ01由于管径大,对直管段要求高,现场无法满足要求,前直管段只能勉强达到5D,仪表投运后发现总管流量示值比各分管流量示值低5%。

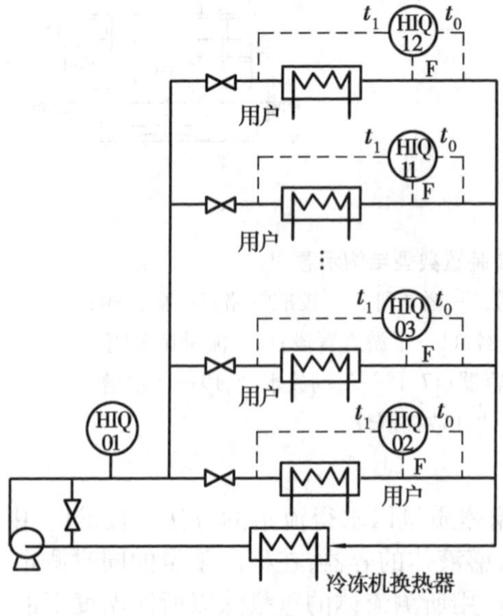

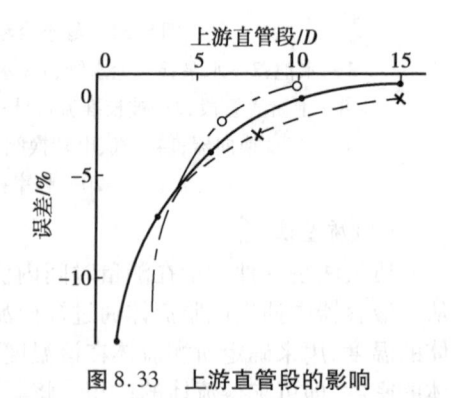

图8.32　低区供冷系统
HIQ—电磁流量计;t_1—供水温度;t_0—回水温度

图8.33　上游直管段的影响

4)测试结果

在做系统误差分析中,工作人员核对了各分表的数据设置和各台表所对应的用户的设备能力,确认流量示值可信。尤其是该型号电磁流量计精确度较高,其基本误差为±0.3%RH。因此,初步判定5%的量差主要是由于总管流量计误差大引起的。

5)数据分析

在分析直管段长度不够对超声流量计示值影响的过程中,富士公司的经验起到了作用,该公司提供的3组曲线(图8.33)都表明夹装式单声道超声流量计在直管段不够长时,示值偏低,在前直管段长度为5D时,示值约偏低5%。从而为总表与分表量差的矛盾找到了答案。

思考题

8.1 流量仪表有哪些主要的技术参数？

8.2 简述差压式流量计的工作原理。

8.3 根据节流装置取压口位置可将取压方式分为哪几种？

8.4 试简述电磁流量计的工作原理及特点。

8.5 简述转子流量计的工作原理、特点及使用中应注意的主要问题。

8.6 简述孔板流量计的工作原理，并定性画出孔板前后管壁的静压分布图。

8.7 用标准节流装置进行流量测量时，流体必须满足哪些条件？

8.8 请简要分析基本流量方程中的流束膨胀系数 ε 和流量系数 α 的特性。

8.9 流体流经节流装置时，压力损失大概是多少？

8.10 安装差压计的引压导有什么要求？

8.11 有一用隔离液测量的差压变送器，负压管在运行中由于隔离液漏完而充满残油介质，设孔板取压点到差压变送器正负压室的垂直距离为 1.5 m 残油密度 $\rho_{残}=0.885$ t/m³，隔离液甘油的密度 $\rho_{甘}=1.26$ t/m³，仪表的测量范围 $\Delta P_{max}=4000$ Pa，对应的最大流量 $M_{max}=40$ t/h，试问由于负压管漏而引起的测量误差为多少？

8.12 试写出靶式流量计的流量计算公式，它的流量系数是如何决定的？

8.13 某套节流装置蒸汽流量计，原设计蒸汽压力为 2.9 MPa，温度为 400 ℃。实际使用中，被测处蒸汽压力为 2.84 MPa（温度不变），当流量计指示为 102 t/h 时，真正的流量是多少？

8.14 大管道流量测量可采用哪些流量计？微小流量测量可选用哪些流量计？

8.15 涡轮流量计由哪几部分组成？各部分的作用是什么？写出涡轮流量变送器的主要技术指标。

8.16 涡轮流量变送器的仪表常数是制造厂用洁净的水标定出来的，但如果现场被测介质不是水，则仪表的精度会不会下降？

8.17 容积式流量计安装和使用时，应注意什么？

8.18 试述超声波流量计的工作原理及特点。

9

热量测量

学习目标:
1. 了解热量测量的主要方法及常用仪表;
2. 掌握热流计的分类和主要使用场合;
3. 了解蒸汽热量指示积算仪的工作原理;
4. 了解热阻式热流计、热水热量测量仪表的校正方法。

9.1 概 述

热能是一种基本的能量形式,而传热是一种普遍存在的自然现象,凡是有温差存在的地方,就有热传递。在热能利用过程中,人们利用各种方式控制传热强度(热流量)或方向,以便提高能量的利用效率和效果。如通过设置保温结构减少无谓的热量损失;通过改变热媒的热物理特性参数,增大管道系统输送热量的能力。

对热量传递的控制需要以热流量的测量值为依据,热流计是测量热流的仪器,目前大量应用在建筑采暖、空调等热力过程的能耗检测与热能设施的安全保护检测中。按照测量原理和方法,热流计分为3类:热阻式热流计,辐射式热流计,热量表。

热阻式热流计是利用导热的傅里叶原理,通过测量传感器两侧的温差,结合传感器自身的热阻,计算通过传感器的导热热流,再根据热平衡原理,以该热流代替通过被测物体的导热强度。其主要用于测量通过设备、管道、建筑围护结构等壁体的导热量。

辐射式热流计是利用辐射换热中的斯蒂芬-波尔兹曼原理,传感器与被测物体进行辐射换热而发生温度变化,通过测量传感器的温度值来计算被测物体的辐射热量。其主要用于测量高温物体表面的辐射换热量。

热量表则是利用热力学焓差原理,通过测量单位时间进入设备或管道的流体流量和温度

· 166 ·

来计算进入设备或管道的热量,或者通过测量单位时间流过设备或管道的流量及进出设备和管道的流体温差来计算设备或管道消耗热量。其主要用于计量流过管道、设备的流体热量。

9.2 热阻式热流计

热阻式热流计由传感器和显示仪表构成。传感器是一个长度与宽度远大于其厚度的平板状导热体,其导热过程可以近似为温度沿厚度方向变化的一维稳态导热,当热流通过传感器时,传感器热阻层上产生温度梯度,根据傅里叶定律可以得到通过热流传感器的热流密度:

$$q = -\lambda \frac{\partial t}{\partial x} = -\lambda \frac{\Delta t}{\delta} \tag{9.1}$$

式中 λ——热流传感器材料的导热系数,W/(m·℃);

$\frac{\partial t}{\partial x}$——垂直于等温面方向的温度梯度,℃;

Δt——两等温面的温差,℃;

δ——导热平板厚度,m。

传感器将温差信号转换成电信号,并根据传感器的材料导热特性,计算出流经传感器的热流,并经显示仪表显示出来。当传感器相对于传热壁体很薄时,通过传感器的导热量可以认为等于被测表面的热流量,从而实现壁面传热量的测量。

如果热流传感器材料和几何尺寸确定,即 λ 和 δ 确定,则只需要测出热流传感器两侧的温差,即可得到热流密度。传感器两等温面的温差 Δt,可通过热电偶热电阻等测量。

当采用热电偶测量时,若所测温度在被测温度变化范围以内,热电势与温度呈线性关系:

$$E = C'\Delta t \tag{9.2}$$

式中 E——热电势,mV;

C'——热电偶温度系数。

将式(9.2)代入式(9.1),得到通过热流传感器的热流密度为:

$$q = \frac{\lambda E}{\delta C'} = CE \tag{9.3}$$

式中,$C = \frac{\lambda}{\delta C'}$ 为测头系数,W/(m²·mV),其物理意义为当热流传感器有单位热电势输出时,垂直通过它的热流密度。测头系数由传感器的几何尺寸、导热系数和热电偶的热电特性决定。当热电偶选定后,传感器 λ 越小,δ 越大时,C 值就越小,这种传感器称为高热阻型热流传感器;反之,称为低热阻型热流传感器。高热阻型热流传感器测量精度较高,易于反映出小热流值,但因其热阻和热惯性大,故由此形成的传感器附加热阻误差和时间延迟误差也增大。因此,高热阻型热流传感器适用于测量被测物体自身热阻较大的稳定传热热流。而低热阻型热流传感器热阻和热惯性小,反应灵敏,适合于动态热流测量,但由于传感器两侧温差小,热电偶的测温误差会带来较大的热流测量误差。

由于单个热电偶是单点测量,不能反映整个传感器两侧表面温差,而且形成的热电势很小,故在传感器上将若干个热电偶串联起来形成热电堆片(图9.1)。由于串联热电偶的总热电势等于各串联分电势之和,即使被测热流很小,热电堆也能将传感器两面的小温差转换成足够大的热电势,以利于显示出热流量的数值,并达到一定的精度。

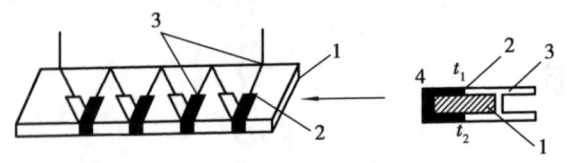

图9.1　热电堆片
1—基板;2—热电偶接点;3,4—热电极连线

传感器两侧的温差也可以用热电阻测量,这种传感器称为热电阻热流传感器。如图9.2所示,2个置于传感器两侧的热电阻(或热敏电阻)接在差动电桥上,热流通过热阻层时,在热阻层两侧形成温差,此温差引起2个热电阻阻值变化,在电桥上形成差动电势,根据此电势可计算出通过传感器的热流密度。

各种热流计的传感器都有一定的使用条件. 测量时,应根据被测物表面的温度、可能的热流密度范围及精度要求选用传感器。目前,常用的热阻式热流计的热流传感器有 WYP 型硬平板式测头和 WYR 型可挠式测头两种,前者测头尺寸为 110 mm× 110 mm× 2.5 mm,测头系数为 11.6 W/(m^2·mV),主要用于测量平壁面热流;后者侧头尺寸为 110 mm ×55 mm ×4 mm,测头系数为 116 W/(m^2·mV),安装曲率半径≥50 mm,主要用于测量管道等弯曲表面的热流。两种测头的使用温度范围都在 100 ℃ 以下,标定误差≤5% 。

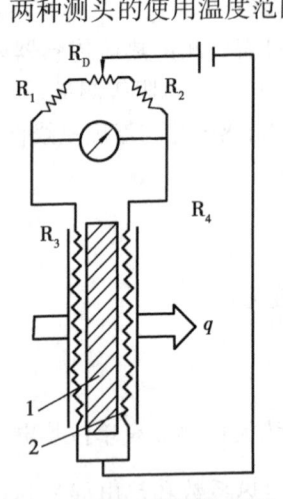

图9.2　热电阻热流传感器
1—热阻层;2—薄膜热电阻

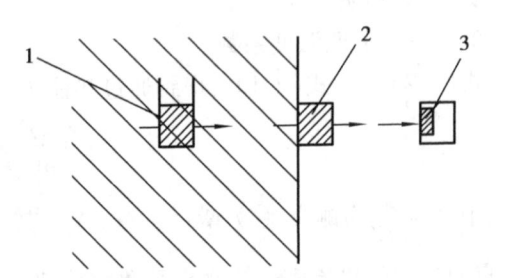

图9.3　热流传感器的安装方式
1—埋入式;2—表面粘贴式;3—空间辐射式

热流传感器的常用安装方法以埋入式和表面粘贴式为主,此外也有采用空间辐射式的安装方法(图9.3)。

热阻式热流计的误差与热流传感器热阻,热流传感器的响应时间和使用环境有关。

1)热流传感器的热阻的影响

无论采用埋入式还是粘贴式安装方式,都在原有结构热阻层中引入了传感器,均会改变被测结构原有的热阻值,造成测量时被测结构传热状态不同于原来的状态,形成测量误差。从图9.4可以看出,若原来的结构是一维传热,未安装热流传感器时,等温面与被测热阻层壁面平行,不发生扭曲;而安装时,原有的等温面发生了扭曲,在传感器附近变成了三维传热,从而改变了原有的传热状态。当被测热阻层导热系数与热流传感器材料导热系数相差不大时,或者热流传感器的厚度相对被测热阻层厚度很小,用一维传热的计算方法来估计测量误差是相当准确的。

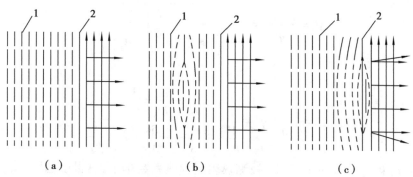

（a）　　　　　　　　　（b）　　　　　　　　　（c）

图9.4　热流传感器对被测温度场的影响

（a）原有的温度场;（b）埋入热流传感器后的温度场;（c）粘贴热流传感器后的温度场

1—被测热阻层;2—对流空气层

未安装热流传感器时,通过热阻层的热流密度为:

$$q = \frac{t_1 - t_2}{\dfrac{1}{h_1} + \dfrac{\delta}{\lambda} + \dfrac{1}{h_2}} \tag{9.4}$$

式中　t_1,t_2——热阻层两侧的温度,K;

h_1,h_2——热阻层两侧的对流表面传热系数,W/(m²·k);

λ——热阻层的导热系数,W/(m²·k);

δ——热阻层的厚度,m。

安装热流传感器后,一方面会因热流传感器造成导热系数及厚度改变产生误差,另一方面会在热流传感器与被测热阻层之间产生一定的接触热阻,通过热阻层热流密度变为:

粘贴式

$$q' = \frac{t_1 - t_2}{\dfrac{1}{h_1} + \dfrac{\delta}{\lambda} + \dfrac{\delta'}{\lambda'} + R + \dfrac{1}{h_2}} \tag{9.5}$$

埋入式

$$q'' = \frac{t_1 - t_2}{\dfrac{1}{h_1} + \dfrac{\delta - \delta'}{\lambda} + \dfrac{\delta'}{\lambda'} + R + \dfrac{1}{h_2}} \tag{9.6}$$

式中　λ'——热流传感器的导热系数,W/(m²·k);

δ'——热流传感器的厚度,m;

R——接触热阻,m²·k/W;

q'——粘贴式安装热流传感器时通过热阻层的热流密度，W/m^2；

q''——埋入式安装热流传感器时通过热阻层的热流密度，W/m^2。

因此，热流传感器造成的测量相对误差为：

粘贴式

$$\Delta' = \frac{q - q'}{q} = 1 - \frac{\dfrac{1}{h_1} + \dfrac{\delta}{\lambda} + \dfrac{1}{h_2}}{\dfrac{1}{h_1} + \dfrac{\delta}{\lambda} + \dfrac{\delta'}{\lambda'} + R + \dfrac{1}{h_2}} \tag{9.7}$$

埋入式

$$\Delta'' = \frac{q - q''}{q} q'' = \frac{\dfrac{1}{h_1} + \dfrac{\delta}{\lambda} + \dfrac{1}{h_2}}{\dfrac{1}{h_1} + \dfrac{\delta - \delta'}{\lambda} + \dfrac{\delta'}{\lambda'} + R + \dfrac{1}{h_2}} \tag{9.8}$$

由式(9.7)和式(9.8)可以看出，被测热阻层导热系数越小、热阻层越厚，安装热流传感器时热阻引起的误差越小；在其他测量条件完全相同的情况下，埋入式比粘贴式安装热流传感器引起的误差小一些。

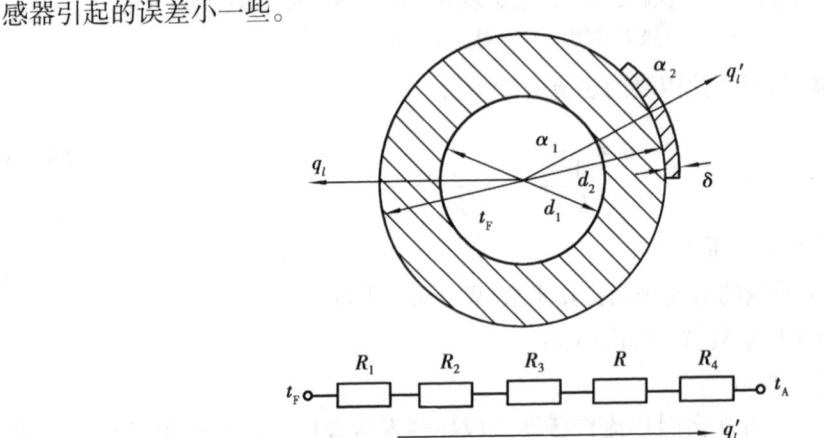

图 9.5　圆筒壁热阻

R_1—圆筒壁内侧对流热阻；R_2—圆筒壁热阻；R_3—接触热阻；

R—热流传感器热阻；R_4—圆筒壁外侧对流热阻

圆筒壁热阻层的热流测量也有类似的情况，见图9.5。粘贴热流传感器前后通过热阻层的单位长度热流密度分别为：

$$q_1 = \frac{\pi(t_F - t_A)}{\dfrac{1}{h_1 d_1} + \dfrac{1}{2\lambda}\ln\dfrac{d_2}{d_1} + \dfrac{1}{h_2 d_2}} \tag{9.9}$$

$$q_1' = \frac{\pi(t_F - t_A)}{\dfrac{1}{h_1 d_1} + \dfrac{1}{2\lambda}\ln\dfrac{d_2}{d_1} + \dfrac{1}{2\lambda'}\ln\dfrac{d_2 + 2\delta}{d_1} + R + \dfrac{1}{h_2(d_2 + 2\delta)}} \tag{9.10}$$

式中 t_F, t_A——热阻层内外介质温度,K;

  d_1, d_2——圆筒壁热阻层内外直径,m;

  q_1, q_1'——粘贴热流传感器前后通过热阻层的单位长度热流密度,W/m;

  δ——热流传感器的厚度,m。

粘贴热流传感器后引起的单位长度热流密度相对误差为:

$$\Delta_L = 1 - \frac{\dfrac{1}{h_1 d_1} + \dfrac{1}{2\lambda}\ln\dfrac{d_2}{d_1} + \dfrac{1}{h_2 d_2}}{\dfrac{1}{h_1 d_1} + \dfrac{1}{2\lambda}\ln\dfrac{d_2}{d_1} + \dfrac{1}{2\lambda'}\ln\dfrac{d_2 + 2\delta}{d_1} + R' + \dfrac{1}{h_2(d_2 + 2\delta)}} \tag{9.11}$$

2)热流传感器的响应时间

对于埋入式安装的热流传感器,传感器置于被测结构内,测量过程可以看成是稳定过程,不存在响应时间的问题。对于粘贴式安装的热流传感器来说,传感器是在测量时才安装上去的,这样就破坏了原来壁面的传热情况,传感器和被测热阻层都要经过一个热量传递的过渡过程后才能达到稳定。所以,采用粘贴式安装的热流传感器测量热流密度时,必须在热量传递的过渡过程结束后才能读数。在测量条件不变的情况下,待仪表指示值稳定后再读数。对于容量较大的结构,达到传热稳定状态的响应时间更长,需要经过较长时间才能读数。

3)对流和辐射引起的误差

由以上各误差分析式可以看出,表面换热系数的变化也会引起一定的误差,采用粘贴式安装的热流传感器测量热流密度时,由于热流传感器的表面特性与原来的结构表面特性不一致,必然造成表面换热状态的变化。表面换热包括对流换热和辐射换热两部分。但一般情况下,由于对流换热热阻远小于结构层热阻,因此对流换热系数改变引起的测量误差很小。

辐射对测量过程的影响主要是由于热流传感器与被测表面的辐射系数的差别造成的。尤其是当保温管道或其他壁体具有光洁的表面时,热流传感器表面材料的黑度明显大于被测结构表面,会引起较大的辐射换热误差:

$$\Delta_R = q_1 - q_2 = (\varepsilon_1 - \varepsilon_2)\sigma_0(T_1^4 - T_2^4) \tag{9.12}$$

式中 q_1, q_2——贴热传感前、后保温工程表面以辐射形式散出的热流密度,W/m^2;

  T_1, T_2——保温层内壁温度及外部空气温度,K;

  $\varepsilon_1, \varepsilon_2$——被测表面与热流传感器表面的温度;

  σ_0——黑体辐射系数,为 5.7×10^{-8} W/(m$^2 \cdot$ K^4)。

在测试外保温设备热流密度时,由于阳光辐射的变化,将会引起更复杂的变化,对此必须充分注意。

9.3 辐射式热流计

辐射式热流计是热能辐射转移过程的量化检测仪器,是用于测量热辐射过程中热辐射迁移量的大小、评价热辐射性能的重要工具。

辐射式热流计根据热辐射电磁波的波长可以分为:总(总辐射+对流)热流计、红外热辐射计,总(红外+可见光)辐射计,阳光辐射强度计等;根据环境温度可以分为:低温热辐射计,高温热辐射计(如火焰量热计最高可达 1900 ℃)。

辐射式热流计由辐射热流传感器、显示仪表及连接导线组成。显示仪表可以是数字电压表,也可以是数据记录仪或数据采集系统。辐射热流传感器是热流传感器(热通量传感器)的一个分类。传统的辐射热流传感器包括圆箔式(Gardon)、塞式(Schmidt Boelter)、2π 式等热辐射传感器。最新型的热辐射传感器是薄膜式热辐射传感器。塞式和 2π 式等热辐射传感器正在逐渐被由快速响应型薄膜热辐射传感器所取代。

热流计的显示仪表从最初的毫伏计、数字电压表也已经发展到目前常用的高精度数据记录仪和数据采集系统。

9.3.1 纯辐射热流计

1)2π 式热流计

图 9.6 为 2π 式热流计的原理示意图,这是一种为了测量从立方角为 2π 球面度投射出的辐射热流量设计的辐射式热流计。2π 式热流计的探头用水冷不锈钢制成。不锈钢探头前端有椭球形空腔,腔内有一小孔,小孔对面安装检测器,全部辐射热通过小孔,经过一次、最多两次反射,到达检测器上。在 2π 式热流计的检测器上装有一根杆,杆前后两端焊有康铜线,形成温差热电偶。当检测器吸收辐射热升温后,热量将沿杆传递,在两热偶焊接点间形成温度梯度,此温差热电偶的输出的电压信号与从辐射孔进入的辐射热流量存在函数关系。同时,在 2π 式热流计使用时,为了清除对流换热的影响,避免高温气体进入腔内,会利用少量氮气吹扫内腔。

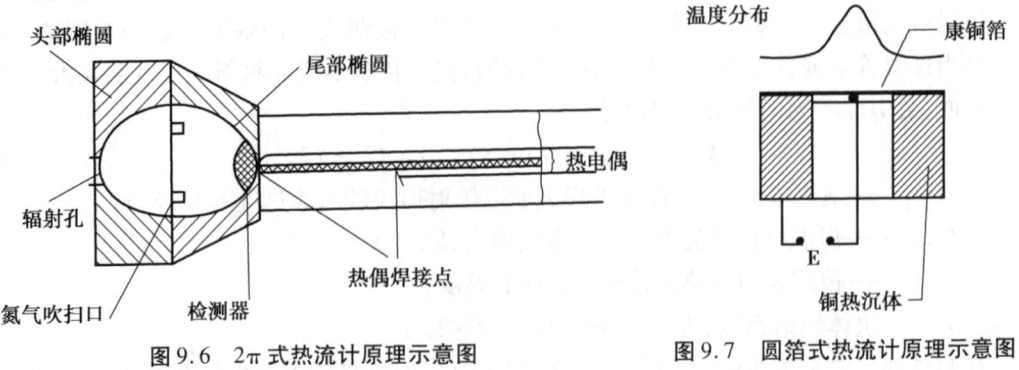

图 9.6　2π 式热流计原理示意图　　　图 9.7　圆箔式热流计原理示意图

2)圆箔式热流计

图 9.7 为圆箔式热流计原理示意图。康铜箔焊到空心圆柱体的铜热沉体上,一条铜引线焊到康铜箔中心,这样就得到一个由铜引线—康铜箔—铜热沉体组成的差分热电偶对热电堆。焊在康铜箔中心的铜引线与焊在铜热沉体上的铜引线构成热电堆的输出。圆箔式热流计具有热惯性小,稳定性好的优点。

当热辐射投射到圆的康铜箔的涂黑(高吸收率)表面上,这个辐射热使康铜箔的温度升高。且沿着康铜箔的径向传到铜热沉体上,并通过热沉体耗散到周围环境中去。当处于某一瞬时热平衡,由于热量沿康铜箔径向流动(忽略中心线下的热损失),康铜箔中心的温度 T_0 高于它周径上的温度 T_s。这个温度差很容易被由铜引线—康铜箔、康铜箔—铜热沉体构成的差分热电偶检测并输出与之对应的电压信号。这个电压信号可以很容易地与投射在康铜箔上的辐射通量 q 建立起函数关系且经过标定,就可进行热流测量。

辐射通量 q 与热电偶输出 $E(\text{mV})$ 之间关系为:

$$\frac{E}{q} = 0.04378\frac{R^2}{\delta}$$

(9.13)

$$T_0 = 3.7R^2$$

式中 R——箔片半径,mm;

δ——箔片厚度,mm;

T_0——时间常数。

实际使用时可做成如图9.8所示的结构(为防止高温燃气对流换热对接收热流康铜板的影响,前面装单晶硅片)。

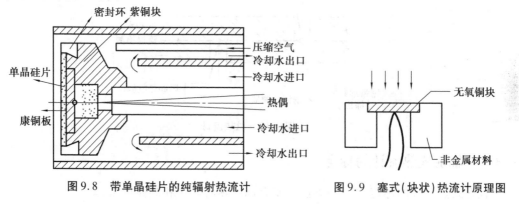

图9.8 带单晶硅片的纯辐射热流计   图9.9 塞式(块状)热流计原理图

3)塞式(块状)热流计

塞式(块状)热流计是一种瞬态热流计,具有响应快的优点,最短响应时间可达到毫秒量级,但不能用于热流随时间变化的过程测量。塞式(块状)热流计由已知质量的金属盘(块)和绝热支座组成,金属块背面有一热电偶,测量金属块温度变化。塞式(块状)热流计可用于任何形式的传热热量测量,当其作为辐射热量的热流计用时,会在表面涂上高吸收率的涂层。

理论上,只要知道金属的比热、质量,无需单独标定。但实际应用时,金属块与周围不能很好绝热,会对测量结果产生较大误差。

塞式(块状)热流计原理图见9.9,热流沿铜块厚度方向传输:

$$\frac{\partial T}{\alpha\partial\tau} = \frac{\partial^2 T}{\partial x^2}$$

初始条件:

$$\tau = 0, T = T_0$$

边界条件:

$$x = 0, \lambda \frac{\partial T}{\partial x} = -q$$

$$x = \delta, \lambda \frac{\partial T}{\partial x} = 0$$

根据上式可求得解为:

$$q = \rho C \delta \frac{dT}{d\tau}$$

9.3.2 总热流计

总热流计是一种接受辐射测量对流换热和辐射换热之和的热流计,其结构示意图如图9.10所示。通常通过总热流与辐射热流的差值计算对流辐射换热量。热流计检测器装在水冷不锈钢探头的前端面,前端面表面开同心圆锯齿槽,涂成黑色,可更好吸收辐射热流。检测器为圆柱形,后面及旁边为水冷。热流沿检测器长度方向形成温度梯度。检测器外面用圆筒防护套隔热。沿检测器中心线前后安装两个热电偶,其热电势是检测器上总热流量的函数。

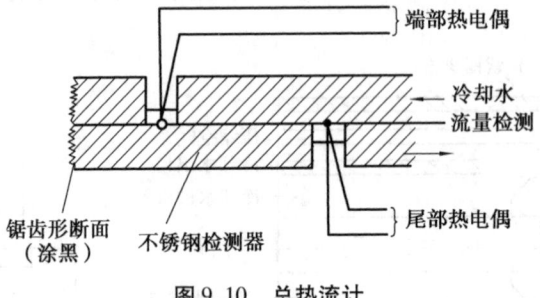

图9.10 总热流计

9.3.3 辐射式热流计的标定

辐射式热流计的标定(校准)方法主要有标准热流计法和黑体炉法。

1)标准热流计法

标准热流计与被标定的辐射热流计同时置于稳定的辐射源下,进行比较。标准热流计采用银板制作,通过测量其单向受热时的温升速率确定入射基准热流。标准热流计法示意图如图9.11所示。

2)黑体炉法

用黑体炉作标准热源标定辐射热流计。对于装有单晶硅片的纯辐射热流计,应考虑其透过率为50%左右的大小而加以修正。也可使用黑体炉对标准热流计进行分度,分度方法如图9.12所示。

辐射热计在使用一段时间后(通常是一年左右),应该进行必要的重新校准,以确保其测量的准确性。校准辐射热计应该对其热辐射传感器和显示仪表分别予以单独的校准。

校准前需进行以下检查:

①辐射热计应无影响计量性能的电气及机械故障和损伤。

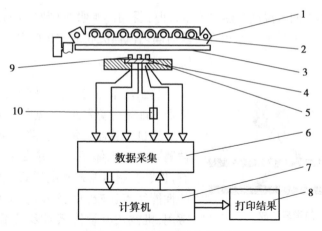

图 9.11　标准热流计法示意图

1—水冷罩;2—石英灯组;3—电动快门;4—升降夹具;5—标准计;

6—数据采集单元;7—计算机;8—打印机;9—二次标准;10—冷端补偿器

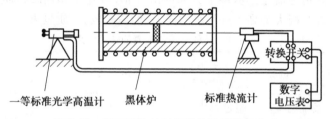

图 9.12　使用黑体炉对标准热流计进行分度

②辐射热计探头的接收面应保持清洁、干燥、均匀,没有变色、起泡和脱落现象。

③辐射热计的显示单元如是指针式的,应当标尺清晰,不能有卡针现象,换挡开关转动灵活,接触良好,分挡指示正确;显示单元如是数字式的,应当采样正常,数字显示清晰正确。

④检查仪器是否产生零点漂移,可盖上辐射热计探头的保护盖,调节辐射热计的示值为零,连续观察 5 min,记录相对于满量程的最大漂移量。

9.4　热水热量指示积算仪

热水吸收或放出的热量,与热水流量和供回水焓差有关。它们之间的关系为:

$$Q = \rho q_v (i_1 - i_2) \tag{9.14}$$

式中　ρ——流体的密度,kg/m³;

　　　Q——流体吸收或放出的热量,W;

　　　q_v——通过流体的体积流量,m³/s;

　　　i_1, i_2——流进、流出流体的比焓,J/kg。

$$i = c_p t \tag{9.15}$$

当流体 i_1, i_2 对应的温差不大时,其定压比热近似相等,可视为常数,故:

$$Q = \rho q_v C_p (i_1 - i_2) \tag{9.16}$$

因此,只要测得供回水温度和热水流量,即可得到热水吸收(放出)的热量。若利用积算仪将式(9.15)对时间积分,则可获得在一段时间内流体吸收或放出的总热量:

$$\sum Q = \int \rho q_v C_p (i_1 - i_2) d\tau \tag{9.17}$$

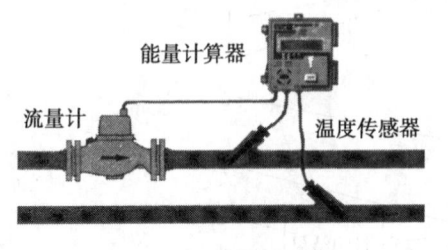

能量计算器

流量计　　温度传感器

图 9.13　热量表组成

热水热量测量仪表(热量表)由流量计、温度传感器和能量计算器组成,见图9.13。

流量传感器安装在管路系统上,用于计量流过被测系统的水体积流量并发出流量信号。其主要有机械式、超声波式和电磁式 3 种。这几种热量表的性能特点比较,见表9.1。工程上以机械式最为常用,机械式流量传感器多采用叶轮流量计,其按流束的形式可分单流束式和多流束式两种。单流束式流量传感器体积小,质量轻,但由于流量仅从一个方向冲击叶轮,对叶轮和轴的材质要求较高,同时由于其腔体较小,对热水的水质要求较高。多流束式传感器流量从多个方向冲击叶轮,对叶轮和轴的材质要求相对较低,其腔体较大,内置过滤网,极大提高了抗污水的能力,但体积较大,质量重。

表 9.1　几种常用热量表的性能特点

流量范围 热量表类型	机械式	超声波式	电磁式
流量范围	当系统流量经常超过热量表公称流量时,表有机械损伤的危险;口径大时易导致在小流量工况下计量不准	在大流量测量时,不存在机械损伤问题,可按表的最大流量进行选型,小流量时精度高	在大流量时不存在机械损伤问题,可按表的最大流量进行选型,小流量时精度高
非均匀流场(旋涡流)干扰	保证热量表前后直管段的距离,尽量减少此干扰	单通道式传感器对此干扰较敏感,要求很长的表前后直管段(表前 20～30 倍表公称直径,表后 10 倍)。U 形测量管式影响很小	表前后直管段分别不小于表公称直径 10 倍和 5 倍。严格保证密封垫不得突入管道内,口径缩小 1 mm会引起1%的测量误差
脉动干扰	如果脉动流的频率与叶轮片的临界频率相同,则会引起10%的误差	无明显影响	影响非常大
气泡	气泡对测量准确度带来极大的干扰,安装上要求设置排气装置	气泡对测量准确度带来极大的干扰,安装上要求有排气装置	气泡对测量准确度带来极大干扰,安装上要求有排气装置
铁锈水	铁锈含量高对磁连接带来很大影响并引起测量误差	无明显影响	铁锈含量会引起测量误差,含量应小于1.1 mg/kg

流量范围 热量表类型	机械式	超声波式	电磁式
电导率	无影响	无影响	与介质的电导率关系很大,传感器应在相应介质下进行流量测量准确度的检定
污　染	有影响,测量误差的大小完全取决于污染程度的大小	污染会减弱超声波的信号强度,但不会引起测量误差,测量区腔体内存结垢会大大影响测量精度	流量越大受污染的影响就越小,电极应处于水平安装状态以避免油沫或固体杂质对测量电极的损坏
介质温度	应对传感器适用的温度范围进行检定	无明确影响	热水的电导率受温度的影响很大,影响测量准确度
电磁干扰	原则上不受影响,但对分体式表来讲传输给积分仪的信号会受到强电磁场的干扰	原则上不受影响,如果在测量管与电子部分之间有信号线的话,应与电源线电机等类似干扰源分离	对电和电磁干扰十分敏感,信号线不应采用绕圈的方式缩短,并远离干扰源

从外观结构上分,热量表有两种形式:一种是一体式热量表,组成该表的能量计算器、流量传感器和温度传感器全部或部分组成不可分开的整体;另一种为组合式热量表,组成该表的计算器、流量传感器和温度传感器相互独立。前者安装简单,但当管道密集或管道设在管井中时,读数不方便,后者安装稍复杂,但计算器设置灵活,读数方便。

由于热水热量指示积算仪多采用叶轮式流量计,这种流量计在实际流量小于额定流量时,会产生较大的计量误差。热水热量指示积算仪的选用,首先要满足额定流量的要求,其次选用时还要考虑到安装位置与安装形式。根据热水热量指示积算仪要求来确定水平安装还是竖式安装,是安装在进水端还是回水端。

热水热量指示积算仪的流量传感器和温度传感器的正确安装与使用直接影响到供热计量的准确度,流量传感器的安装位置应避开可能出现旋涡流、脉动流和气泡等的管段。故一般不能安装在紧靠阀门后,水泵出口端,以及弯头、变径等局部阻力部件后等位置。温度传感器应安装在使温度探头处于管道中流速最大的位置,并应对安装探头的地方进行保温处理;对于长型探头,如果需要倾斜安装,则探头方向必须迎向水流的方向安装,而且必须把探头安装在保护套内。

在安装前,应对系统管路进行彻底清洗,以保证管道中没有污染物和杂质。如果温度传感器出现损坏,要对2支温度传感器同时进行更换。流量传感器的方向不能接反,而且前后管径要与流量计一致。

热水热量指示积算仪的读数误差来源由流量传感器误差温度传感器误差和信号线路误差组成。前两种误差的防治在流量测量仪表和温度测量仪表的相关章节中已有介绍,此处不再赘述。信号线路误差主要由干扰信号产生,因此,仪表安装环境要求远离电磁干扰源。

9.5 蒸汽热量指示积算仪

蒸汽热量指示积算仪的工作原理与热水热量指示积算仪相同,也是通过蒸汽的流量、蒸汽与凝水焓差来计算热量的。蒸汽的流量可以用流量计测得,过热蒸汽的焓通过测量蒸汽压力和温度求得,饱和蒸汽的焓通过测量蒸汽的温度求得,蒸汽放热后形成凝水的焓通过测量凝水温度求得。但实际上由于凝水回收不可靠,有些蒸汽热量指示积算仪只记入蒸汽的供热量,而不减去凝水余热量。此时,则不需测量凝结水的比焓值。

图 9.14 是 NRZ-01 型饱和蒸汽热量指示积算仪的原理图。它是将蒸汽流量通过标准孔板流量计,测量其输出的差压信号,再经差压变送器转换成 0 ~ 10 mA 的电流信号,与安装在供气管上的铂电阻测量的蒸汽温度一并送入运算器。运算器利用下式计算蒸汽热量,并进行热量的累积和显示:

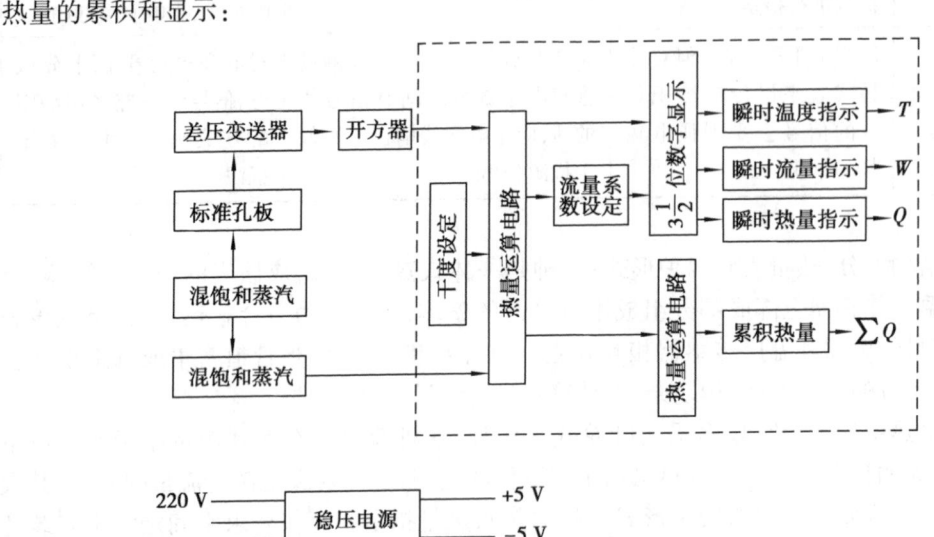

图 9.14　饱和蒸汽热量指示积算仪原理框图

$$Q' = \int G(i_1 - i_2)\,\mathrm{d}\tau \tag{9.18}$$

式中　G——蒸汽质量流量,kg/h。

当该仪表用于测量湿蒸汽的热量时,需对流量孔板测得的蒸汽流量进行干度修正:

$$G' = x_0 G \tag{9.19}$$

式中　x_0——流量计量中引入的干度修正系数。

x_0 是湿蒸汽干度 x 的函数。当 $\chi < 0.9$ 时,修正汽、液两相流量的干度修正系数为:

$$x_0 = \frac{1.56 - 0.56\chi}{\sqrt{\chi}} \tag{9.20}$$

工业锅炉的湿蒸汽干度 χ 一般高于 0.95,用该仪表测量工业锅炉的热量时,只需根据锅炉生产的湿蒸汽干度 χ 在仪表上进行设定即可。

9.6 热流计传感器的标定

9.6.1 热阻式热流计的传感器标定

热流传感器系数 C 受传感器材质、加工工艺等影响。而且,C 值也随传感器工作温度变化而改变,在常温范围内,工作温度变化不会对测量造成很大误差,但当工作温度已远离常温时,实际的 C 值会与原值有较大出入,因此每个热流传感器都必须分别标定。由式(9.3)可知,测定 C 值的前提是建立一个稳定的具有确定方向的一维热流,并且要求热流密度的大小是可控的。

热阻式热流计的传感器常用的标定方法有平板直接法、平板比较法和单向平板法。

1)平板直接法

该法是采用保护热板式导热仪作为标定热流传感器的标准热流发生器。由中心板加热计量板、主热板、绝热缓冲块,冷板和保护板组成(图9.15)。

中心板中设有加热器,用稳定的直流加热,改变加热功率可调节中心板的温度。冷板是一恒温水套。2 个热流传感器分别放在主热板两侧,再放上 2 块绝热缓冲块,外侧再用冷板夹紧,调整保护圈加热器的加热功率与中心板的温度,使保护圈表面均热板的温度和中心均热板表面的温度一致,从而在热板和冷板之间建立起一个垂直于冷、热板面(也垂直于热流计)的稳定的一维热流场。主加热器所发出的热流均匀垂直地通过热流传感器,热流密度可由下式求得:

$$q = \frac{RI^2}{2F} \tag{9.21}$$

在标定时,应保证冷、热板之间温差大于 10 ℃。传热进入稳定状态后,每隔 30 min 连续测量热流计和缓冲板两侧温差、输出电势及热流密度。4 次测量结果的偏差小于 1%,且不是单方向变化时,标定结束。在相同温度下,每块热流传感器至少应标定 2 次(第 2 次标定时,2 块热流传感器的位置应互换),取 2 次平均值作为该温度下热流传感器的标定系数。

2)平板比较法

平板比较法的标定装置包括热板、冷板和测量系统(图9.16)。把待标定的热流传感器与标准的热流传感器以及由绝热材料做成的缓冲块一起,放在表面温度保持稳定均匀的热板和冷板之间,热板和冷板温度可控。利用标准热流传感器测定的系数 C_1, C_2 和输出电势 $E_1,$ E_2,就可以求出热流密度 q,从而可确定被标定的热流传感器的系数 C_B。

$$c_B = \frac{q}{E} \frac{C_1 E_1 + C_2 E_2}{2E} \tag{9.22}$$

式中　E_1, E_2——标准热流传感器输出电势,mV;

　　　　E——被标定的热流传感器输出电势,mV。

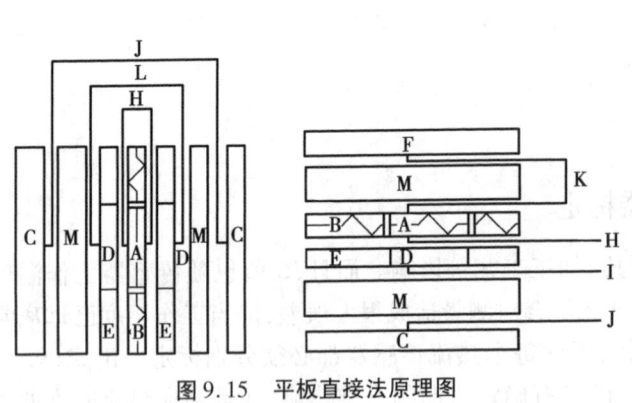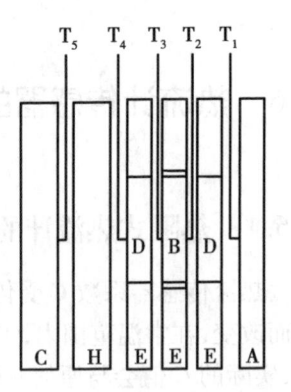

图9.15 平板直接法原理图

A—中心计量板;B—保护板;C—冷板;D—热流传感器;
E—传感器保护圈;F—保护板;H—热板表面热电偶;
I—热流传感器表面热电偶;J—冷板表面热电偶;
K—热板与背保护板表面温度热电偶;M—保温材料

图9.16 平板比较法原理图

A—热板;B—待标热流传感器;
C—冷板;D—标准热流传感器;
E—传感器保护圈;H—热缓冲板;
T—表面温度

3)单向平板法

单向平板法的标定装置包括热板、冷板和测量系统(见图9.17)。单向平板法标定装置除了使中心计量热板 A 和保护热板 B 的温度相等,还要使 A 底部的温度和被保护板的温度相等。因此,中心计量热板的热量不能向周围及底部损失,唯一可传递的方向是通过热流传感器,保证了一维稳定热流的条件。由于热流只是向一个方向流出,因此热流密度可由式(9.21)计算。同时测出热流传感器输出电热 E,即可由式(9.22)确定传感器系数 C_B。

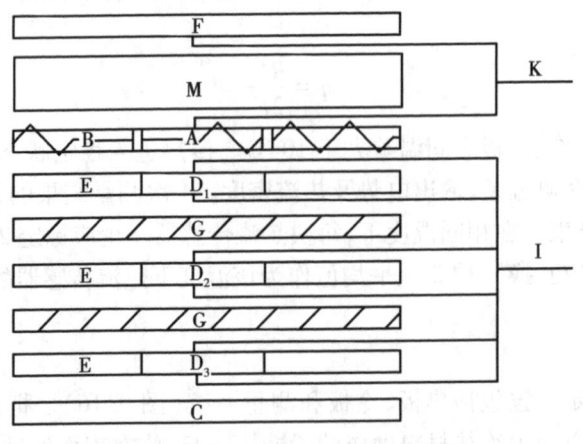

图9.17 单向平板法原理图

D_1,D_2,D_3—热流传感器;G—橡皮板;其余同图9.18

9.6.2 热水热量测量仪表的检定

热水热量测量仪表的周期维护时间一般为 5~6 年,即在使用 5~6 年后,需将仪表拆下来进行检定。如果需要,还可进行适当的维护(如擦洗、更换有关的部件等),以保证仪表的精度。热水热量测量仪的标定方法包括分项检定和整体检定。

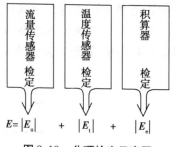

图9.18 分项检定示意图

1) 分项检定方法

分项检定是指对温度传感器、流量传感器和积算器,分别按相关规程进行独立检定,检定结果按绝对误差求和的办法,计算得出热量表的总精度。检定程序如图9.18所示。这种方法容易操作,且技术成熟,但分项检定条件很难保证与热表实际工作条件一致,会形成鉴定误差;另外,对各传感器精度分项检定后,不同类型误差的合成方法也会形成鉴定误差。

2) 整体检定

整体检定是对处于工作状态下的热量表直接检定其所显示的累计热量值。由于整体检定是针对已经组成整体或已安装就位的热量表进行的,所以,包含在热量表内的各传感器及其相关影响依然存在,这时进行的检定就是综合精度检定,也就是热量表在工程使用条件下的实际的精度检定。通过整体检定,不仅可以完成常规检定,还可以判断被检热量表的误差性质,从而可以提出仪表改进方向,或给予必要的修正。因此,整体检定有利于从实际使用的效果上评价热量表的精度,检定结果较为真实可靠。整体检定可以采用热平衡法和比较法。

热平衡法检定热量表的原理如图9.19所示。输入给加热器的电能 Q_z 扣除电加热器在检定规程中内能的变化 ΔQ(由水箱内的水温变化计算)和向外漏出的热量 Q_1(等于保温水箱向外的传热量),就是被检热量表计量热量的真实值 Q,即:

$$Q = Q_z - \Delta Q - Q_1 \tag{9.23}$$

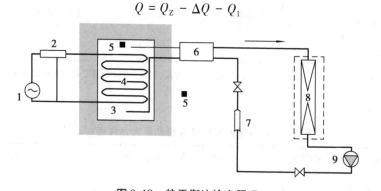

图9.19 热平衡法检定原理

1—电源;2—电能表;3—水箱;4—加热管;5—温度传感器;6—待检热表;
7—流量计;8—散热装置;9—水泵

热平衡法将热量的真实值与被检热量表的显示值对比,是一种直接比较的检定方法。这不仅可以免除对流量和温度的测量,更由于包含了各种传感器在安装后的真实工作状态,是对被检热量表实际工作性能的检验,故具有更高的可靠性。

比较法是利用精度等级更高的标准仪器的测量值检定被检仪表的显示结果,从而评价被检仪表的精度,其检定原理如图9.20所示。在检定过程中,采集各时刻标准仪表测量值,经过运算处理,得出热量的真实值,将这一数值与被检热量表显示值相比。

国家标准《热能表检定规程》(JJG 225—2001)对热量表的检定、对检定条件(包括环境和设备)、检定项目、检定方法及结果的处理都有着明确的原则规定,是热量表检定的依据。

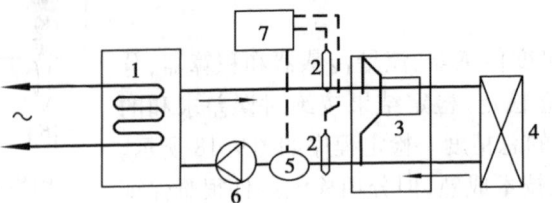

图 9.20　比较法检定定理

1—电加热器;2—标准温度计;3—被检热表;

4—散热装置;5—标准流量计;6—水泵;7—标准积算器

表 9.2 为我国生产的热量表的准确度等级和最大允许相对误差。热量表在最小允许温差 t_{min}(一般为 3 ℃)或最小流量下工作,其误差不能超过最大允许相对误差。热水热量测量仪表的标定可对整体表按热量标定,称为按总量标定,其准确度等级和最大允许相对误差应达到表 9.2 中规定的技术指标。也可将流量传感器、温度传感器和计算器分别进行标定,此种标定方法称为按分量标定,各分量的准确度等级和最大允许相对误差应达到表 9.3 中规定的技术指标。

表 9.2　热量表的准确度等级和最大允许相对误差

I 级	II 级	I II 级
$\Delta = \pm\left(2+4\dfrac{\Delta t_{min}}{\Delta t}+0.01\dfrac{q_p}{q}\right)$ $\Delta_q = \pm\left(1+0.01\dfrac{q_p}{q}\right)\%$ 且 $\Delta_q \leqslant \pm 5\%$	$\Delta = \pm\left(3+4\dfrac{\Delta t_{min}}{\Delta t}+0.02\dfrac{q_p}{q}\right)\%$	$\Delta = \pm\left(4+4\dfrac{\Delta t_{min}}{\Delta t}+0.05\dfrac{q_p}{q}\right)\%$

注:对 I 级表额定流量 $q_p \geqslant 100$ m³/h,q 为实际流量,m³/h;Δt 为流体的进出口温度之差;Δ_q 和 Δ 分别为流量传感器误差限和热量表的误差限。

表 9.3　各分量的准确度等级和最大允许相对误差

I 级	流量传感器误差限 Δ_q	配对温度传感器误差 Δt	计算器误差限 Δc
I 级	$\pm\left(1+0.01\dfrac{q_p}{q}\right)\%$ 且 $\leqslant \pm 5\%$	配对温度传感器的温差误差应满足 $\pm\left(5+3\dfrac{\Delta t_{min}}{\Delta t}\right)\%$ 单支温度传感器的温度误差应满足 $\pm(0.30+0.005\,\lvert t \rvert)$ ℃	$\pm\left(5+\dfrac{\Delta t_{min}}{\Delta t}\right)\%$
II 级	$\pm\left(2+0.02\dfrac{q_p}{q}\right)\%$ 且 $\leqslant \pm 5\%$		
I II 级	$\pm\left(3+0.03\dfrac{q_p}{q}\right)\%$ 且 $\leqslant \pm 5\%$		

注:对 I 级表额定流量 $q_p \geqslant 100$ m³/h,q 为实际流量,m³/h;Δt 为流体的进出口温度之差;Δ_q 和 Δ 分别为流量传感器误差限和热量表的误差限。

9.7 应用实例

9.7.1 供暖建筑耗热量指标测试

1）测试目的

通过测试一定室内、外平均温度的条件下供暖系统的供热量,得出建筑物耗热量指标。

2）检测对象

检测建筑为一新建8层节能建筑。1层为商铺、车库,2~7层为住宅,8层是阁楼,南北朝向,总建筑面积为6000 m²。

外墙:采用370 mm黏土实心砖墙,外挂厚80 mm苯板;外墙面:采用水泥砂浆,外涂高级涂料;屋面保温:采用厚80 mm苯板分2层错缝补贴;屋面防水:采用SBS复合防水卷材;门:单元入口电子门、进户三防门、商服外门为塑钢门;窗:改性PVC单框双玻璃节能塑钢窗。

3）测试方案

测量内容包括对室内、室外温度,供暖系统流量和供、回水温度的测量。测试流程如图9.21所示。

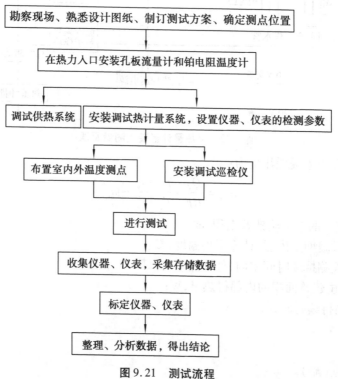

图 9.21　测试流程

室内、室外温度采用电子式自记温度计测量,每 10 min 自动采集数据 1 次。室内温度传感器安装在室内有代表性的房间内,且不受太阳辐射、室内热源和周围围护结构的直接影响,温度测点距地面 1.5 m 左右。1 层布置 4 点,2 层布置 4 点,标准层布置 6 点,7 层布置 9 点,阁楼层布置 6 点,共计 29 点。室外共布置了 3 个温度测点:一楼南向屋面 1 点,一楼东向地面 1 点,顶楼布置 1 点。

供暖系统供热量计量装置在建筑物热力入口处测量。温度计和流量计的安装要符合相关产品的使用规定。供、回水温度采用铂电阻温度计测量,测点位于外墙的外侧,且距离外墙轴线 2.5 m 以内。供暖系统流量测量采用标准孔板流量计。供热量计量装置测量原理如图 9.22 所示。

测试期间供暖系统的平均供热量为:

$$Q_Z = \sum_{i=1}^{n} G_i c_p (t_{g,i} - t_{h,i}) \Delta\tau \tag{9.24}$$

式中　G_i——每次流量计采样的供暖系统流量,kg;

　　　t_g, t_h——供暖系统供、回水温度,℃;

　　　$\Delta\tau$——采样时间间隔,s。

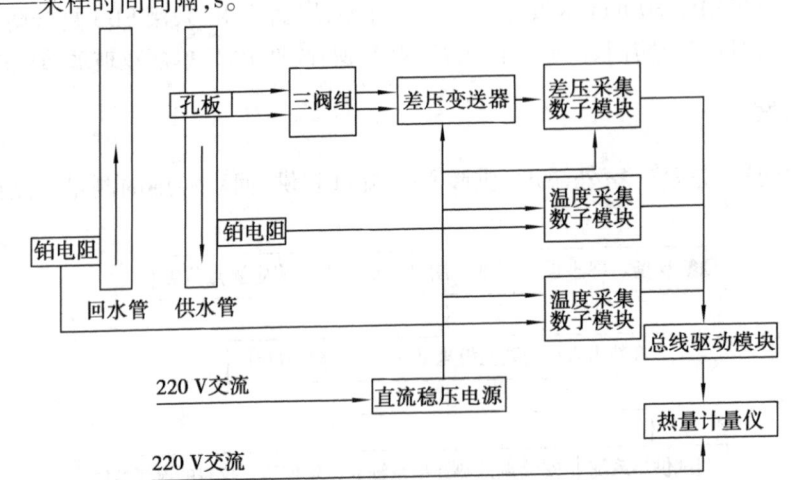

图 9.22　供热量计量装置测量原理

建筑的单位面积采暖耗热量为:

$$q_{h,r} = \frac{Q_Z}{HF} \cdot \frac{t_n - t_w}{t'_n - t'_w} - q_{i,n} \tag{9.25}$$

式中　F——建筑物的总采暖建筑面积,m²;

　　　t_n, t_w——采暖期室内、外计算平均温度,℃;

　　　t'_n, t'_w——检测持续时间室内、外计算平均温度,℃;

　　　$q_{i,n}$——单位建筑面积的内部得热量,W;

　　　H——检测持续时间,s。

4)测试结果

测试原始数据(略)。

对室内温度测量结果按时间和面积进行加权平均,得出测试期间室内平均温度为25.3 ℃;对室外温度测量结果按时间和测点数取平均值,得出测试期间室外平均温度为-0.8 ℃。

根据供暖系统供回水水温和流量的测量结果,利用图9.15所示的原理进行运算,得出测试期间总供暖系统的供热量为92709.5 MJ。供暖系统平均供水温度为39.6 ℃,平均回水温度为33.6 ℃。

利用式(9.25)计算得出该建筑物耗热量指标为21.7 W/m²。

9.7.2 空气处理机制冷量的现场测量方案分析

1)测量原理

焓差法是暖通空调设备性能测试中常用的制冷量(或供热量)测试方法,其原理是:待空调机组的运行工况稳定后,制冷量Q等于机组风量m与冷却盘管前后的空气焓差Δi的乘积:

$$Q = m\Delta i$$

根据这一原理,用焓差法测定空气处理机制冷量时,需要测出冷却盘管前后的空气干湿球温度或相对湿度,以计算出焓差,以及流经盘管的风量。

2)测量对象及测量方案

空气处理机在系统中的位置见图9.23。各风管保温及密封性良好,可以认为无漏风、无漏热。

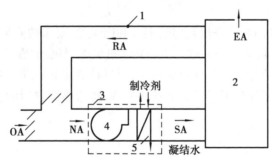

图9.23 空气处理机的位置

1—测孔;2—空调室;3—空气处理机;4—送风机;
OA—新风;RA—回风;MA—混风;SA—送风;EA—漏风及排风

测量段部位包括回风管的直管段、新风口、混风段、送风管的直管段。测量内容包括各部位的干湿球温度、风量。其中干湿球温度可通过热电偶和干湿球温度计等仪器测量;风量则比较复杂,具体测量可采用以下四种方案之一。

①用皮托管或热电风速仪测出送风管内的平均风速,再乘以风管的截面积,即可获得送风风量。

$$m_s = fu_s\rho \tag{9.26}$$

则制冷量为:

$$Q = m_s(i_M - i_S) \tag{9.27}$$

式中，f 为风管截面积，ρ 为空气密度，u_s 为送风速度，i_M 和 i_S 为混风和送风焓值。

该方案被测量有送风量，盘管前后的干湿球温度，共 5 个参数。如果送风/混风管内装有流量测量台，或者风管上开有多个测孔，能用皮托管和倾斜式微压计测风速，则可采用这种方法。

②用量筒和秒表测出盘管凝结水量，就可计算出机组的送风量 m_s。具体算法如下：测出冷却盘管前后的干湿球温度，然后计算出盘管前后的含湿量 d_M 和 d_S。盘管析出凝结水量 m_W 为：

$$m_W = m_s(d_M - d_S) \tag{9.28}$$

制冷量为：

$$Q = m_w \frac{i_M - i_S}{d_M - d_S} \tag{9.29}$$

该方法的被测量有凝结水量，盘管前后的干湿球温度，共 5 个参数。但不适用于没有冷凝水和冷凝水量较小的情况。

③用皮托管或热电风速仪测出回风管的平均风速，再乘以风管的截面积，即可获得回风量

$$m_S = m_R \frac{i_O - i_R}{i_O - i_M} \tag{9.30}$$

制冷量为：

$$Q = m_R(i_M - i_S)\frac{i_O - i_R}{i_O - i_M} \tag{9.31}$$

该方法要测出（或从图表中查出）新风，混风和回风焓，要求被测量有回风量，新风、回风、混风和送风的干湿球温度，共 9 个参数。由于新风机组无回风，该方法不适用于新风机组。

④测出加热盘管前后的空气温升及加热量，通过计算求送风量。如果有加热盘管（如电加热盘管）的话，可以测出加热工况下的加热功率 N，及加热器前后的空气温升 $t_2 - t_1$，则送风量为：

$$m_S = \frac{N}{C_P(t_2 - t_1)} \tag{9.32}$$

制冷量为：

$$Q = N\frac{i_M - i_S}{C_P(t_2 - t_1)} \tag{9.33}$$

该方法的被测量有加热量，加热器前后的温度，冷却盘管前后的干湿球温度等 7 个参数。对被测机组分别采用以上方案进行测试时，其中涉及的相关具体热工的参数测试过程此处不再赘述，而只给出测量结果。

表9.4　相关热工的参数测量结果

状态点	送风			回风		新风	
参数	干球温度	湿球温度	含湿量	干球温度	湿球温度	干球温度	湿球温度
测量结果	19 ℃	17.1 ℃	0.0113 kg/kg	25.3 ℃	19.5 ℃	33 ℃	27.8 ℃

续表

状态点	送风			回风		新风	
参数	干球温度	湿球温度	含湿量	干球温度	湿球温度	干球温度	湿球温度
参数	t_2-t_1			v_{S}		v_{R}	
测量结果	5.0 ℃			2.8 m/s		3.9 m/s	

其中,采用以上各方案中各冷量计算式涉及的参数相对误差如下:

$$\frac{\delta(i_{\mathrm{M}}-i_{\mathrm{S}})}{i_{\mathrm{M}}-i_{\mathrm{S}}}=\frac{\delta(t'_{\mathrm{M}}-t'_{\mathrm{S}})}{t'_{\mathrm{M}}-t'_{\mathrm{S}}}=\frac{0.1}{t'_{\mathrm{M}}-t'_{\mathrm{S}}}=2.2\%$$

$$\frac{\delta(d_{\mathrm{M}}-d_{\mathrm{S}})}{d_{\mathrm{M}}-d_{\mathrm{S}}}=6.0\%$$

$$\frac{\delta(i_{\mathrm{O}}-i_{\mathrm{R}})}{i_{\mathrm{O}}-i_{\mathrm{R}}}=\frac{0.1}{t'_{\mathrm{O}}-t'_{\mathrm{R}}}=1.2\%$$

$$\frac{\delta(i_{\mathrm{O}}-i_{\mathrm{M}})}{i_{\mathrm{O}}-i_{\mathrm{M}}}=\frac{0.1}{t'_{\mathrm{O}}-t'_{\mathrm{M}}}=1.6\%$$

$$\frac{\delta(t_2-t_1)}{t_2-t_1}=\frac{0.1}{5}=2.0\%$$

$$\frac{\delta m_{\mathrm{S}}}{m_{\mathrm{S}}}=1.8\%,\frac{\delta m_{\mathrm{W}}}{m_{\mathrm{W}}}=0.5\%,\frac{\delta m_{\mathrm{R}}}{m_{\mathrm{R}}}=1.3\%,\frac{\delta N}{N}=0.1\%$$

4 种方案的综合测量系统误差分别为:±4.0%,±8.7%,±6.3% 和±4.3%,其中方案①的系统误差最小。

思考题

9.1 简述热阻式热流计,辐射式热流计和热量表的工作原理。

9.2 热阻式热流计的传感器为什么不用热电偶,而用热电堆?

9.3 热流传感器测头系数 C 受哪些因素的影响?

9.4 在使用热阻式热流计测热量时,如何选择传感器? 并说明各传感器的使用范围。

9.5 热流传感器的安装方法有哪几种? 分析热流计采用埋入式和粘贴式安装方法测量墙体热阻所带来的测量误差。

9.6 用整体检定法检定热水热量仪表时,可以采用哪两种方法并说明各方法的原理。

9.7 简述饱和蒸汽热量指示积算仪的工作原理。

9.8 在对通过管道和设备表面的热流测试过程中,传感器的选择应考虑哪些因素?

9.9 辐射热流计的传感器类型包括哪些?

9.10 简述 2π 式、圆箔式和塞式热流计的工作原理和特点。

10

物位测量

学习目标：

　　1. 掌握浮力式液位计、差压式液位计、电气式物位计的工作原理；

　　2. 掌握差压式液位计的量程迁移修正方法；

　　3. 了解声学物位计、微波物位计、射线物位计的工作原理；

　　4. 了解常用物位测量方法及其原理。

10.1　概　述

　　物位是指物料在空间的累积高度,常用于反映物料的累积量。液体的物位称为液位,是指液体在容器中液面的高低;两种液体介质的分界面称为界面;固体块,散粒状物质的物位称为料位,是指它们的堆积高度。与之对应的测量仪表分别为液位计、界面计和料位计,统称为物位计。

　　通过物位检测可以确定物料的贮存量,并加以控制,使物位维持在规定的范围内,对保证生产过程料平衡,保证产品的产量和质量,保证安全生产具有重要意义。

　　物位变化量是一个几何量,若条件允许,可通过人工几何测量的方法获得物位值。但大多数情况下,物料都盛装于容器中,不便于人工就地测量;而且人工测量所得信号也不便于与控制系统结合。因此,工业生产中对物位的测量一般是利用某些物理学原理,将物位的几何信号转换为其他信号,通过这些信号的读数测量物位。

10.2　物位测量方法分类

　　物位测量方法按照不同的测量原理可分为 5 类:

1) 力学原理

物位变化后,在物料某一位置的浮力、压力或重力等的力平衡状态会随之改变,通过测量新平衡状态下传感器的力学信号或位置信号即可反映新的物位。

浮力原理主要用于液位测量中,应用方式有两类:一类是浮子漂浮于液面上部,液体对浮子的浮力不变,浮子的位置随液位变化而改变,通过测量浮子的位置获得液位高度;另一类是将浮筒浸在液体里,随浮筒在液体里浸入程度的不同,浮筒受到的浮力也不同,通过测量浮筒受力的变化测量液位。

静力学原理也可用于液位测量。静止介质内某一点的静压力与介质上方自由空间压力之差与该点上方的介质高度成正比,可利用差压来检测液位;或者利用连通管两侧静压力相等的原理,用连通管中的液面高度(或压力)代替容器中的液位高度(或压力)。

2) 机械运动原理

重锤式物位计的重锤在重力作用下由料仓顶部下降至料位处,通过测量恒速下降重锤式物位计的下降时间就可计算出物料顶部至料仓顶的距离而获得物位参数。

阻旋式物位计传感器是一个旋转轮,当物位上升接触到旋转轮时,旋转轮受阻,旋转速度降低或停止,根据旋转轮的旋转速度变化可判断物位是否到达规定的高度。

3) 波传播原理

这一类物位计一般包括能发射某一特定波长的发射部件、接收部件和运算部件。其主要原理是利用发射部件向物料表面发射声,光或其他微波,这些波被物料反射后,一部分反射波被接收探头接收;从波的发射到被重新接收,其时间与探头至被测物体的距离成正比,通过测量波的传播时间,并根据已知的波传播速度计算出被测距离,通过运算就可得出物位值。当物位变化时,物位与容器底部或顶部的距离发生改变,通过测量距离的相对变化可获得物位的信息。

4) 电气式物位检测

把敏感元件做成一定形状的电极置于被测介质中,则电极之间的电气参数,如电阻、电容等,随物位的变化而改变。利用这种原理制成的物位计包括射频电容物位计、射频导纳物位计、静电容物位计等。

物位测量方法的具体分类可见表10.1。

表10.1　物位测量的方法及原理

测量原理	测量方法	使用对象
静力学原理	静压式、浮力式等	液位
机械运动原理	重锤式、阻旋式等	料位
波传播原理	激光式、超声波式、微波式等	液位,料位
电工学原理	电容式、电阻式、电感式等	液位,料位
射线穿透原理	γ射线式等	液位,料位

其中静压式、浮力式和电器式的分类下的液位计种类和特点如表 10.2 所示。

表 10.2　不同液位计的工作原理和特点

液位计种类		作用原理	测量范围/mm	精度	工作压力/MPa	工作温度	适用介质	示值表示方法	主要特点
静压式	玻璃管	用连通管引出,直接读出液位高度	400~1400	±1.5%	一般1.6,特殊≤3.2	≤100~150	除黏稠深色外的多种介质	直读	结构简单,价格低廉,强度差,读数不明显,适用敞口容器,使用简单
	玻璃板					≤400			
	压力计式	液位静压与液位高度成正比	4000		常压	常温	各种液体都可以测量	连续测量	适用敞口及封闭容器,但有零点漂移问题
	压差式		根据液位要求而定	±1.5%	1.6	120			
一	吹气式	利用吹气装置和压力阀组成,液柱高与其背压、吹气压相等	4000	±1.5%	常压	常温	特别适用于腐蚀性液体、含颗粒液体、脏污液体	连续测量	适用敞口容器,不能使吹气管阻塞
浮力式	浮球式	浮球浮于液体中,随液面升降指示液面高低	50~1000	±5 mm	≤4~6	≤100	各种液体	连续测量,并可作调节用,也可输出信号	结构简单,价格低廉
	浮筒式	利用浮筒作浮标,原理同上	350~2000	±1.5%	≤6	≤450	各种液体		
电气式	电容式	物体变化转换成电容变化,从而进行电量测量,两极板间电容随液位高度而变化	2000以下	±2.5%	1.6	≤180	各种液体	连续测量	仪器轻巧,响应快,远距离指示线路复杂,价格高
	触点式	利用液体导电性能,使不同高度安装的触点导通与断开来指示液位的范围	100000以外	—	1	≤100	导电液体	离散信号	在一触点间指示高低,简单,但电极保护应好,可用灯光指示

本专业需要了解的物位主要是指容器内的液位,以下主要介绍以液位测量为主的物位测量仪表。

10.3 浮力式液位测量仪表

浮力式液位测量仪表计主要有浮子液位计和浮筒液位计两种。前者为恒浮力测量,后者为变浮力测量。

恒浮力式液位计是依靠浮标或浮球浮在液体中随液面变化而升降,以浮标的位置代替液面位置,通过位移转换机构将浮子的位移反映在标尺上(图10.1)。还有一种常用的浮球液位控制器(图10.2),它可对液位变化输出开关量,主要用于对预定液位的控制。浮球用不锈钢制作,安装在浮筒内,其上端连接有连杆,连杆顶端置有磁钢。当水位发生变化时,浮球带动连杆顶和磁钢在调整箱组件中非导磁场的管道中上、下移动,当磁钢移动到上、下限水银开关处,与水银开关上装有的磁钢相互作用,带动水银开关动作,从而实现开关量控制。

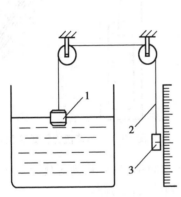

图10.1　钢带浮子式液位计

1—浮子;2—钢绳;3—配重及指针

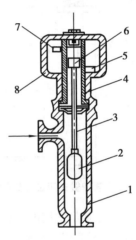

图10.2　浮球式水位控制器结构图

1—浮筒;2—浮球;3—连杆;4—非导磁管;

6—磁钢;5,7—上、下限水银开关;8—调整箱组件

恒浮力式液位计结构简单,价格低廉,适用于各种贮罐液位的测量。

浮筒式液位计的液位传感器由浮筒和弹性元件组成。当浮筒的一部分被液体浸没时,浮筒受的重力、浮力和弹性力形成力平衡。

$$mg = Ah\rho g = C(x_0 - \Delta x) \tag{10.1}$$

式中　m——浮筒的质量,kg;

　　　A——浮筒的横截面积,m^2;

　　　h——浮筒浸没在液体中的长度,m;

　　　C——弹簧的刚度,N/mm;

　　　x_0——弹性元件在弹力与浮筒重力平衡时产生的位移,mm;

　　　Δx——弹性元件在弹力与浮力平衡时产生的位移,mm。

当液位变化时,浮筒被液体浸没的体积改变,浮力也随之改变。由于重力恒定,弹性力随

浮力变化而改变,通过测量弹性元件的弹性形变就可计算出液位的变化量:

$$Ah\rho g = C\Delta x \tag{10.2}$$

即:

$$h = \frac{C}{A\rho g}\Delta x$$

应用信号变换技术可进一步将位移量转换成电信号,配上显示仪表在现场或控制室进行液位指示或控制。根据采用弹性元件的不同,常见的浮筒液位计有浮筒弹簧式和浮筒扭力管式,其结构示意图分别如图 10.3 和图 10.4 所示。

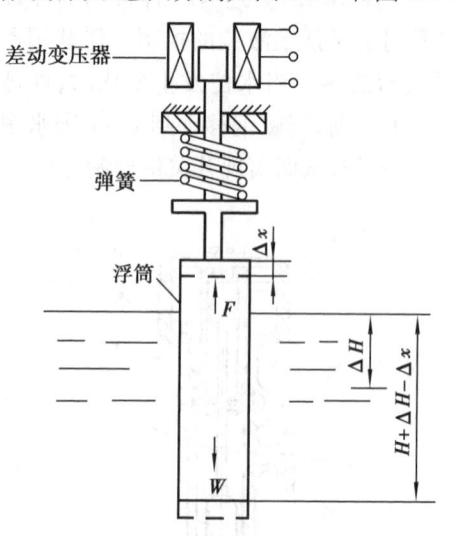

图 10.3　浮筒弹簧式液位计结构图

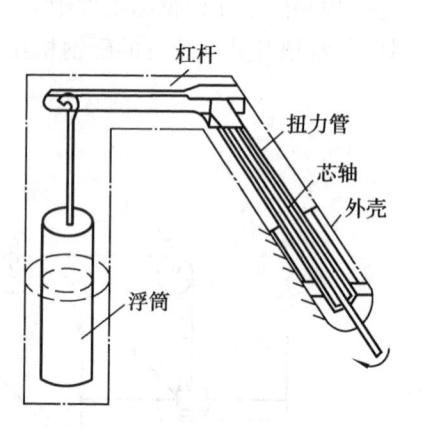

图 10.4　浮筒扭力管式液位计结构图

　　浮力式液位计是最常用的液位测量仪表,具有结构简单、精度较高等优点。但是需要在介质中插入浮子,不适用于介质黏度高或液位变化剧烈的液位检测。

10.4　差压式液位计

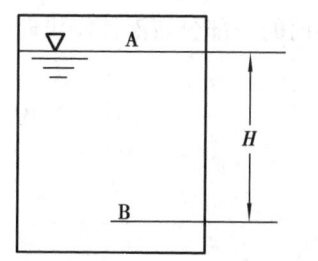

图 10.5　静压法测量液位的原理

　　在如图 10.5 所示容器中,A 点的压力为液面压力,B 点的压力等于 A 点压力与液体静压力之和。两点的静压差与其高差成正比,当液面高度变化时,由液柱产生的静压也随之变化。

$$\Delta p = p_B - p_A = H\rho g \tag{10.3}$$

式中　p_A, p_B——A,B 两点的静压力,Pa;

　　　　H——A,B 两点的高差,m。

若容器向大气开口,则 p_A 为大气压 p_0,式(10.3)变为:

$$\Delta p = p = p_B - p_0 = H\rho g \tag{10.4}$$

式中　p——B 点的表压力,Pa。

由式(10.3)和式(10.4)可知,当被测介质密度 p 为已知时(一般可视为常数),只要测得 A,B 两点的静压力就可实现液位的测量。

如果被测对象为敞口容器,可以按图 10.6(a)所示,用压力计测量液位。在密闭容器中,需要按图 10.6(b)所示,采用差压计测量液面上和液位零面之间的压力差。对于具有腐蚀性或含有结晶颗粒以及黏度大、易凝固的液体介质,为了防止引压导管被腐蚀或堵塞,应用如图 10.7 所示的法兰式压力(差压)变送器。变送器的金属膜盒将被测介质与测量接管系统隔离,密闭的测量系统内充以硅油作为传压介质,将被测介质的压力反映到测压仪器上。

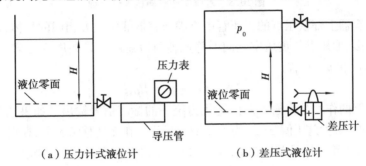

图 10.6　液位压力、差压式液位计示意图

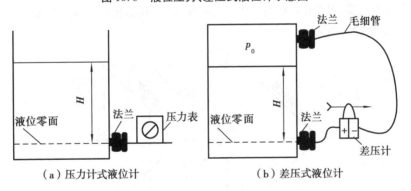

图 10.7　法兰压力、差压变送器连接示意图

差压式液位计结构简单,精度高,测量仪器中无运动部件,工作可靠,也是一种常用的液位测量仪表。但是需要在容器上开孔安装引压管,不适用于高黏度介质或易燃、易爆等危险性较大的介质的液位检测。

根据式(10.4)可知,差压式液位计指示的差压是液面至压力仪表入口之间的静压力差,对应的液位也是由液面到压力表入口处的高差。由于各种实际情况的限制,容器的取压点(零液位)与容器底部可能不在同一水平位置;液位计的读数还和传压介质与被测介质的密度差压、容器液面以上空间的气相压力等因素有关。因此,差压式液位计的测量读数就不是实际液位高度,变送器的零点输出就与零高度液位面不符。需要针对以上影响因素对变送器进行零位预调,通过量程迁移修正,使压力测量仪表的读数只与被测液体静压差有关。量程迁移有无迁移、负迁移和正迁移三种情况。

1)无迁移

如图 10.8(a)所示,差压变送器的正、负压室分别与容器下部和上部的取压点相连通。

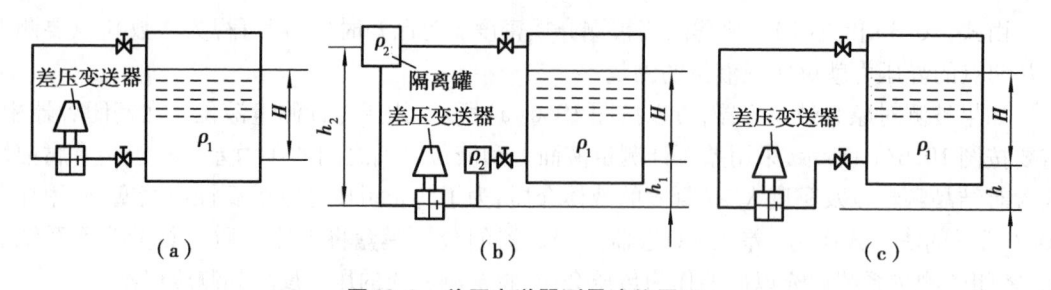

图10.8 差压变送器测量液位原理

连接负压室与容器上部取压点的引压管中充满与容器液位上方相同的气体,由于气体密度相对于液体小得多,取压点与负压室之间的静压差可以忽略。设差压变送器正、负压室所受到的压力分别为 p_+ 和 p_-,则有

$$\Delta p = p_+ - p_- = H\rho_1 g \tag{10.5}$$

差压变送器的作用是将输入差压转化为统一的标准信号输出。如果选取合适的差压量程,使 $H = H_{max}$ 时,最大差压值 Δp_{max} 为差变的满量程。在无迁移情况下,根据式(10.5),当 $H = 0$ 时,$\Delta p = 0$。对于输出信号范围为 $I_{DC} = 4 \sim 20$ mA 的电动变送器,差变输出为 $I_{DC} = 4$ mA;对于输出信号范围为 $I_{DC} = 0 \sim 10$ mA 的电动变送器,差变输出为 0 mA。当 $H = H_{max}$ 时,$\Delta p = \Delta p_{max}$,以上 2 种变送器的输出分别为 20 mA 和 10 mA。其输出电流 I_{DC} 与液位静压差相交于坐标原点(图10.9 的 a 线)。

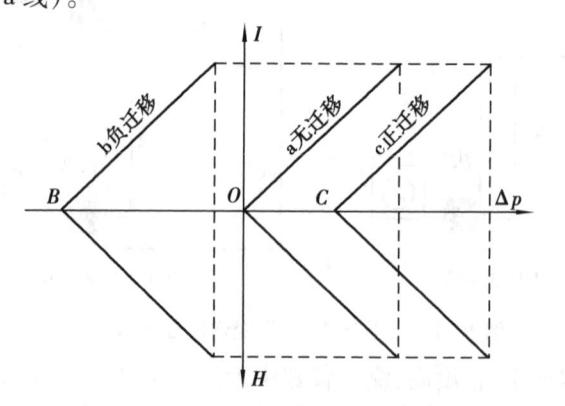

图10.9 差压变送器的量程迁移示意图

2)负迁移

如图10.8(b)所示,当容器中液体上方空间的气体是可凝性的(如水蒸气),或者被测介质有腐蚀性,常常在差压变送器正、负压室与取压点之间分别装隔离罐,并充以隔离液。设隔离液密度为 ρ_2,这时差压变送器正、负压室所受到的压力分别为:

$$p_+ = h_1\rho_2 g + H\rho_1 g + p_g; p_- = h_2\rho_2 g + p_g$$

所以

$$\Delta p = p_+ - p_- = h_1\rho_2 g + H\rho_1 g - h_2\rho_2 g = H\rho_1 g - (h_1 - h_2)\rho_2 g \tag{10.6}$$

式中　　p_g——容器内液面上部的气相压力,Pa;

　　　　$(h_1-h_2)\rho_2 g$——迁移量,Pa。

其他参数参见图10.8(b)。

由式(10.6)可见,差压变送器受到一个附加负差压作用,当 $H=0$ 时, $\Delta p=-(h_1-h_2)\rho_2g<0$,输出 $I<4$ mA;当 $H=H_{max}$ 时, $\Delta p=H_{max}\rho_1g-(h_1-h_2)\rho_2g$,输出 $I<20$ mA。即变送器输出电流 I 与液位静压差相交于图10.9的坐标原点的左侧 B 点。 $H=0$ 时,差变输出 $I=4$ mA; $H=H_{max}$ 时,差变输出 $I=20$ mA,就需要根据迁移量对变送器进行预调:当压差输出值为 $-(h_1-h_2)\rho_2g$ 时,将与之对应的变送器原来输出的 $-B$ 值预调为零位,消去 $-(h_1-h_2)\rho_2g$ 的作用。由于要迁移的量为负值,因此称负迁移,见图10.9中的 b 线。

3)正迁移

在实际安装差压变送器时,往往不能保证变送器和零液位在同一水平面上,如图10.8(c)所示。设连接负压室与容器上部取压点的引压管中充满气体,并忽略气体产生的静压力,则差压变送器正、负压室所受压力分别为:

$$p_+ = h\rho_1g + H\rho_1g + p_g ; p_- = p_g$$

所以

$$\Delta p = p_+ - p_- = h\rho_1g + H\rho_1g \tag{10.7}$$

由式(10.7)可见,差压变送器受到一个附加正差压的作用。当 $H=0$ 时, $\Delta p=h\rho_1g$,差变的输出 $I>4$ mA。为使 $H=0,I=4$ mA,就需设法消去 $h\rho_1g$ 的作用。由于 $h\rho_1g>0$,故需要正迁移,迁移量为 $h\rho_1g$,将与之对应的变送器原来输出的 C 值预调为零位,见图10.9中的 c 线。迁移方法与负迁移相似。

根据式(10.6)和式(10.7)可知,尽管由于差变的安装位置等原因需要对差变进行量程迁移,但差变的量程不变,都只与液位的变化范围有关。因此,进行正、负迁移的实质是对变送器的零点进行调节,它的作用是同时改变量程的上、下限,而不改变量程的大小,差变的输出与输入换算关系保持不变。

10.5　电气式物位计

电气式物位计是利用传感器直接把物位变化转换为电参数的变化,根据电量参数的不同,可分为电阻式、电感式和电容式等。

1)电阻式液位计

电阻式液位计的检测原理见图10.10。它将电极置于被测介质中,由于被测介质的导电率与空气不同,物位的变化会引起电极电阻的变化,电阻的变化可以通过电桥输出为电压变化信号,便于远程控制。

2)电感式液位计

电感式液位计利用电磁感应现象,即当液位变化引起线圈电感变化时感应电流也发生变化的原理测量液位变化,它既可用于连续测量,也可用于液位定点控制。图10.11所示为浮子式电感液位控制器,它由不导磁管子,导磁性浮子及线圈组成。管子与被测容器相连通,管子内的导磁性浮子浮在液面上,当液面高度变化时,浮子随着移动。线圈固定在液位上、下限控制点,当浮子伴随液面移动到控制位置时,引起线圈感应电势变化,以此信号控制继电器动作,可实现上、下液位的报警与控制。

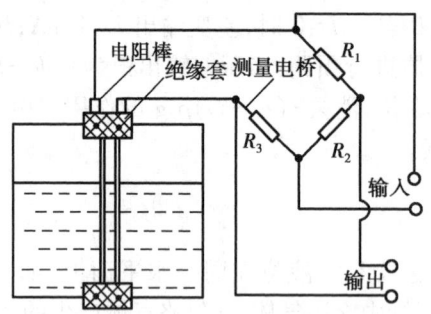

图 10.10　电阻式液位计原理图

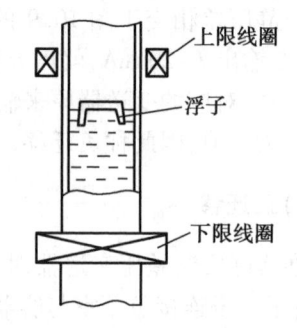

图 10.11　浮子式电感液位控制器

3)电容式物位计

电容式物位计利用物位高低变化影响电容器电容大小的原理进行测量。电容式物位计的结构形式很多,有平极板式、同心圆筒式等,但检测原理相同。以下以常见的同心圆筒式传感器说明其检测原理。

圆筒电容式物位传感器的结构,如图 10.12 所示。以 2 个长度为 L,半径分别为 R 和 r 的圆筒形金属导体作为 2 个电极。当两圆筒间无被测介质时,电极之间的介电常数为 s 的空气,则由该圆筒组成的电容器的电容为:

$$C_0 = \frac{2\pi\varepsilon_1 L}{\ln\dfrac{R}{r}} \tag{10.8}$$

如果两圆筒形电极间的一部分被介电常数为 ε_2 的介质所填充,被填充的电极长度为 H 时,电容量为:

$$C = C_1 + C_2 = \frac{2\pi\varepsilon_1(L - H)}{\ln\dfrac{R}{r}} + \frac{2\pi\varepsilon_2 H}{\ln\dfrac{R}{r}} \tag{10.9}$$

比较式(10.8)和式(10.9),发现有物料填充于电极之间后,电容变化为:

$$\Delta C = C - C_0 = \frac{2\pi(\varepsilon_2 - \varepsilon_1)}{\ln\dfrac{R}{r}}H \tag{10.10}$$

从式(10.10)可见:当传感器结构尺寸一定,空气和物料的介电常数也不变时,电容器电容增量 ΔC 与被测介质在电极间的填充高度 H 成正比。

当被测介质为导体时(如导电性液体或其他导体),被测介质会造成两电极短路,可用外套聚四氟乙烯塑料管或涂搪瓷作为绝缘层覆盖电极,这时绝缘物成为中间介质,而被测介质成为另一个电极,见图 10.13。在未被测介质填充的部分形成如图 10.14 的 2 个串联电容 C_{11} 和 C_{12},未被测介质填充的部分的电容为 C_2,设 C_2 与 C_{11} 和 C_{12} 并联构成的等效电容为 C。

$$C_{11} = \frac{2\pi\varepsilon_3(L-H)}{\ln\dfrac{R}{r}} \qquad C_{12} = \frac{2\pi\varepsilon_1(L-H)}{\ln\dfrac{R_i}{R}} \qquad C_2 = \frac{2\pi\varepsilon_3 H}{\ln\dfrac{R}{r}} \qquad\qquad (10.11)$$

式中 $\varepsilon_1,\varepsilon_3$——被测介质上方空气和覆盖电极用绝缘物的介电常数;

R_i——容器的内半径,m。

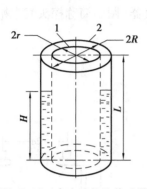

图 10.12 电容式物位传感器

1—内电极;2—外电极

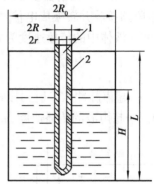

图 10.13 导电介质电容式物位计

由于在一般情况下,$\varepsilon_3 >> \varepsilon_1$,并且 $R_i >> R$,因此有 $C_{12} << C_{11}$,则:

$$C = C_{12} + C_2 = \frac{2\pi\varepsilon_3 L}{\ln\dfrac{R_i}{R}} - \frac{2\pi\varepsilon_1 H}{\ln\dfrac{R_i}{R}} + \frac{2\pi\varepsilon_2 H}{\ln\dfrac{R}{r}} = \frac{2\pi\varepsilon_1 L}{\ln\dfrac{R_i}{R}} - \frac{2\pi\varepsilon_1 H}{\ln\dfrac{R_i}{R}} + \frac{2\pi\varepsilon_2 H}{\ln\dfrac{R}{r}} \qquad (10.12)$$

显然,式(10.12)的第 2 项比第 3 项小得多,可忽略不计,故:

$$C = \frac{2\pi\varepsilon_1 L}{\ln\dfrac{R_i}{r}} + \frac{2\pi\varepsilon_2 H}{\ln\dfrac{R}{r}} = \frac{2\pi\varepsilon_1 L}{\ln\dfrac{R_i}{R}} + \frac{2\pi\varepsilon_2 H}{\ln\dfrac{R}{r}} = C_0' + KH \qquad (10.13)$$

式(10.13)表明,电容器的电容或电容的增量 $\Delta C = C - C_0'$ 随液位的升高而线性增加。电容传感器输出的电容信号可以通过交流电桥法、充放电法和谐振电路法等检测出来。电容式物位计可用于液位和料位的检测。由于电容随物位的变化量较小,对电子线路的要求较高;而且由于电容易受介质的介电常数变化的影响,对于黏性料、粉料情况会影响测量的准确性,故在测量粉料、黏性料物位时应谨慎选用。

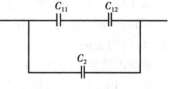

图 10.14 等效电容

10.6 其他物位计

10.6.1 声学物位计

当声波从一种介质向另一种介质传播时,因为两种介质的密度不同和声波在其中传播的速度不同,在分界面上声波会产生反射和折射。声学物位计通过测量声波从发射至接收到被测物位界面所反射的回波的时间间隔来确定物位的高低,其常用的声学信号为超声波,超声波物位计按传声介质不同,可分为气介式、液介式和固介式,常用的是前两种。测量探头又有双探头和单探头之分,前者是一个探头发射超声波,另一个探头用来接收;后者是发射与接收超声波均由一个探头进行,只是发射与接收时间相互错开,它们的几种测量应用原理如图10.15所示。由超声发射器发出的高频超声波脉冲遇到被测介质表面会被反射回来,部分返回波被接收器接收并转换成电信号。若超声发射器和接收器(图中简称探头)到物位的距离为 H,声波在液体中的传播速度为 u,则有如下简单关系:

$$H = \frac{1}{2}ut \tag{10.14}$$

式中　t——超声脉冲从发射到接收所经过的时间,s;

　　　u——超声波的传播速度,m/s。

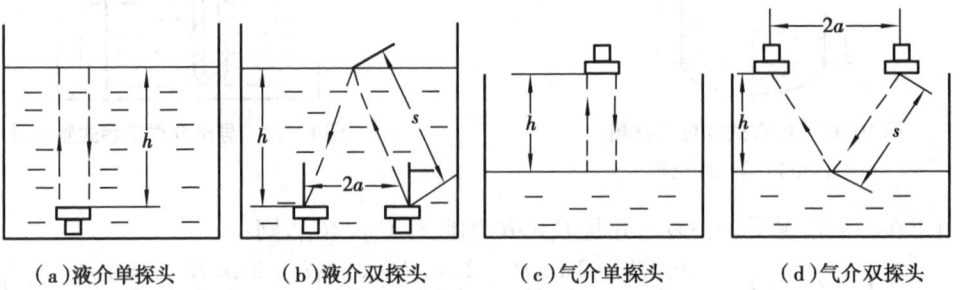

　　　（a）液介单探头　　　（b）液介双探头　　　（c）气介单探头　　　（d）气介双探头

图10.15　超声波物位计的几种测量原理

超声波在介质中的传播速度易受介质温度、成分等变化的影响,需要采取有效的补偿措施,如温度补偿和设置校正工具等。

超声波物位计测量精度高,反应快,使用范围较广,只要界面的声阻抗不同,液体、粉末、块状的物位均可测量,敏感元件(换能器探头)可以不与被测介质直接接触,实现非接触式测量。由于探头本身不能承受过高的温度,超声波传播速度受传播介质振动、噪声、温度影响较大,因而超声波物位计的应用受到一定限制。此外,由于超声波物位计电路比较复杂,维护维修困难,仪器价格较高,因此主要用于测量精度要求较高的场合。

根据声波传播的介质不同,超声波物位计可分为固介式、液介式和气介式3种。

由式(10.14)可知,物位测量的精度主要取决于超声脉冲的传播时间 t 和超声波在介质中的传播速度 u 两个量。前者可用适当的电路进行精确测量,后者易受介质温度、成分等变化的影响,因此,需要采取有效的补偿措施,超声波传播速度的补偿方法主要有以下几种。

(1)温度补偿

如果声波在被测介质中的传播速度主要随温度而变,声速与温度的关系为已知,而且假设声波所穿越的介质的温度处处相等,则可以在超声换能器附近安装一个温度传感器,根据已知的声速与温度之间的函数关系,自动进行声速的补偿。

(2)设置校正具

在被测介质中安装两组换能器探头,一组用作测量探头,另一组用作构成声速校正用的探头。校正的方法是将校正用的探头固定在校正具(一般是金属圆筒)的一端,校正具的另一端是一块反射板。由于校正探头到反射板的距离 L_0 为已知的固定长度,测出声脉冲从校正

探头到反射板的往返时间 t_0，则可得声波在介质中的传播速度为

$$v_0 = \frac{2L_0}{t_0}$$

(10.15)

因为校正探头和测量探头是在同一个介质中，如果两者的传播速度相等，即 $v_0 = v$，则代入式(10.15)可得

$$H = \frac{L_0}{t_0}t$$

(10.16)

由上式可知，只要测出时间 t 和 t_0，就能获得料位的高度 H，从而消除了声速变化引起的测量误差。

根据介质的特性，校正具可以采用固定型的，也可以采用活动型的。前者适用于容器中介质的声速各处相同，后者主要用于声速沿高度方向变化的介质。图 10.16 给出了应用这两种校正具检测液位的原理图。

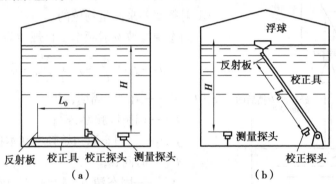

图 10.16　应用校正具检测液位原理

10.6.2　微波物位计

在电磁波谱中将波长为 1～1000 mm 的电磁波称为微波。微波的特点是在各种障碍物上能产生良好的反射，具有良好的定向辐射性能；在传输过程中受到粉尘、烟雾、火焰及强光的影响小，具有很强的环境适应能力。常用的微波物位计有反射微波物位计和调频连续波式物位计两种。

反射微波物位计的原理是通过微波发射天线倾斜一定的角度向液面发射微波束，波束遇到物面即发生反射，其波束被微波接收天线接收，从而测定液位，其原理如图 10.17 所示。

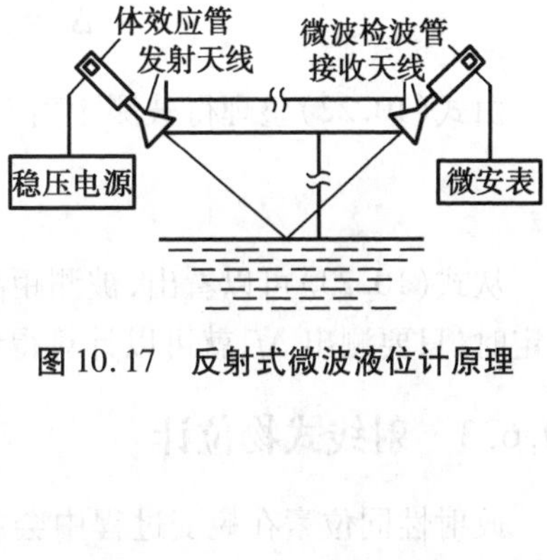

微波接收天线接收到的微波功率为：

$$P_r = \left(\frac{\lambda}{4\pi}\right)^2 \frac{P_i G_i G_r}{d^2 + 4H^2}$$

(10.17)

图 10.17　反射式微波液位计原理

式中　H——两天线距料面的垂直距离，m；

　　　P_i——天线发射功率，W；

　　　λ——微波波长，m；

$G_i G_r$——天线增益;

d——两天线间距离,m。

由于发射功率、波长、天线增益都是保持稳定不变的,故式(10.17)可简化为:

$$P_r = \left(\frac{\lambda}{4\pi}\right)^2 \frac{P_i G_i G_r}{4} \frac{1}{\frac{1}{4}d^2 + H^2} = \frac{K_1}{K_2 + H^2} \qquad (10.18)$$

式中 K_1——增益常数,取决于微波波长、发射功率及天线的增益;

K_2——距离常数,取决于天线安装的方法与位置,主要是距离。

可见,只要测定了天线接收到的微波功率,就可计算出液位。

$$H = \sqrt{K_2 - K_1 P_r} \qquad (10.19)$$

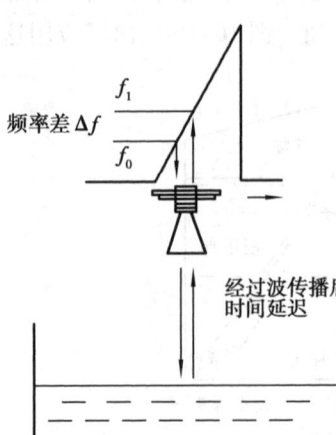

图 10.18 调频式微波物位计原理

调频连续微波式物位计,如图 10.18 所示。它是向被测介质表面发射一定频率的微波,通过记录发射频率与反射频率差来测量物位的。

固态源微波发射频率变化规律为:

$$f_2 = f_0 + \frac{df}{dt} = f_0 + \frac{\Delta f_0}{T/2} = f_0 + 2F\Delta f_0 t \qquad (10.20)$$

式中 T——调制波周期,s;

f——调制波频率,s^{-1};

f_0, f_2——固态源初始频率和本振频率,s^{-1};

t——时间,s;

Δf_0——固态源在调制信号 1/2 周期内的频偏范围。

微波经被测介质表面反射的回波频率为:

$$f_1 = f_0 + 2F\Delta f_0(t + \Delta t) \qquad (10.21)$$

式中 f_1——回波频率,s^{-1};

Δt——微波往返于被测对象之间的延迟时间,$\Delta t = 2L/C$,C 为光速,L 为被测距离。

所以,频率差 Δf 为:

$$\Delta f = f_1 - f_2 = 2F\Delta f_0 \frac{2L}{C} = \frac{4F\Delta f_0}{C}L \qquad (10.22)$$

由式(10.22)整理得被测距离 L 为:

$$L = \frac{C\Delta f}{4F\Delta f_0} \qquad (10.23)$$

从式(10.23)可以看出,被测距离 L 与频率差 Δf 成正比。当固态源的调制频率 F 和频偏一定时,只要测出 Δf,就可以计算得到 L。

10.6.3 射线式物位计

放射性同位素在蜕变过程中会放射出 α,β,γ 射线。当射线射入一定厚度的介质时,部分能量被介质所吸收,部分穿透介质,所穿透的射线强度随着所通过的介质厚度增加而减弱。

$$I = I_0 e^{-\mu H} \tag{10.24}$$

式中　I, I_0——射入介质前和通过介质后的射线强度,光子数/m^2;

　　　μ——介质对射线的吸收系数;

　　　H——射线所通过的介质厚度,m。

介质不同,吸收射线的能力不同。一般是固体吸收能力最强,液体其次,气体为最弱。当射线源和被测介质一定时,I_0 和 μ 都为常数,测出通过介质后的射线强度 I,便可求出被测介质的厚度 H。

射线式物位检测系统主要由射线源,接收器和电子线路等部分组成,见图10.19。

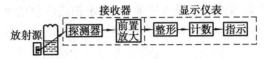

图 10.19　射线式物位计原理框图

射线源主要作用是产生射线,物位检测中一般采用穿透能力较强的 γ 射线,它主要是由同位素 C_0^{60}(钻)和 C_s^{137}(铯)释放。同位素的质量决定射线的强度,质量越大,所释放的射线强度也越大,有利于提高测量精度,但也会增加防护困难。因此,必须是二者兼顾,在保证测量满足要求的前提下尽量减小其强度,以简化防护和保证安全。

射线探测器的作用是将其接收到的射线强度转变成电信号,并输给下一级电路。对 γ 射线的检测,常用的探测器是闪烁计数管。此外,还有电离室、正比计数管和盖革–弥勒计数管等。

射线式物位计可实现完全的非接触测量,特别适用于高黏度、高腐蚀性、易燃、易爆等特殊介质的物位检测,而且射线源产生的射线强度不受温度、压力的影响,测量值比较稳定。但由于射线对人体有较大的危害作用,使用不当会产生安全事故,因而在选用上必须慎重。

物位检测一般要求是实现连续测量,以准确知道物位的实际高度。但在有些场合下,通过物位检测可以将物位控制在某个范围内,用于物位的报警及控制。这种物位检测仪器也叫物位开关,如前述的浮球式液位开关;另外电学式(包括电阻、电容、电感、电接点、电极)物位计,超声波物位计、射线式物位计,激光物位计微波物位计、振动式(音叉)物位计和运动阻尼物位计等都可输出开关量。

10.7　应用实例

建筑环境与能源应用工程领域对建筑设备管道系统的物位测量,主要是对各种水箱液位的测量。对于连续液位测量常用浮筒式液位计和差压式液位计,对于水位的限高监控则可采用浮球式液位开关、电容式液位开关、电极液位开关和电接点液位开关等。

有些设备运行中也需要对液位进行测量和控制,如对制冷机中冷媒液位和润滑油液位,锅炉汽包水位的测量和控制,直接影响到设备的安全高效运行。

对于料位的测量主要包括对锅炉房煤仓料位、除尘器系统或气力输送系统中粉尘和物料料位的测量。

10.7.1　水箱水位和汽包水位的测量

建筑环境与能源应用工程中的系统水箱对于系统循环、定压,保障系统运行的可靠性具有重要意义。水箱水位过高或过低,不但会影响系统运行状态,还可能引起水泵损坏等事故。汽包水位的准确测量与控制,对锅炉的安全运行也极为重要。汽包水位过高或过低,都将引起蒸汽品质变坏或水循环恶化,甚至造成严重事故。

系统水箱水位和运行平稳的低压锅炉汽包水位可以用简单的连通管液位计,电极式水位计和电接点水位计测量。

连通管液位计是在水箱或汽包上设置连通管,将水箱或汽包的水位等高地显示在与汽包连通的玻璃管中。常用的连通管液位计有管式和板式两种(图10.20)。

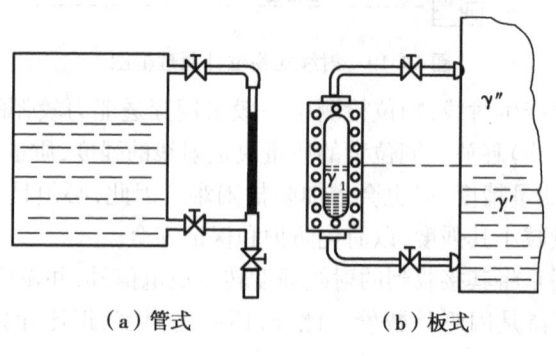

（a）管式　　　　　（b）板式

图 10.20　连通管液位计

电极式水位信号器结构如图10.21所示。它主要由安装在钢制筒体中的长短不同的不锈钢电极组成,电极的长度按控制水位的要求而定。当水位高于(低于)电极高度时,水与电极之间的导电回路接通(断开),从而显示对应的水位状况。电极式水位信号器结构简单,能正确反映水位,缺点是当电极棒表面氧化或结垢后,与水之间的导电性能会降低,从而使信号器失灵。

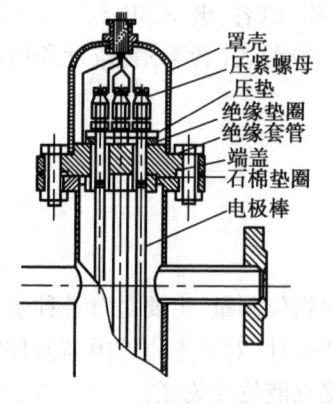

图 10.21　电极式水位信号器

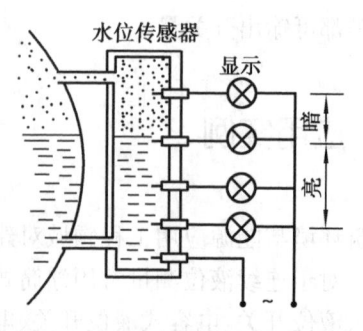

图 10.22　电接点式水位传感器

电接点式水位传感器(图10.22)是一个带有若干个电接点的连通器,工作原理同电极水位计。当水位达到某一电接点位置时,电路中的指示信号工作,指示信号开关接通多少反映连通器内水位的高低。电接点式水位传感器不能连续指示水位。

大中型锅炉的汽包水位测量通常利用差压测量的原理来实现,然而随着汽包压力的变化(或温度的变化),汽包内水和蒸汽的密度是变化的,造成了假水位现象,无法测量出实际的汽包水位。尤其是当锅炉启动,停炉时,压力和温度升高过程中这种误差也会增大,必须进行压力补偿。常用的补偿方法是利用平衡容器将汽包液位差压引出,通过测量平衡容器内的水位压差来得到锅炉汽包水位。

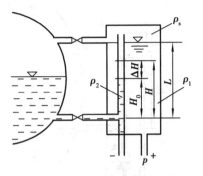

图 10.23 双室平衡容器结构原理

平衡容器有双室和单室两种。常用的双室平衡容器的结构如图 10.23 所示,正压头从宽容器中引出,负压头从置于宽容器中的汽包水侧连通管中引出。宽容器中水面高度保持一定,即正压头为定值,负压管与汽包连通。因此,负压管输出压头的变化反映了汽包水位的变化。当汽包位在正常水位 H_0(零水位)时,平衡容器的差压输出 Δp_0 为:

$$\Delta p_0 = L\rho_1 g - H_0\rho_2 g - (L - H_0)\rho_s g \qquad (10.25)$$

式中 ρ_s,ρ_1,ρ_2——饱和蒸汽、宽容器和连通管中水的密度,kg/m^3。

当汽包水位偏离正常水位 ΔH 时,平衡容器的差压输出为 Δp:

$$\Delta p = \Delta p_0 - (\rho_2 - \rho_s)g\Delta H \qquad (10.26)$$

$L,H_0,\rho_s,\rho_1,\rho_2$ 为确定值时,Δp_0 为常数,即零水位差压是稳定的,则平衡容器的输出差压 Δp 是汽包水位变化 ΔH 的单值函数。

大中型锅炉的汽包位置都很高,不利于人员观察记录,为了方便司炉人员及时观察水位,许多锅炉的汽包水位测量采用了低置水位计测量系统。该系统由凝结箱、膨胀室、低置水位计和连通管组成,测量原理见图 10.24。凝结箱中水位与锅炉汽包水位保持一致,由于凝结箱下部右侧垂直连通管具有保温性,故其中水的密度及凝结箱中水的密度与炉水相同。低置水位计、膨胀室下部及两者之间的连通管中充入物为三溴甲烷和苯的混合重溶液,其他连通管中为凝结水。炉水、凝结水和重溶液的密度分别为 ρ_1,ρ_2,ρ_3。在低置水位计中,重溶液指示高度左右两侧的连通管压力平衡。即:

$$H_0\rho_1 g + H\rho_2 g + h\rho_3 g = (H_0 + H + h)\rho_2 g$$

得:

$$h = H_0 \frac{\rho_2 - \rho_1}{\rho_3 - \rho_2} \qquad (10.27)$$

当汽包水位降低 ΔH_0 时,水位计水位降低 Δh,为方便读数,要求 $\Delta H_0 = \Delta h_0$ 汽包水位与水位计水位的变化关系与炉水凝结水、重溶液的密度及水位计截面 f_1,膨胀室横截面 f_2 有关,由于炉水、凝结水密度和水位计,膨胀室横截面不可调整,所以只有通过调整重溶液的密度来满足以上要求。重溶液密度按下式确定:

$$\rho_3 = \frac{(1 + f_1/f_2)\rho_2 + \rho_1 - \rho_s}{1 + f_1/f_2} \qquad (10.28)$$

重溶液的密度 ρ_3 可通过调整三溴甲烷和苯的比例达到式(10.25)的要求。

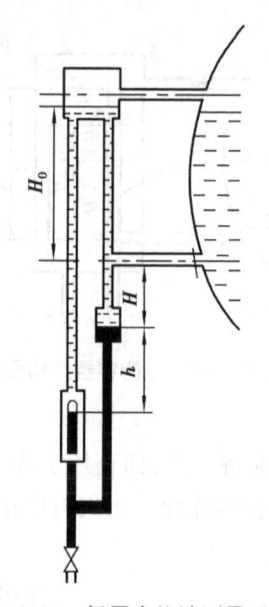

图 10.24　低置水位计测量系统

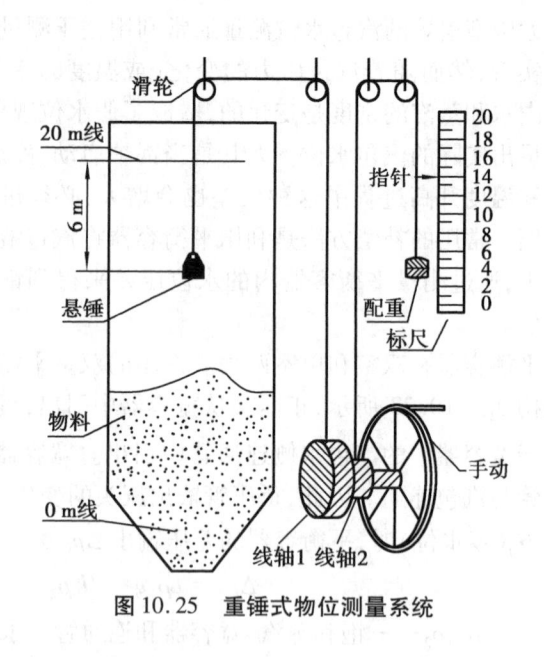

图 10.25　重锤式物位测量系统

10.7.2　大型锅炉煤粉仓料位重锤式自动测量装置

重锤式物位测量是利用悬锤自身的重力,将连接重锤的绳索拉直,当悬锤接触料位后,绳索失去向下的拉力,变得松弛。测量由料仓顶端到开始松弛的绳索长度,再用料仓的高度减去绳索下降长度,就可得到物料的实际高度即料位。传统的重锤式物位测量系统见图 10.25,料位显示通过一套位移转化机构完成。该机构将测量悬锤绳索与指示配重绳索置于一组同轴线轮上,两个线轮的直径比决定显示标尺的显示比例。当测量悬锤停在料位顶部,显示系统的指针也停在标尺的某个位置,指针的指示值就是当前物料料位的近似值。测量过程依靠人工感觉绳索是否松弛来判断悬锤是否接触到料位,无法实现自动测量。

重锤式自动测量装置由悬锤控制系统、测量读数系统、限位保护系统和计算机控制系统组成。

1)悬锤控制系统

在悬锤上增加具有自动料位感知功能的传感器。鉴于煤粉的特殊物理性质,传感器不能选用普通的接触式行程开关(触点火花易引起粉尘爆炸)或光电开关(粉尘易导致光电传感器失灵);而应选择非接触式、不怕粉尘的元器件,可采用图 10.26 所示的由钕铁硼强磁器件和霍尔磁敏元件组成的非接触传感器。该传感器在霍尔元件与钕铁硼器件之间置入一铁制挡板,当悬锤到达料位位置时,挡板被煤粉推到霍尔元件与钕铁硼器件之间,磁力线被阻断,霍尔元件无信号产生;当悬锤悬空,挡板移出霍尔元件与钕铁硼器件之间,磁力线在霍尔元件上就会产生电信号。悬锤升降由电动机驱动的线轴转动实现,传感器输出电信号作为电动机的控制信号。

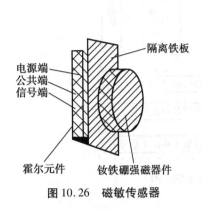

图 10.26 磁敏传感器

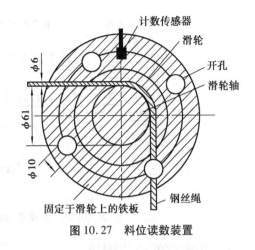

图 10.27 料位读数装置

2) 测量系统读数系统

在下行滑轮上等距地打若干个孔,如图 10.27 所示。当滑轮行进到有孔的位置时,计数传感器产生电信号,转离时则信号消失,形成计数脉冲。记录悬锤从开始下降到停止的总脉冲数,并乘以滑轮上两孔间对应绳索弧长,就可得到悬锤下降的总长度,用料仓的实际高度减去该长度值就是物料在料仓中的实际位置。

3) 限位保护系统

在悬锤上绳端固定一段有 2 级凸起的筒节(图 10.28),在料仓上方固定一个限位保护机构。升锤过程中,在连接测量悬锤的绳索零位(到达料仓顶端的绳索长度)处安装一个二级凸起筒节。当第一级凸起的筒节进入限位保护机构时,压缩图中所示的弹簧,将阻断零位信号的组件移位,产生零位信号,表示悬锤业已升到料仓顶端,应停止上升。若系统出现故障,电机不能正常停止时,悬锤继续上升,当

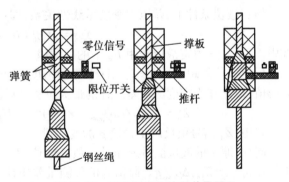

图 10.28 零位及限位信号装置原理

第二级凸起的筒节进入机构时继续压缩该弹簧,且继续推动信号组件的推杆,直至断开限位开关,切断电机电源,以起到保护作用。

4) 计算机控制系统

计算机系统的主要功能是把控制面板上对整个装置的各预置值及控制指令采集到计算机中,经过分析,对悬锤控制系统进行控制操作。同时将悬锤控制系统的工作状态信号采集到计算机中,输出到控制面板的状态显示器(指示灯)上。测量结果则显示在控制面板的料位显示器(数码显示管)上。控制系统如图 10.29 所示。

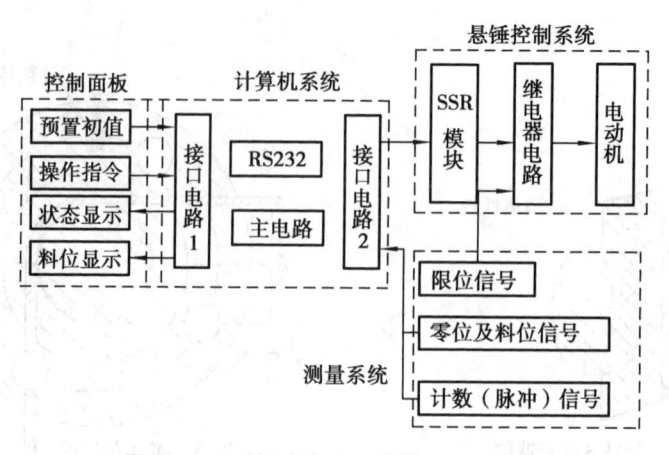

图 10.29　重锤式自动测量控制系统框图

10.7.3　变密度的液位测量

1)测量原理

差压法测量液位的原理是基于 $\Delta p = H\rho g$,在正常测量条件下,密度恒定不变,则差压与液位高度呈线性正比关系,通过测量差压信号可间接地获取液位值。而在密度为变量时,差压信号是液位和介质密度的二元函数,密度又是介质组分和温度的多元函数。当温度变化时,在无物料进出容器的情况下,由于介质密度的变化会引起液位的升降,而差压信号并无改变,即 p 与 H 的乘积不变,从而导致测量误差。

恒定液位条件下,差压与密度呈线性关系,即:

$$\Delta p_d = H_d \rho g (H_d = 常量)$$

式中　Δp_d——恒定液位间距 H_d 下的差压值。

恒定液位间距下,用一差压计来测量密度的变化。在出现最大密度 ρ_{max} 情况下,将有最大压值,以此作为密度测量差压计的最大量程,其输出信号为:

$$Z_d = (\Delta p_d / \Delta p_{d,max}) \times 100\% = H_d \rho g / (H_d \Delta \rho_{max} g) \times 100\%$$

式中,Z_d 信号值反映了密度 ρ 的变化量。

同理,原来的液位测量差压计在最高液位 H_{max} 和最大密度 ρ_{max} 的情况下,显示出最大差压值:$\Delta p_{h,max} = H_{max} \Delta \rho_{max} g$。此值为液位测量差压计的最大量程,其输出为:

$$Z_h = (\Delta p_h / \Delta p_{h,max}) \times 100\% = H\rho g / (H_{max} \Delta \rho_{max} g) \times 100\%$$

将上述两个差压信号相除,得:

$$Z = (Z_h / Z_d) \times 100\% = (H / H_{max}) \times 100\%$$

$$Z_h = (\Delta p_h / \Delta p_{h,max}) \times 100\% = H\rho g / (H_{max} \Delta \rho_{max} g) \times 100\% \qquad (10.29)$$

观察式(10.27)可知,双变量函数 $Z_h = f(H,\rho)$ 经过除法运算,消去了其中的密度变量 ρ,最终在等式的右边表达式中只含有单值的液位变量 H。因此,除法器输出信号 Z 将真实反映实际液位的数值,由于各种原因引起的密度变化所带来的液位测量误差,将得到克服。

2)测量系统

根据以上原理,可采用图 10.30 所示的双差压计测量方法对变密度的液位进行测量。图中差压计 Bd 的负压侧连接固定的中间液相取压点(有效液位测量范围下限),其正压侧与差压计 Bh 的正压侧相通,连接到靠近容器底部的液相取压点,以保证取压信号的准确有效。差压计 Bh 与普通差压液位计安装方式相同。

3)测量步骤

(1)确定有效液位测量范围 D_H

一般情况下,有效液位测量的下限值 H_{min} 不等于 0,由此确定有效液位测量范围为:

下限:$H_{min} > 0$;

上限:$H_{max} = H_{min} + D_H$。

(2)确定恒定液位值 H_d

从原理上分析,H_d 的设置可以自由选取,但工程实践中会受到许多条件限制。

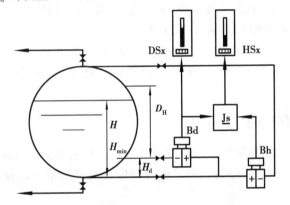

图 10.30　双差压计测量变密度液位系统图

Bd—密度测量差压计;Bh—液位测量差压计;Js—除法器;HSx—液位显示仪

首先,H_d 应小于或等于 H_{min};否则,当液位接近 H_{min} 时,测量密度差压计 Bd 已失去了恒定液位的条件,从而引起严重的失真。其次,H_d 数值选择得过小,测量灵敏度会受到影响。再则,设备容器的结构决定了可能的测压点开孔区域,并非任意位置都允许开孔取压。

因此,建议在满足 H_d 小于或等于 H_{min} 的条件下,选择较大的 H_d,以利于改善测量灵敏度。

(3)确定差压计最大量程

密度测量差压计的量程为:$\Delta p_{d,max} = H_d \rho_{max} g$

液位测量差压计的量程为:$\Delta p_{h,max} = H_{max} \rho_{max} g$

(4)确定除法器比例系数

除法器的比例系数为:

$$K = \frac{H_d}{H_{max}}$$

(5)测量数据计算

分别读取密度测量差压读数 Δp_d 和液位测量差压读数 Δp_h,计算液位高度为满量程的比例 $Z = K(\Delta p_h / \Delta p_d) \times 100\%$,则实际液位 $H = H_{max} Z$。

4) 测量结果举例

以下以某液化气球形储罐液位测量为例,说明测量换算的整个过程。

选取被测液位的测量上限为 $H_{max} = 700$ cm,液位测量下限为 $H_{min} = 60$ cm,设恒定液位高度 $H_d = 60$ cm,则除法器比例系数 $K = H_d/H_{max} = 0.08571$。取最大密度值 $\rho_{max} = 0.58$ g/cm^3,则密度测量差压计量程 $\Delta p_{d,max} = HV_d\rho_{max}g = 3.413$ kPa,液位测量差压计量程 $\Delta p_{h,max} = H_{max}\rho_{max}g = 39.81$ kPa;实际测量中,当被测液体密度变为 $\rho = 0.54$ g/cm^3,实际液体液位高度为 $H = 460$ cm 时,密度测量差压读数 Δp_d 为 3.177 kPa;液位测量差压读数 Δp_h 为 24.36 kPa。

经除法器换算后:

$$Z = K \times (\Delta p_h/\Delta p_d) \times 100\% = 0.08571 \times (24.36/3.177) \times 100\% = 65.72\%$$

即当前液位高度为满量程的 65.72%。

实际液位值为:$H = H_{max} \times 65.72\% = 460.0$ cm,与实际液位相符。

对比普通差压法液位测量,其结果 Z_h 值为:

$$Z_h = \Delta p_h/\Delta p_{d,max} = 61.18\%$$

即液位高度为满量程的 61.18%,液位计刻度显示值 $H_{max} \times 61.18\% = 428.26$ cm,误差大于 31 cm。

10.7.4 液位测量存在的主要问题

在正常情况下,对液位测量的要求可按常规进行。但在实际应用时,还需要结合液位测量特有的工艺特点,多加考虑,以提高测量的准确度。液位测量仪表存在与物位测量仪表共有的问题:

①测量存在盲区。用浮子式液位计测液位时,浮子的底部触及容器底面之后就不能再下降,浮子顶部触及容器顶面也不能再升高,因而有盲区。用声学式物位计测量液位时,受到距离太小无法分辨的限制,也存在盲区。

此外,有时容器的几何形状和传感器安装位置配合不当会出现死角,声学式和核辐射式都存在死角问题。

②工业用的任何仪表都有可靠性要求,尤其是安全防爆问题不容忽视,但液位仪表更具有特殊性,如应用于高压容器、挥发性物料及有毒物料的液位仪表应特别注意防泄漏。接触式液位仪表往往还有防腐、防磨损、防粘附等要求。有挥发性易燃易爆气体的场合及大量粉尘的环境,还要注意防爆安全。

③液面不平。流动性好的液体,液面是水平的,所以除了利用器壁作为电极的电容式液位计之外,一般液位计只对安装高度有要求,可以在同一高度上选择任何安装地点。理想情况液面是一个规则的表面,但当液体流进流出时,会有波浪,或在生产过程中被测液体可能出现沸腾、起泡沫或在表面有悬浮物的现象,液面是不平的。

④物性参数不均匀且变化。如不考虑上下层液体的温度不均匀性,可认为密度一致,由体积求质量很容易计算。但大型容器中常会出现被测介质各处温度、密度和黏度等物理量不均匀的现象,而且可能随时间、温度等而变化,造成测量误差。

⑤特殊情况。容器中常会有高温高压,或液体黏度很大,或含有大量杂质悬浮物等情况,对测量造成不利影响。

思考题

10.1　试阐述恒浮力测量和变浮力测量的特点。

10.2　物位测量主要是根据哪些原理来测量的?

10.3　简述声学式物位计的测量原理及其分类。

10.4　常见的恒浮力式液位计有哪些? 它们各有什么特点?

10.5　浮球液位计有时输出达不到 100 kPa,其原因是什么? 若输出变化缓慢或不均又是什么原因?

10.6　请对比分析浮力式,差压式和电气式物位计测量物位时的适用场合。

10.7　请根据电阻式,电容式和电感式物位计的工作原理分析其各自的仪表特点。

10.8　使用差压式液位计测量液位时为什么要进行量程迁移,如何进行修正?

10.9　请分析大型锅炉房系统中可能需要的物位测量的主要部位,并选择合适的测量方法。

10.10　仪表如下图所示,用差压变送器测量闭口容器的液位。已知 $h_1 = 50$ cm, $h_2 = 200$ cm, $h_3 = 140$ cm,被测介质的密度为 0.85 g/cm³,负压管内的隔离液为水,求变送器的测量范围和迁移量。

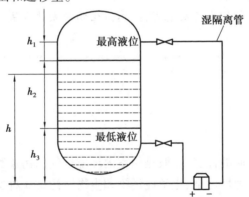

10.11　有一台差压式变送器,其测量范围为 0 ~ 10000 Pa,在该表的说明书中规定可实现的负迁移为 100%(最大迁移量-100%)。试问该表的最大迁移量是多少? 用充放电法检测电容变化量的电容式液位计,其零位、量程是通过什么进行调整的? 为什么?

10.12　有一电动浮筒液位变送器用来测量界面,其浮筒长度 $L = 800$ mm,被测液体的重度分别为 $\rho_重 = 1.2$ g/cm³ 和 $\rho_轻 = 0.8$ g/cm³。试求输出为 0%、50% 和 100% 时所对应的灌水高度。

11

气体成分测量

学习目标：

1. 熟悉常用室内空气污染物测量仪器的测量原理；

2. 熟悉室内甲醛、苯及苯系物、总挥发性有机化合物（TVOC）、氨、氡和可吸入颗粒的测量仪器及测量方法；

3. 了解室内微生物的来源及危害，熟悉微生物的测量方法，掌握常用的室内微生物控制方法。

11.1 概 述

建筑室内环境空气品质的优劣，一般是用室内环境空气的污染程度来进行衡量的。室内环境空气污染主要包括物理性污染、化学性污染和生物性污染3种类型。物理性污染主要是指由物理因素（如电磁辐射、噪声、振动，以及不舒适的温度、湿度、风速和照明等）所引起的污染；化学性污染主要是指由化学物质（如甲醛、苯系物、氨气、氡及其子体和悬浮颗粒物等）所引起的污染；生物性污染主要是指由生物污染因子，主要包括细菌、真菌（包括真菌孢子）、花粉、病毒、生物体有机成分等引起的污染。

建筑室内环境空气污染物种类很多，按其存在状态主要分为悬浮颗粒物和气态污染物两大类。悬浮颗粒物是指悬浮并混杂在空气中的固态微粒和液态微粒，主要包括无机颗粒物、有机颗粒物、微生物及生物溶胶等；液态微粒是指以分子状态形式存在的污染物，主要有无机化合物、有机化合物和放射性物质等。

建筑室内空气污染的形成，主要是由人为因素造成的。人们的居住环境和生活行为方式在很大程度上影响着人们的健康，并与多种疾病的产生有着密切的联系。长时间生活在有污染的环境中，可导致室内人员身体体质下降，引发疾病，甚至导致死亡。为了保护人们身体健康,控制建筑室内环境空气的污染,保证建筑室内环境的空气品质的质量,必须对建筑室内环境空气的质量进行有效的控制和检测。

本章主要从常用室内空气污染物测量原理与仪表、建筑室内环境空气污染测试两方面展开。由于室内空气污染物种类太多,难以进行全面介绍,为此主要针对建筑室内环境有代表性的几种物质,如甲醛、苯、TVOC、氨、氡、可吸入颗粒和微生物等进行介绍。

11.2 常用室内空气污染物测量原理与仪表

测量气体成分的方法有光谱分析法、色谱分析法以及化学测定法。不同的方法依据不同气体特定的物理或化学特性来判别气体的成分。光谱分析法利用气体对光的吸收或气体受到激发产生特征光谱,通过分析光谱的特性以确定气体的结构、成分或含量。色谱分析法利用混合物中不同组分在两相中亲和能力的不同进行组分分离,随后进行定性或定量分析。化学测定法依赖于特定的化学反应及其计量关系对气体组成进行检测分析。本节主要介绍常用的气体污染物成分测量方法,即红外吸收光谱法、气相色谱法及化学测定法。

11.2.1 气体污染物成分测量

1)红外吸收光谱法

红外线气体分析仪

红外线气体分析仪是一种建立在红外吸收光谱法基础上的气体分析仪器。其利用被测气体对红外光的特征吸收来进行定量分析。当被测气体通过受特征波长光照射的气室时,被测组分吸收特征波长的光,剩余的透射光强度与入射光强度、吸光组分浓度之间的关系遵守比尔定律:

$$E = E_0 e^{-kLc} \tag{11.1}$$

式中 E, E_0——透射、入射的特征波长红外光强度,cd;

k——被测组分对特征波长红外光的吸收系数;

L——入射红外光透过被测样品的光程,m;

c——被测组分的浓度,mol/L。

在红外线气体分析仪中,红外辐射光源的入射光强度不变,红外线透过被测样品的光程不变,且对于特定的被测组分,吸收系数也不变,因此透射的特征波长红外光强度仅是被测组分的函数,故通过测定透射特征波长红外光的强度即可确定被测组分的浓度。

红外线气体分析仪由红外光源、切光器、气室、光检测器及相应的供电、放大、显示和记录用的电子线路组成(图11.1)。分光源辐射出的红外线被汇聚成能量相等的两束平行光后射出,被切光片切割成断续的交变光,从而获得交变信号,减少信号漂移。两路平行光中,一路通过滤波室5、参比气室7(内充不吸收红外线的气体,如氮气),射入接收室;另一束光称为测量光束,通过滤波室4,射入测量气室6。由于测量气室中有气样通过,则气样中的待测量吸收了部分特征波长的红外光,使射入接收室的光束强度减弱,待测量含量越高,光强减弱越多。两束强度不同的红外光进入检测器9,引起检测器内电容变化,据此变化可测量待测组分的浓度。

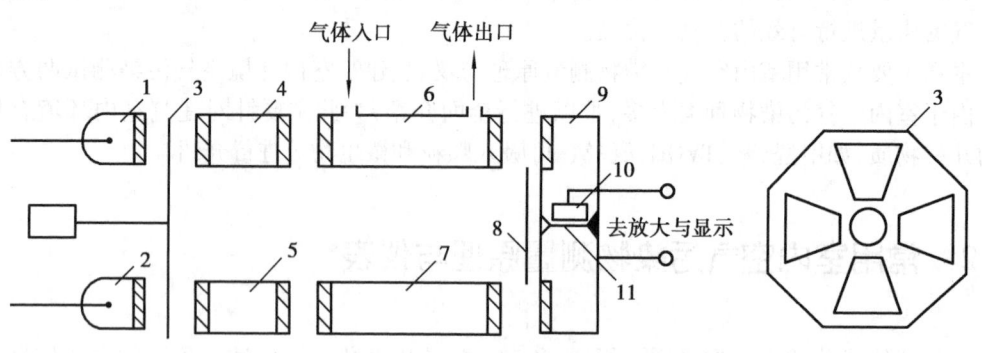

图 11.1　红外线气体分析器的基本组成

1，2—红外光源；3—切光片；4，5—滤光镜（气室）；6—测量气室；7—参比气室；
8—使两光路平衡的遮光板；9—薄膜电容微音器；10—固定金属片；11—金属薄膜

红外线气体分析仪多用来测量含有 CO，CO_2，NH_3 以及气态烃类气体，但不能测量单原子分子和对称结构无极性双原子分子。

2) 气相色谱法

气相色谱法是建筑室内环境空气污染物测定的主要方法之一。气相色谱法可以用来测定建筑室内环境空气中的甲醛、苯及苯系物、挥发性有机化合物等多种有害气体的浓度。

利用气相色谱法分离混合物组分的原理是：需要进行分离的混合物的样品，在流动相的推动作用下，流经一支装有固定相的色谱柱，受固定相的吸附或溶解作用，样品中的各组分在流动相和固定相中产生浓度变化。由于固定相对不同组分的吸附或溶解度不同，因此，各种组分在流动相和固定相中的浓度分配情况，会产生不同的状态和不同的参数变化，从而使各自从色谱柱中流出的时间长短发生不同的变化，达到分离混合物组分的目的。当采用液体作为流动相时，则称为液相色谱法；当采用气体（载气）作为流动相时，则称为气相色谱法。根据色谱柱中固定填充物的状态不同，气相色谱又分为气-固色谱和气-液色谱两种方式。气-固色谱中的固定相为固态填充物，气-液色谱中的固定相为液态填充物。检测混合物通过色谱柱（通常为填充柱和毛细管柱），并与色谱柱内固定相相互作用，这种相互作用大小的差异使各混合物各组分按先后次序从色谱柱流出，并且将它们依次导入检测器，从而得到各组分的检测信号。按照导入检测器的先后次序，经过对比，可以区别出是什么组分，根据峰高度或峰面积可以计算出各组分含量。

气相色谱分析仪是色谱法用来进行组分分析的仪器。它的主要组成部分有色谱柱、载气源、检测器、信号放大器、数据处理显示单元等。典型的气相色谱分析仪的组成和工作流程，如图 11.2 所示。

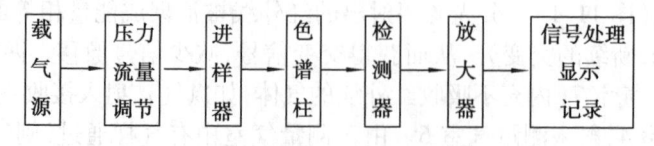

图 11.2　气相色谱分析仪的组成和工作流程

载气源的载气用来输送待测组分。一般选用的是惰性较大、不被固定相吸附或溶解，与待测组分不相同,在检测器中与待测组分的灵敏度相差较大的气体,如 H_2、H_e 及 Ar 等作为载气源。

色谱柱一般采用玻璃管或不锈钢管制成,根据待测组分的不同性质选择内部填充的固定相。气-固色谱通常采用的是粒状的氧化铝、硅胶、活性炭、分子筛和高分子多孔微球等作为固定相;气-液色谱通常采用硅油、液态石蜡、聚乙烯乙二醇、甘油等物质作为固定相。色谱柱的分离效果同固定相内部填充物的性质、色谱柱的体积、流量、温度等特性参数有关。

检测器主要有热导检测器和氢火焰电离检测器两种形式。热导检测器经常在 CO 和 CO_2 等无机组分的测量中使用。一般应用传热系数较大的 H_2 或 H_e 作为载气源。工作时,仪器的参比室注入纯载气,测量室注入从色谱柱中流出的载气与待测组分的混合气体。参比室和测量室内热敏电阻的两端连接在测量电桥的相邻桥臂上。当测量室内的气体与参比室气体的热传导性不同时,电桥输出不同的毫伏电压信号,根据所测得毫伏电压信号的大小变化,就得到所测定组分的状态参数。

氢火焰电离检测器利用碳氢化合物(H_nC_m)在火焰中的电离现象对 H_nC_m 组分进行浓度测量,这种方式一般使用在对有机组分的测量中。测量室中的混合气体经过喷雾嘴喷出后,在空气的助燃下由通电点火丝点燃。H_nC_m 在燃烧的火焰中产生离子和电子,其数目随 H_nC_m 中所含 C 原子数目的增加而增加。这些离子和电子在周围电场的作用下,依照一定的方向运动而形成电流,电流信号的大小变化即反映待测组分的浓度大小。

气相色谱法可以用于建筑室内环境中甲醛、苯及苯系物、TVOC 的测量,不同空气污染物的测量原理因气体成分不同而存在明显差异。以下介绍几种污染物的测量原理。

①甲醛的测量原理

将空气中甲醛在酸性条件下吸附在涂有 2,4-二硝基苯肼的 6201 担体上,生成稳定的甲醛腙。用二氧化碳洗脱后,经 OV-色谱柱分离,用氢火焰离子化检测器测定,用保留时间来进行定性,用峰高来进行定量。用 0.2 L/min 的流量采气 50 L 时,检出下限浓度为 0.01 mg/m³,它的测定范围一般为 0.02 ~ 1 mg/m³。注入样品洗脱液 5 μL 时,检测的下限范围在 0.2 μg/mL。

②苯及苯系物的测量原理

空气中苯、甲苯、二甲苯利用活性炭采集试管进行试样采集,然后经热解析或用二硫化碳提取,用毛细管色谱柱分离,并用氢火焰离子化检测器进行检测,以保留时间定性,峰高或峰面积定量。

③TVOC 的测量原理

选择合适的吸附剂(Tenax Gc 或 Tenax TA),用采样吸附管采集一定体积的空气样品,空气流中的挥发性有机化合物保留在吸附管中。在现场采样后,将吸附管加热,解吸挥发性有机化合物,测试样品随惰性载气进入毛细管气相色谱仪。利用保持时间来定性和利用峰高或峰面积来定量的方法进行测量。这种方法主要用于在建筑物室内、外环境和工作区域环境空气中挥发性有机化合物浓度的测定,其浓度测定范围一般为 0.5 ~ 100 mg/m³。

3)化学测定法

(1)奥氏气体分析仪

奥氏气体分析仪是利用化学吸收法测定气体组分和体积的。其基本原理是使气体混合物与吸收液接触,某一种吸收液只与混合气体中某一种气体发生化学吸收作用,而不与其他的气体发生吸收作用。如果在吸收前后,气体的温度、压力不变,那么吸收前后气体体积之差即是被测的某一种气体的体积。

根据分析气体数量的不同,奥氏气体分析仪有单管、三管、四管、六管和七管之分。测量锅炉烟气成分一般采用三管分析仪。在测量中、高浓度二氧化碳的含量时,以50%的氢氧化钾水溶液吸收三原子气体,其反应如下:

$$CO_2 + 2KOH \rightarrow K_2CO_3 + H_2O$$
$$SO_2 + 2KOH \rightarrow K_2SO_3 + H_2O$$

以焦性没食子酸的碱溶液吸收 O_2,其反应如下:

$$C_6H_3(OH)_3 + 3KOH \rightarrow C_6H_3(OK)_3 + 3H_2O$$
$$4C_6H_3(OH)_3 + O_2 \rightarrow 2(KO)_3C_6H_2 + 2C_6H_2(OK)_3 + 2H_2O$$

以氨性氯化亚铜溶液吸收 CO,其反应如下:

$$Cu(NH_3)_2Cl + 2CO = Cu(CO)_2Cl + 2NH_3 \uparrow$$

分析仪装置如图11.3所示。烟气吸收瓶1、2、3中依次装入氢氧化钾水溶液、焦性没食子酸的碱溶液、氯化亚铜溶液作为吸收液,其顺序不能颠倒。分析烟气成分时,吸收过程即在这些瓶中进行。量筒用来测量气体体积,通常为一容积100 mL,标有刻度的玻璃管,顶部有供气体进出的口,末端用橡皮管与水准瓶相连。量筒的外侧设有水套筒,以免周围气温对被测气体容积产生影响。水准瓶(平衡瓶)内盛的封闭液为红色饱和食盐水,瓶口与大气相通,底部以橡皮管与量筒下端相连。

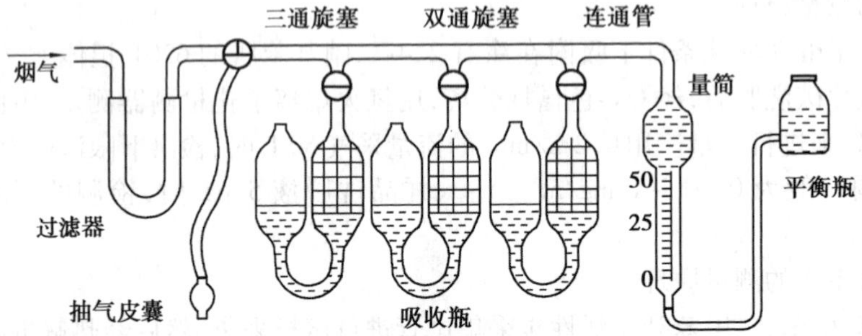

图11.3 奥氏烟气体分析仪

被测气体经过各吸收瓶后,吸收液依次吸收其中的 RO_2、O_2、CO 成分,测量经过每个吸收瓶后剩余的气体体积,利用这些气体体积可以计算出 RO_2、O_2、CO 在被测气体中所占的百分数:

$$\varphi(RO_2) + \varphi(O_2) + \varphi(CO) + \varphi(N_2) = 100\% \tag{11.2}$$

$$\varphi(RO_2) = \frac{V - V_1}{V} \times 100\% \tag{11.3}$$

$$\varphi(O_2) = \frac{V_1 - V_2}{V} \times 100\% \tag{11.4}$$

$$\varphi(CO) = \frac{V_2 - V_3}{V} \times 100\% \tag{11.5}$$

式中 V——被测气体体积,mL;

V_1, V_2, V_3——吸收 RO_2、O_2、CO 后被测气体的体积,mL。

使用奥氏气体分析仪前首先要进行气密性检查,然后用被测气体多次冲洗整个系统,以保证系统中不残留其他气体。水准瓶的升降动作要缓慢,防止吸收液或封闭液冲入连通管,否则必须彻底清洗并更换封闭液。在排除量筒中的废气时,为避免空气的进入,应先抬高水准瓶再打开旋塞,关闭旋塞后再放低水准瓶。测试读数时,水准瓶与量筒的液面必须在同一水平高度。仪器使用环境温度应保持相对稳定,以免被测气体的体积变化过大。

奥氏气体分析仪设备简单,操作方便,便于携带,不需要标准气体标定。但它分析时间长,无法连续分析和输出信号,也不能进行 ppm 级(1×10^{-6})的微量分析。

(2)酚试剂比色法

酚试剂比色法常用来测量建筑室内环境中的甲醛浓度。

测量原理:当甲醛被酚试剂溶液吸收后,发生反应生成嗪,嗪在酸性溶液中被高铁离子氧化形成蓝绿色的化合物,在 630 μm 处有最大吸收峰,根据氧化形成化合物的颜色深浅,同标准色板进行比色定量。这种方法的测定范围一般在 0.1~1.5 μg;当采样体积为 1.0 L 时,可测定浓度的范围在 0.01~0.15 mg/m³。所测定的建筑室内环境空气的 pH 值一般为 $(3~7)\times10^{-6}$,若 pH 值为 4~5 时,使用这种方法进行室内环境空气检测的效果较好。

(3)靛酚蓝比色法

靛酚蓝比色法也被用于测量建筑室内空气中的氨浓度。

测量原理:将空气中氨吸收在稀硫酸中,在有亚硝基铁氰化钠及次氯酸钠存在下,与水杨酸生成蓝绿色靛酚蓝染料,进行比色定量。采样 10 min,浓度测定范围为 0.01~2 mg/m³,检测下限 0.5 μg/10mL。若采用体积为 5 L 时,最低检测浓度为 0.01 mg/m³。

(4)纳氏试剂比色法

纳氏试剂比色法常用来测量建筑室内环境中的氨浓度。

测量原理:空气中的氨气被吸收在稀硫酸中,与纳氏试剂作用生成黄色化合物,再经比色定量检测,可以得出其在空气中所含有的浓度。当采样体积为 20 L 时,最低检测浓度为 0.05 mg/m³,测定范为 10 mL 样品溶液中含有 2.5~20 μg 的氨。当采样体积为 20 L 时,可测浓度范围为 0.13~1 mg/m³。

(5)次氯酸钠-水杨酸比色法

次氯酸钠-水杨酸比色法也被用来测量建筑室内环境中的氨浓度。

测量原理:空气中的氨被稀硫酸吸收后,生成硫酸铵。在亚硝基铁氰化钠存在下,铵离子、水杨酸和次氯酸钠反应生成蓝色化合物,根据颜色深浅,用分光光度计在 697 nm 波长处进行测定。吸光度与氨的含量成正比,根据吸光度计算氨的含量。

(6)α 径迹探测器法

α 径迹探测器法通常用来测量建筑室内环境中的氡浓度。

测量原理:空气中的氡气通过渗透膜扩散到测量杯中,氡及其子体衰变产生的 α 粒子碰撞到径迹片上沿着它们的轨迹造成原子尺度的辐射损伤,即潜径迹。经化学处理,这些潜径迹能够扩大为可观察的永久性径迹。根据径迹密度和在标准氡浓度暴露下的刻度系数,进行测定比对便可计算出被测现场室内环境空气中含有的氡的平均浓度。

(7)活性炭盒法

活性炭盒法同样用于测量室内环境空气中的氡浓度。

测量原理:氡气扩散进入炭床内被活性炭吸收,同时衰变,新生的子体也沉积在活性炭内。用 γ 能谱仪测量活性炭盒的氡子体特征,γ 射线峰或峰群强度,根据特征峰的面积计算出氡浓度。采用液体闪烁仪进行测量时,首先要将吸附在活性炭上的氡解析到闪烁液中,然后用闪烁计数器进行放射性测量。

11.2.2 可吸入颗粒测量法

建筑室内环境空气中可吸入颗粒物测量有撞击式称重法、光散射式粉尘浓度计两种方法。

1)撞击式称重法的测量原理

利用两段可吸入颗粒物采样器 $D_{50} \leqslant (10 \pm 1) \mu m$,几何标准差 $\varepsilon = 1.5 \pm 0.1$,以 13 L/min 的流量分别将粒径大于 10 μm 的颗粒物收集在冲击板的玻璃纤维滤纸上,粒径小于 10 μm 的颗粒收集在预先经过称重的玻璃纤维滤纸上,在现场采样后取下滤纸再称其质量,以采样标准体积除以粒径 10 μm 颗粒物的质量,就得到可吸入颗粒物的浓度。撞击式称重法的检测下限为 0.05 μm。

2)光散射式粉尘浓度的测量原理

利用光线照射在尘埃粒子上引起的散射光,经光电器件变成电讯号,并用电讯号表示悬浮粉尘(颗粒物)浓度的一种快速测定法。被测量的含尘空气经仪器内部的抽气泵吸入,通过尘粒测量区。受到由专门光源经透镜产生的平行光照射,尘粒经光的照射会产生不同方向(或某一方向)的散射光,经光电倍增管接受后,再转变为电讯号。如果光学系统和尘粒系统一定时,则散射光强度与尘埃浓度之间就必然存在一定的函数关系。如果将散射光的强度经光电转换元件,转换成有一定比例的电脉冲讯号,经过对单位时间内的脉冲进行计数,就能够知道含尘空气中可吸入悬浮颗粒物的浓度。

11.2.3 室内微生物测量法

微生物的测定主要采用沉降法、撞击法和过滤法。

1)沉降法

沉降法是测定沉降细菌最常用、最简单的方法。将盛有培养基的培养皿(直径一般为 90 mm)放在待测地点,利用微生物自身的重力作用,使空气中的微生物逐渐沉降到培养皿上,按规定时间进行暴露和收回,暴露时间长短也可以通过试放确定。然后按照规定温度和时间培养(一般细菌和细菌总数测定可用 48 h,31~32 ℃;真菌测定可用 96 h,25 ℃),用肉眼计算菌落数目。

2)撞击法

撞击法是一种采用撞击式空气微生物采样器采样,通过抽气动力作用,使空气通过狭缝或小孔而产生高速气流,使悬浮在空气中的带菌粒子撞击到营养琼脂平板上,经 37 ℃、48 h 培养后,计算出每立方米空气中所含的细菌菌落数的采样测定方法。主要用于测定浮游菌,分为干式和湿式两种。

(1)干式分级法

采样风机抽引含菌气体进入设有多段孔板的采样器(图11.4),气流由各孔喷出后撞击平板培养基,生物微粒在培养基上沉积下来。由于每段孔板的孔径都不同,在每段培养基上沉积的微粒大小也是不同的,因而可以求出生物微粒的粒径分布。可以使用安德逊采样器实现上述测量,在国际上以安德逊采样器作为标准采样器。表11.1给出了安德逊采样器的性能参数。

表 11.1　安德逊采样器性能参数

级	孔径/μm	孔口流速/m·s	捕集粒径下限/μm	100%捕集的粒径/μm	主要捕集范围/μm	平均捕集效率/%
1	1.181	1.08	3.73	11.2	7.7 以上	—
2	0.914	1.79	2.76	8.29	5.5 ~ 7.7	60
3	0.711	2.97	1.44	4.32	3.5 ~ 5.5	63
4	0.533	5.28	1.17	3.50	2.3 ~ 3.5	63
5	0.343	12.79	0.61	1.84	1.4 ~ 2.3	66
6	0.254	23.30	0.35	1.06	0.75 ~ 1.4	66

(2)湿式注入法

将含菌气体注入盛有培养液的器皿中(图11.4),以液体捕集生物微粒。捕集到细菌的培养液再经过滤膜过滤器过滤,然后对滤膜上的细菌菌落进行培养及计数。

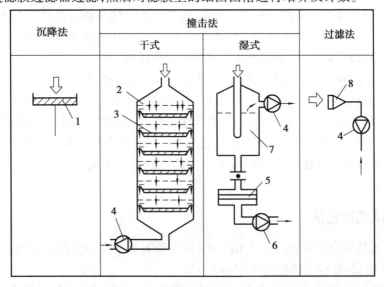

图 11.4　空气中微生物测定方法

1—盛有培养基的培养皿;2—多段孔板;3—平板培养基;4—风机;5—滤膜过滤器;
6—水泵;7—盛有培养液的器皿;8—微孔滤膜

3)过滤法

采样风机抽引含菌气体通过孔径为 0.3 μm 或 0.45 μm 的微孔滤膜(图 11.4),微生物离子即被捕集在滤膜上,再将滤膜直接放在培养基上培养即可计数。

11.3 室内甲醛测量

甲醛被称为室内环境的"第一杀手",对人体健康危害极大,主要表现在造成人体过敏、嗅觉异常、粘膜刺激、肺功能异常、肝功能异常、免疫功能异常等方面。甲醛已经被世界卫生组织确定为致癌和致畸形物质,是公认的变态反应源,也是潜在的强致突变物之一,在我国有毒化学品优先控制名单上,甲醛位居第二位。

甲醛又名蚁醛,分子式为 HCHO,分子量为 30,是最基本的醛类。它是一种非常容易挥发的化合物原生毒素,熔点为-92 ℃,沸点为-19.5 ℃。甲醛为无色气体,具有很强烈的刺激性气味,质量略比空气重,在常温下易溶于水、醇、醚。在常压下,当温度高于 150 ℃时,甲醛分解为甲醇和 CO,当有紫外光照射时容易被氧化为 CO_2 及 H_2O。环境空气中的污染物和甲醛容易发生化学反应,在环境空气中没有 NO_2 或 NO_2 较少时,甲醛的半衰期为 50 min;当有 NO_2 存在或 NO_2 较多时,半衰期下降为 35 min。

建筑室内环境空气中的甲醛主要来自室内的装修材料、家具、各种胶黏剂涂料、合成织物、香烟燃烧、燃料燃烧和烹饪油烟等。甲醛在室内环境空气中的释放速度,主要与室内放置物品的甲醛量、室内的空气温度、相对湿度、风速、换气次数等有关。室内环境空气温度越高,甲醛释放越快,反之亦然。甲醛的水溶性较强,如果室内空气的相对湿度较大,则甲醛容易溶于水雾中,并滞留在室内。如果室内空气中的相对湿度较小,也就是常说的室内空气比较干燥,在室内空气比较流通时,则甲醛就相对容易向室外排出。

由于甲醛的质量略比空气重,所以甲醛通常在房间下部空气中的浓度高于房间的顶部,测定时采样点应选在距地面高度 1.1 ~ 1.5 m(若室内 1 个采样点,就以房间 4 个对角线的交叉点作为采样点;若房间面积较大,室内设置 5 个采样点时,就以房间 4 个对角线的交叉点作为 1 个采样点,再用房间的四角分别距两墙边 0.5 m 的 4 个点作为其余的 4 个采样点)。

一般使用化学方法对建筑室内环境空气中的甲醛进行测量,常用的方法有酚试剂比色法、气相色谱法等。

11.3.1 酚试剂比色法

酚试剂比色法检出浓度限为 0.1 μg/mL(按与吸光度 0.02 相对应的甲醛含量计),当采样体积为 10 L 时,最低检出浓度为 0.01 mg/m³。

测试使用的仪器和设备主要有:10 mL 刻度线的气泡吸收管、空气采样器(流量 0.1 ~ 1 L/min)、10 mL 具塞比色管、测量范围为 630 μm 的分光光度计。使用的试剂有:MBTH 吸收液原液、吸收液、盐酸溶液、1% 硫酸铁铵溶液、甲醛的标准溶液。测试中使用的各种测试剂的配制方法,按照国家标准《公共场所中甲醛检测方法》(GB/T 18204.26—2014)中的要求进行配制。

在实际检测中进行样品采样时,用一个内装 10 mL 吸收液的气泡吸收管,以 0.5 L/min 流速采集样气 10 L,并同时记录测试采样点的温度和当地大气压力。样品采集后应在 24 h 内进行分析。

在进行测试分析时,应首先绘制出标准曲线。用 1 μg/mL 甲醛标准溶液来配制标准色列管,具体要求按表 11.2 进行。在标准色列各管中,加入 0.4 mL 的 1% 硫酸铁铵溶液,混合均匀后放置 15 min,再用 10 mL 比色皿,取一般的水做参比,在波长 630 μm 下来进行试管溶液吸光度的测定。并用甲醛含量为横坐标,吸光度为纵坐标,绘制标准曲线(见图 11.5),同时计算回归线的斜率,依照斜率的倒数作为样品测定的计算因子 B_g。

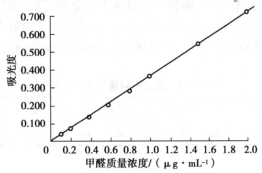

图 11.5　酚试剂比色法标准曲线

表 11.2　甲醛溶液标准系列

编　号	0	1	2	3	4	5
标准工作溶液体积/mL	0	0.10	0.50	1.00	1.50	2.00
吸收液体积/mL	5.0	4.9	4.5	4.0	3.5	3.0
甲醛含量/μg	0	0.1	0.5	1.0	1.5	2.0

在进行测试样品采样后要用水补充到采样前吸收液的体积。准确量取 5 mL 样品溶液注入至比色管中,然后,按照绘制标准曲线的具体操作方法测定它的吸光度。在进行每个样品测定的同时,取用 5 mL 没有使用过的吸收液,按照样品测试的相同操作步骤和方法进行空白试剂的测定。

将现场采样的样品体积按式(11.6)换算成标准状态下的样品体积:

$$V_0 = V_t \frac{T_0 p}{273 + t p_0} \tag{11.6}$$

式中　V_0——换算成标准状态下的样品体积,L;

　　　V_t——采样的样品体积,L;

　　　T_0——标准状态时的绝对温度,273 K;

　　　t——采样时采样点的温度,℃;

　　　p_0——标准状态的大气压力,$p_0 = 101.3$ kPa;

　　　p——采样点的当地大气压力,kPa。

甲醛浓度按式(11.7)计算:

$$c = (A - A_0) \frac{B_g}{V_0} \tag{11.7}$$

式中　c——空气中甲醛质量浓度,mg/mL;

　　　A——样品溶液的吸光度;

　　　A_0——试剂空白溶液的吸光度;

　　　B_g——用标准溶液绘制标准曲线得到的计算因子,μg/吸光度;

　　　V_0——换算成标准状况下的采样体积,L。

在采用酚试剂比色法进行甲醛浓度的测定时,应该注意以下几点:

①当显色温度低于15 ℃时,可能会发生显色不完全的现象。因此,显色反应应在25 ℃的恒温水浴中进行操作,显色时间应大于15 min,一般情况下才能够实现完全显色的过程。

②酚试剂用量与显色关系见表11.3,以加入0.2~0.4 mg为宜(即5 mL吸收液中酚试剂的质量)。

表11.3　酚试剂用量与显色关系

酚试剂用量/mg	0.05	0.1	0.2	0.25	0.3	0.4	0.5	1	2
吸光度值	0.570	0.653	0.685	0.687	0.684	0.683	0.655	0.653	0.644

③使用中氧化剂选用硫酸铁铵,但硫酸铁铵水溶液易被水解而形成 $Fe(OH)_3$,发生乳浊现象,从而对比色的准确度产生影响,为此可改用酸性溶剂配制,但酸度也不宜过大,否则颜色太深,在我们实际的测试中经常选用 0.1 mL/L 盐酸作溶剂比较合适。用 1% 三氯化铁与 1.6% 氨基磺酸的混合液作氧化剂,同时也可防止氮氧化物的干扰,但因试剂颜色太深影响比色的准确度,因此,在反应时加入硫酸铁铵的量应注意控制,不宜过多,否则空白管吸光度值高,影响比色的准确度,通常以加入 1% 硫酸铁铵 0.4 mL 比较合适。

11.3.2　气相色谱法

主要的测试仪器和设备有:带有氢火焰离子检测器的气相色谱仪、容积为 10 μL 的微量注射器、5 mL 具塞比色管、各种试品采集采样管、抽气流量为 0.2~1.0 L/min 的空气采样泵和玻璃色谱柱。

检测工作中需要应用的试剂和材料有:二硫化碳(已重新进行过蒸馏纯化,并经硫酸甲醛处理,经色谱检验没有杂峰出现的才能应用),2,4-二硝基苯肼溶液(取用 0.5 g 的 2,4-二硝基苯肼放置到 250 mL 容量的瓶中,用二氯甲烷稀释),吸附剂[取用 10 g6201 担体(60~80 目),应用 40 mL 的 2,4-二硝基苯肼二氯甲烷溶液,分成 2 次进行涂敷,降低压力,并进行干燥],盐酸溶液,甲醛标准溶液,色谱固定液(OV-I),色谱担体(80~100 目)。

在被测定现场进行试品采样时,才能取下采样管两端的橡皮密封塞或胶塑密封帽。将采样管进气端的玻璃棉取出,向管内滴入(约 50 μL)盐酸溶液,并用玻璃棉堵塞好,将加有盐酸溶液的一端垂直向下;将没有加盐酸溶液的一端连接到空气抽气泵上。将抽气流量调至 0.5 L/min 时进行采气,采气总量 50 L,采样后,将采样管的两端封塞并放在具塞试管中密封,将现场采集的样品带回实验室进行分析处理,现场采样时要同时记录采样点的气象参数(如温度和大气压力)。

标准曲线的制作:抽取 5 支采样管,分别取去 4 支采样管一端的玻璃棉,并向吸附剂表面滴入一滴(约 50 μL)的盐酸溶液。然后,用微量注射器分别注入 1 mL 甲醛标准溶液(1 mL 溶液中含 1 mg 甲醛),将采样管吸附剂的甲醛含量配制在 1～20 μg 有 4 个浓度点的标准管中,另一支采样管不注入甲醛溶液作为零浓度点,再填充适当的玻璃棉,放置反应 10 min。再将各个采样管内的吸附剂分别转移到 5 个 5 mL 的具塞比色管中。并分别加入 1.0 mL 二硫化碳,稍加摇动,使其浸泡 30 min 左右进行洗脱,洗脱后即作为甲醛洗脱溶液的标准系列管。然后量取 5 μL 各个浓度点的标准洗脱液注入色谱柱,测得色谱的峰值和保留时间。每个浓度点重复进行 3 次检测,取 3 次检测峰高的平均值作为检测值。并用甲醛的浓度为横坐标,平均峰高为纵坐标,制作标准曲线,并计算回归线的斜率。用斜率的倒数作为样品测定的计算因子。

校正因子的测试。在所确定的测试范围内,可采用单点校正法求出校正因子。在进行样品测定的同时,分别取用两支采样管,一支采样管内不注入标准甲醛溶液,用作空白试剂测定,另一支注入与采样的样品洗脱浓度相接近的标准甲醛溶液,分别按照制作标准曲线的操作程序,采用气相色谱进样测试,重复进行 3 次测定,将 3 次测试峰高的平均值和时间保留。按式(11.8)计算校正因子:

$$f = \frac{c_0}{h_s - h_0} \tag{11.8}$$

式中　f——校正因子,μg/(mL·mm);

　　　c_0——标准溶液质量浓度,μg/mL;

　　　h_s——标准溶液平均峰高,mm;

　　　h_0——试剂空白溶液平均峰高,mm。

在现场采样后,将采样管内吸附剂全部转移入 5 mL 具塞比色管中。加入 1 mL 二硫化碳,稍加摇动,使其浸泡 30 min 左右。取用 5 μL 洗脱液,在气相色谱中按绘制标准曲线或测定校正因子的操作程序进样测定。每个样品需重复进行 3 次测试,用保留时间确认甲醛的色谱峰,测量采样管的峰高值,将 3 次测试峰高的平均值作为峰高的测试值。在每批样品测定的同时,取未采样的采样管,按相同操作程序和方法作空白试剂的测定。

应用标准曲线,按式(11.9)计算出被测试空气中甲醛浓度的含量。

$$c = \frac{(h - h_0)B_s}{V_0 E_s}V_1 \tag{11.9}$$

式中　c——被测试空气中甲醛质量浓度,mg/m³;

　　　h——样品溶液峰高的平均值,mm;

　　　h_0——试剂空白溶液峰高的平均值,mm;

　　　B_s——用标准溶液绘制标准曲线得到的计算因子,μg/(mL·mm);

　　　E_s——由实验确定的平均洗脱效率;

　　　V_1——样品洗脱溶液总体积,mL;

　　　V_0——换算成标准状态下的样品体积,mL。

应用单点校正法,按式(11.10)计算出被测试空气中甲醛浓度的含量。

$$c = \frac{(h - h_0)fV_1}{V_0 E_s} \tag{11.10}$$

11.3.3 甲醛测量仪

1) 甲醛测量仪的基本工作原理

INTERSCAN 电压型传感器,是一种电化学气体监测器,它是在控制扩散的条件下运行的。现场采样气体的气体分子被吸收到电化学敏感电极,经过扩散介质后,敏感电极电位下气体分子发生电化学反应,在反应中产生一个与所测试气体浓度成正比的电流,将该电流转换为电压值,并将信号传送给仪器的输出显示及数据处理单元,对测试数据进行输出处理与保存。根据样品采集公式确定扩散限定电流:

$$I_{\lim} = \frac{nFADc}{\delta} \qquad (11.11)$$

式中　$I_{\lim}$——电流,A;

　　　F——法拉第常数,96500 C/mol;

　　　A——界面面积,cm^2;

　　　n——每摩尔反应物的电子数;

　　　δ——扩散长度;

　　　c——气体摩尔浓度,mol/cm^3;

　　　D——气体扩散常数,代表扩散介质中气体渗透率因素和溶解度因素的乘积。

根据式(11.11)可以得到扩散限定电流 $I_{\lim}$ 与气体浓度成正比。

当外部电压加载在敏感电极上,使其维持一个恒定电位,该电位以二电极传感器中的不可极化的参考反电极为基准("不可极化的"是指反电极能维持一个电流流动而不受电位变化的影响)。这样,反电极也用作参考电极,所以就不需要第3个电极和反馈电路。而其他传感器则需要用一个可极化的空气反电极。

2) 气体采样管的安装

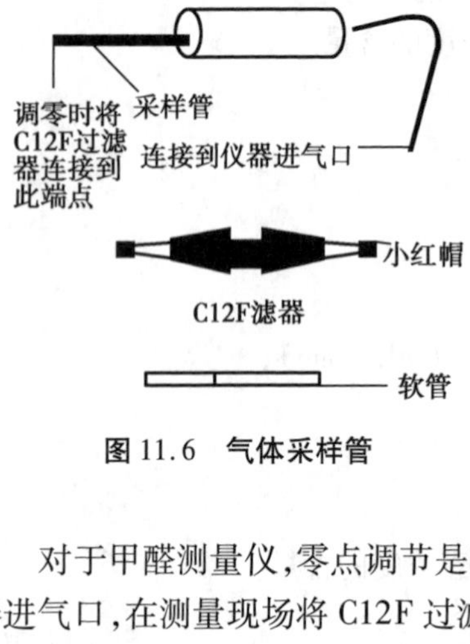

图 11.6　气体采样管

调零时将 C12F 过滤器连接到此端点

采样管

连接到仪器进气口

小红帽

C12F滤器

软管

将 C12F 过滤器两端的密封小红帽取下(使用结束后,必须将小红帽两端盖严)。同时,将两根不同粗细的连接软管,将粗管的一端连接到 C12F 过滤器的一端,将细管的一端接到气体采样管上;气体采样管的另一端连接到仪器背面的进气口。

使用中需要注意:气体采样管的软管在使用结束后,从仪器背面的进气口拔出时,需要用手按住进气口处灰色的圆形卡子,再往外拔软管即可(见图 11.6)。

3) 仪器调零和测量

对于甲醛测量仪,零点调节是在 SAMPLE(采样)模式下进行的,将气体采样管连接到仪器进气口,在测量现场将 C12F 过滤器用软管接到采样管上,开启甲醛测量仪,使其工作,将气体过滤成0。仪器工作运行稳定后的读数,即为测试现场的甲醛浓度。

4) 使用仪器时可能出现的问题

由于 4160 型甲醛测量分析仪是高灵敏和高分辨率的精密测量仪器(可检测并分辨出 10^{-9} 的甲醛含量),它的使用同所有精密测量仪器一样,使用时要尽量避免环境因素对测量仪器的影响,以保证仪器检测结果的准确性。

(1)仪器显示出现负值或数值波动

在使用中出现仪器显示负值,一般是受到了使用人员呼出气体的影响,检测时应将采样管进气口尽量离开操作人员,也可将采样管进气口朝向检测者背后。

此外,采样管或者仪器内部的进气连接管漏气,也可能使仪器显示出现负值或数值波动。

被测环境的风速应尽量小,空气流速宜为 0.1~0.3 m/s。检测环境中的风速过大,可使被测环境中的甲醛气体浓度发生变化,使检测结果低于实际环境空气中甲醛气体的浓度,因此,实际检测中应尽可能保持被测现场是在平时工作状态下进行测试。

(2)检测数值明显偏小或没有变化

检测时如果人已经明显感觉到甲醛的刺激,而仪器显示的数值却很小,这种现象一般是仪器调零时连接管同仪器之间没插紧造成的。如果连接不紧,调零时气体实际上没有全部通过(或部分通过)调零管进入仪器,此时仪器的零点并不是真正的零点,而是检测环境中甲醛气体的混合浓度值,测试时出现检测值变化很小或没有变化。

检查是否连接紧密的方法很简单,调零时用手堵一下调零管的进气口,如果感觉到手被抽气泵吸住或抽气泵被憋住几乎不动,表明连接较好;如果抽气泵的频率不变或变化不大,说明连接有问题,插紧后再试。

(3)仪器响应时间变长

甲醛传感器要定期维护,一般每使用 2~3 个月,就需要注入一次去离子水。如果传感器长时间不注入去离子水,传感器的响应时间会变长,灵敏度降低,失水太多甚至使传感器失效。失水超过 25 g,传感器就应报废不能再使用。

注水时关闭仪器电源,打开仪器右侧面板,在仪器的后上部可以看到圆柱形传感器。拔下传感器信号线和进出气管,再用十字改锥拆下仪器后上方的 2 个螺钉,拿出传感器侧面标签上注有传感器重(为 240 g 左右)。用天平称重,注入去离子水的重量应等于传感器减少的重量,在加注去离子水时,不能注水过量,注水过量会损坏传感器。用注射器(1 mL 约为 1 g)吸入去离子水,将水注入注水孔(要将针头扎进去)。注水后仪器需要放 12 h 以上才能稳定,只有在仪器稳定后才能重新使用,否则会使检测结果误差太大。

11.4　室内苯及苯系物测量

苯及苯系物无色、有芳香气味、具有挥发性、易燃且燃点低;微溶于水,易溶于乙醚、乙醇、氯仿和二硫化碳等有机溶剂。

苯及苯系物主要作为溶剂应用于化工、印刷、皮革等工业领域中。室内装饰中的许多材料,各种黏合剂、有机溶剂、油漆、涂料中含有苯及苯系物,是建筑室内苯及苯系物污染的主要来源。苯对人体的皮肤、眼睛和上呼吸道有刺激作用,短时间内吸入大量苯蒸汽可引起急性中毒,主要麻醉神经中枢系统,并在体内神经组织及骨髓中蓄积,破坏造血功能(红细胞、白细胞的破坏使血小板减少),长期接触会造成严重后果,被国际癌症研究中心确认为人类强致癌物,专家们称之为"芳香杀手"。此外,甲苯和二甲苯能够引起中枢神经系统的损伤及黏膜刺激。慢性苯及苯系物中毒会出现齿龈和鼻黏膜出血,伴有头昏、乏力和失眠,并可导致再生障碍性贫血。急性苯及苯系物中毒可出现昏迷、抽搐,严重时可因呼吸及循环系统衰竭而导致中毒者死亡。

居民生活居住小区环境大气和建筑室内环境空气中苯、甲苯和二甲苯的浓度测定主要采用气相色谱法。

11.4.1 气相色谱法

主要测定仪器和设备包括:配氢火焰离子化检测器的气相色谱仪,流量范围 0.2 ~ 1 L/min 的空气采样泵,内径为 4 mm、长为 150 mm 玻璃采样管,1 μL 和 10 μL 的微量注射器,2 ~ 4 mL 刻度试管,色谱柱热解析装置。采样量为 20 L 时,用 1 mL 二硫化碳提取,进样 1 μL,苯的测定范围为 0.025 ~ 20 mg/m³,甲苯为 0.05 ~ 20 mg/m³,二甲苯为 0.1 ~ 20 mg/m³。

在进行测量时需要使用的试剂和衬料包括:色谱纯苯、甲苯、二甲苯、99.99% 的纯氮、40 ~ 60 目椰子壳活性炭、色谱固定液,分析纯二硫化碳。试剂的制备按照国家标准《居住区大气中苯、甲苯和二甲苯卫生检测标准方法》(GB 11737—89)中的方法进行配制。

(1)采样和样品保存

在采样点取出采样管,将采样管接到采样泵的进气口,开启采样泵,以 0.5 L/min 的流速抽取 40 L 空气,取下采样管放入密封试管内。在采样的同时记录采样点的气象参数,包括温度、相对湿度和大气压力。

(2)绘制标准曲线

用混合标准气体绘制标准曲线,同时用微量注射器取一定量的苯、甲苯和二甲苯分别注入 100 mL 注射器中,以氮气为本底气,配成一定浓度的标准气体。取一定量的苯、甲苯和二甲苯标准气体分别注入同一个 100 mL 注射器中相混合,再用氮气逐级稀释成 0.02 ~ 2 μg/mL 4 个浓度点的苯、甲苯和二甲苯的混合气体。取 1 mL 试样,测量保留时间及峰高。每个浓度重复 3 次,取峰高的平均值。分别以苯、甲苯和二甲苯的含量为横坐标,平均峰高为纵坐标,绘制标准曲线。并计算回归线的斜率,以斜率的倒数 B_g 作为样品测定的计算因子。

用标准溶液绘制标准曲线。在 3 个 50 mL 容积的瓶中,先加入少量二硫化碳,用 10 μL 注射器量取一定量的苯、甲苯和二甲苯分别注入容量瓶中,加入二硫化碳至要求刻度,配成一定浓度的贮备液。临用前取一定量的贮备液用二硫化碳逐级稀释成苯、甲苯和二甲苯含量为 0.005、0.01、0.05、0.2 μg/mL 的混合标准液。分别取 1 μL 试样,测量保留时间及峰高,每个浓度重复 3 次,取峰高的平均值,分别以苯、甲苯和二甲苯的含量(μg/μL)为横坐标,平均峰高为纵坐标,绘制标准曲线。并计算回归线的斜率,以斜率的倒数 B_g 作为样品测定的计算因子。

(3)测定校正因子

当仪器的稳定性较差,可用单点校正法求校正因子。在进行样品测定的同时,分别取 2

支采样管,分别取零浓度和与样品热解析气(或二硫化碳提取液)中含苯、甲苯和二甲苯浓度相接近时标准气体 1 mL 或标准溶液 1 μL,测量零浓度和标准的色谱峰高和保留时间,用计算式(11.12)计算校正因子 f[对热解吸气样的单位为 μg/(mL·mm),对二硫化碳提取液样单位为 μg/(μL·mm)]。

$$f = \frac{c_s}{h_s - h_0} \tag{11.12}$$

式中 c_s——标准溶液浓度,μg/mL 或 μg/μL;

h_s——标准溶液平均峰高,mm;

h_0——试剂空白溶液平均峰高,mm。

(4)样品测定

采用热解析法进样,进行样品分析时,将已采样的活性炭管与 100 mL 注射器相连,置于热解析装置上,用氮气以 50~60 mL/min 的速度在温度 350 ℃下解析,解析体积为 100 mL,取 1 mL 解析气注入色谱柱,用保留时间定性,峰高定量。每个样品做 3 次分析,求峰高的平均值。同时,用一支未进行采样的活性炭管,按样品管的方法同时进行操作,测定空白管的平均峰高。

利用二硫化碳提取法进样,进行样品分析时,将采过样的样品管中的活性炭倒入样品管内,加入 1 mL 二硫化碳,并将样品管密封,放置 1 h 时,同时进行摇动。取 1 μL 样品液在做标准曲线相同的条件下进行分析,用保留时间定性,用峰高定量。在每批样品测定的同时,用一支没有经过采样的活性炭管,按样品管的方法同时进行操作,测量空白管的平均峰高。

(5)计算浓度

将采样的样品体积按式(11.6)换算成标准状态下的样品体积。

采用热解析法时,空气中苯、甲苯和二甲苯浓度按式(11.13)计算:

$$c = 100 \frac{(h - h_0) B_g}{V_0 E_g} \tag{11.13}$$

式中 c——空气中苯、甲苯、二甲苯的质量浓度,mg/m³;

h——样品管中苯、甲苯、二甲苯的峰高,mm;

h_0——空白管中苯、甲苯、二甲苯的峰高,mm;

B_g——由标准曲线得到的计算因子,μg/(mL·mm);

E_g——由实验确定的热解吸效率。

采用二硫化碳提取法时,空气中苯、甲苯和二甲苯浓度按式(11.14)计算:

$$c = 1000 \frac{(h - h_0) B_s}{V_0 E_s} \tag{11.14}$$

式中 c——空气中苯、甲苯、二甲苯的质量浓度,mg/m³;

B_s——由标准曲线得到的校正因子,μg/(mL·mm);

E_s——由实验确定的热解吸效率。

用校正因子法时,空气中苯、甲苯和二甲苯浓度按式(11.15)计算:

$$c = 1000 \frac{(h - h_0) f}{V_0 E_s} \quad \text{或} \quad c = 100 \frac{(h - h_0) f}{V_0 E_g} \tag{11.15}$$

11.4.2　苯、甲苯、二甲苯自动分析仪

苯、甲苯、二甲苯自动分析仪是一种专用检测仪器,它有固定安装式和便携式 2 种,在监测站中经常使用的是固定安装式苯、甲苯、二甲苯自动分析仪,它带有浓缩和热解析进样的专用色谱仪;便携式苯、甲苯、二甲苯自动分析仪没有浓缩和热解析进样部件,一般携带到现场使用。

1) 仪器的原理和结构

苯、甲苯、二甲苯自动分析仪的原理,是利用内置抽气泵抽取测试环境的空气,通过一定体积的进样管,浓缩及热解析进行单元进样,采用较短的色谱柱在较低的温度下分离,然后用光离子化检测器进行苯、甲苯、二甲苯的测量。不同型号仪器的结构有所不同,图 11.7 是 DANI 公司 BTX900 型苯、甲苯、二甲苯分析仪流程示意图。

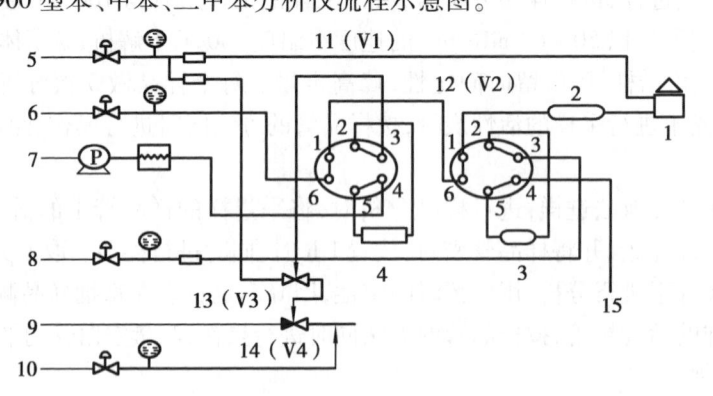

图 11.7　BTX900 型苯、甲苯、二甲苯分析仪流程示意图
1—光离子化检测器;2—色谱柱;3—浓缩管;4—样品管;5—光离子化检辅助气入口;
6—载气入口;7—出口;8—吹洗气入口;9—样品入口;10—标准气入口;
11—V1 阀;12—V2 阀;13—V3 阀;14—V4 阀;15—出口 2

仪器的工作流程是通过 2 个六通阀和 1 个三通阀组合切换,实现样品柱采样、热解析和二次浓缩、二次解析进样、色谱分析和浓缩柱吹洗、样品柱吹洗等步骤的协调操作。图中是采样、分析、浓缩柱吹洗同步进行的方式,具体操作使用步骤:

①采样、分析、浓缩柱吹洗:测定的环境空气从样品入口进入,通过 V4 阀和 V3 阀进入 V1 阀,经过样品柱(常温),由出口泵抽出,待测物吸附在样品柱上;载气经过 V1 阀和 V2 阀后进入色谱柱分离测定;清洗气进入 V2 阀后,经过浓缩柱(加温),由出口 2 排空,将浓缩柱清洗。

②热解析二次浓缩:分析结束,浓缩柱冷却后,转动 V2 阀和 V1 阀。环境空气从样品入口进入,经过 V4 阀和 V3 阀进入 V1 阀,由出口泵直接抽出;载气进入 V1 阀,经过样品柱(热),解析柱中吸附物,再进入 V2 阀,经过浓缩柱(冷),进入色谱柱,解析物二次吸附在浓缩柱上;清洗气进入 V2 阀,由出口 2 排空。

③二次解析进样、色谱分析、样品柱吹洗:转动 V1 阀,加热浓缩柱,转换 V3 阀。载气经过 V1 阀再进入 V2 阀,经过浓缩柱(热),进入色谱柱,将二次浓缩样品吹入,进行色谱柱分析,色谱分析开始;出口泵抽取辅助入口清洁载气,经过样品柱(热),将样品柱净化;清洗气进入 V2 阀,由出口 2 排空。

④采样、分析、浓缩柱吹洗:样品柱冷却,转换 V3 阀,转动 V2 阀。出口泵抽取环境空气,经过 V4 阀和 V3 阀进入 V1 阀,经过样品柱(常温),将待测物吸附在样品柱上;载气进入,经过 V1 阀和 V2 阀直接进入色谱柱分离测定;清洗气进入 V2 阀,通过浓缩柱(热),由出口 2 排空,将浓缩柱清洗。

2)仪器的检定和校准

仪器启动后,按照工作要求调定好时间等各个分析参数。待仪器运行稳定后,用苯、甲苯、二甲苯混合标准气体对仪器进行校准。仪器的校准结果将自动保存在计算机处理单元内,并进行分析计算、处理测量结果。

3)采样和测定步骤

在固定检测站内使用的仪器昼夜连续工作,按照预先设定的采样时间和间隔进行自动采样、自动分析,随时测定监测点空气中的浓度变化情况进行综合数据处理与分析,并将测试结果自动输出及储存,并按设定周期抽取混合标准气进行仪器的校准。

便携式仪器在现场启动后,调整好各种设定参数。待仪器运行稳定后,用混合标准气体做校准,再抽取待测空气样品进行分析。测定结果可显示输出或暂存在仪器内,也可将数据转移到计算机内进行综合数据处理与分析。

4)结果计算

仪器将自动计算出待测空气中苯、甲苯、二甲苯的浓度,并将测试结果自动显示输出或储存在仪器内,必要时也可以将检测结果传输给控制中心进行综合数据处理与分析。

11.5　室内 TVOC 测量

挥发性有机化合物(Volatile Organic Compounds, VOCs)是在常温下,沸点 50 ℃ 至 260 ℃ 的各种有机化合物。主要包括含氧烃类和含卤烃类化合物,如碳氢化合物、有机卤化物、有机硫化物、碳基化合物、有机酸以及有机过氧化物等。室内挥发性有机化合物各自单独存在的浓度低且种类繁多,一般不逐个分别表示,总称为 VOCs,并以总挥发性有机化合物(TVOC, Total Volatile Organic Compounds)表示其总量。按照世界卫生组织(WHO)的规定,根据有机化合物的挥发性质特征,将挥发性有机化合物分成 4 大类,见表 11.4。

表 11.4　有机化合物的分类

分　类	缩　写	沸点范围/℃	采样常用吸附材料
易挥发有机化合物	VVOCs	1~100	活性炭
挥发性有机化合物	VOCs	50~260	石墨化的炭黑/活性炭
半挥发性有机化合物	SVOCs	240~400	聚氨酯泡沫塑料/XAD-2
颗粒状有机化合物	POMs	>380	滤纸

VOCs 是挥发性较强、有特殊气味和较强的刺激性、含有一定毒性的有机气体,也是建筑室内环境中主要的污染物之一。VOCs 在常温下主要以气体状态形式存在,半挥发性有机化合物(SVOCs)与挥发性有机化合物二者的沸点没有严格的区分界限,它的分类在一定程度上会有某些重复。醛类如甲醛,通常也可以把它纳入挥发性有机化合物这个范畴。建筑室内 VOCs 不仅受室外空气污染的影响,还与建筑材料、室内装饰材料等,以及吸烟、烹饪等人为活动密切相关。室内空气中的 VOCs 主要来源于以下几种:

①建筑材料:人造板、泡沫隔热材料、塑料板材等;

②室内装饰材料:壁纸、油漆、含水涂料、胶黏剂、其他装饰品等;

③纤维材料:地毯、挂毯和化纤窗帘等;

④生活用品:化妆品、洗涤剂、杀虫剂等;

⑤办公设备:复印机、打印机等;

⑥家用燃料和烟叶的不完全燃烧;

⑦人的活动。

VOCs 对人体健康影响主要是刺激人体感官,刺激皮肤、粘膜等,引起皮肤过敏,以及头痛、咽喉痛、乏力等不良症状。部分 VOCs 已经被列为致癌物质,如聚氯乙烯、苯等。VOCs 也是造成病态建筑综合征的主要原因。此外,多数 VOCs 易燃易爆,对生产企业的安全造成威胁;部分 VOCs 对臭氧层有破坏作用,如氯氟烃(CFCs)和氢氯氟烃(HCFCs),从而导致来自太阳的高能紫外线过量到达地面,对人类健康构成威胁。

在建筑室内环境空气中,总挥发性有机化合物(TVOC)浓度小于 0.2 mg/m^3 时,不会对人员的身体产生明显的影响。但当浓度超过 35 mg/m^3 时,可能会导致人员中毒昏迷、意识模糊,甚至死亡。即使在建筑室内环境空气中的单一 VOCs 浓度值都远远低于人员居住环境的限制浓度,但由于在建筑室内环境空气中是多种 VOCs 的混合存在,而且多种 VOCs 是相互混合共同作用,所以,它们的危害强度会增加。多种 VOCs 混合气体的综合作用,必须引起相关专业技术工作者的高度重视。

测量 TVOC 含量的方法很多,本节重点介绍《室内空气质量标准》(GB/T 18883—2020)规定的气相色谱法。该方法适用于浓度范围为 $0.5 \sim 100 \text{ mg/m}^3$ 的空气中 VOCs 的测定,主要用于测定室内、环境和工作场所空气,也适用于评价小型或大型测试舱室内材料的释放。

这种测试方法使用的主要试剂和材料:

①色谱纯,标准 VOCs:为了校正浓度,需用 VOCs 作为基准试剂,配制成所需浓度的标准溶液或标准气体,然后采用液体外标法或气体外标法将其定量注入吸附管。

②99.99% 高纯度的氮气。

③稀释溶剂:液体外标法所用的稀释溶剂应为色谱纯,在色谱流出曲线中应与现场取回的测试样品化合物分离。

④吸附剂:使用的吸附剂粒径为 $0.18 \sim 0.25 \text{ mm}(60 \sim 80 \text{ 目})$,吸附剂在装管前必须在最高使用温度下,经过惰性气体加热活化处理。为了防止二次污染,吸附剂应在清洁空气中冷却至室温,并进行储存和装管。解吸温度应低于活化温度。生产厂家装好的吸附管使用前也要进行活化处理。

1)使用的辅助仪器和设备

①吸附管:采用外径 6.3 mm,内径 5.0 mm,长 90 mm 内壁抛光的不锈钢管,将采样气体入口端做有明显标记,管内应可以装填一种或多种吸附剂,使吸附层处于解吸仪的加热区。根据吸附剂的密度,吸附管中可装填 200～1000 mg 的吸附剂,管的两端用不锈钢网或玻璃纤维棉堵住。如果在一支吸附管中使用多种吸附剂,吸附剂应按吸附能力增加的顺序排列,吸附剂之间用玻璃纤维棉隔开,吸附能力最弱的装填在吸附管的采样入口端。

②注射器:采用能精确读出 0.1 μL,容积 10 μL 液体和气体注射器;能精确读出 0.01 mL,容积 1 mL 气体注射器。

③采样泵:用恒流空气个体采样泵,流量范围 0.02～0.5 L/min,流量稳定。使用时用皂膜流量计校准采样系统,在采样前和采样后的流量都应进行校准,在采样中也应进行随时调节,始终保持采样流量恒定。控制采样流量的误差小于 5%。

④气相色谱仪:应配有氢火焰离子化检测器、质谱检测器或其他合适的检测器;色谱柱为非极性(极性指数小于 10)石英毛细管。

⑤热解吸仪:能对吸附管进行二次热解吸,并将解吸气用惰性气体带入气相色谱仪。解吸温度、时间和载气流速是可调的。

⑥液体外标法制备标准系列的注射装置:常规气相色谱进样口,能够在线使用也可以独立装配使用,并保留进样口载气连线,进样口的下端可与吸附管相连。

现场采样时,将吸附管与采样泵用软管连接,接口应紧密不漏气,在进行单点采样时,采样管宜垂直安装在人员活动时的呼吸区域。开启采样泵,随时注意调节采样流量,以保证在采样时间内满足所需的采样体积(1～10 L)。如果总样品量超过 1 mg,采样体积应相应减少,同时记录采样开始和结束时的时间、流量、温度和大气压力。采样结束后,将吸附管取下,吸附管的两端进行密封,并放入可密封的金属或玻璃管中保存。

2)分析步骤

(1)样品的解吸和浓缩

将吸附管安装在热解吸仪上加热,使挥发性有机化合物蒸气从吸附剂上解吸下来,并被载气流带入冷阱进行预浓缩,载气流的方向与采样时的方向应相反。然后再经低流速快速解吸(解吸条件见表 11.5),通过传输线进入毛细管气相色谱仪。传输线的温度应足够高,防止待测成分在传输过程中凝结。

表 11.5 解吸条件

解吸温度/℃	250～325	冷阱中的吸附剂	如果使用,一般与吸附管相同,为 40～100 mg
解吸时间/min	5～15		
解吸气流量/(mL·min⁻¹)	30～50	载气	氦气或高纯度氮气
冷阱的制冷温度/℃	20～180	分流比	样品管和二级冷阱之间以及二级冷阱和分析柱之间的分流比应根据空气中的浓度来选择
冷阱的加热温度/℃	250～350		

（2）色谱分析条件

可选择膜厚度为 1 μm，50 mm×0.22 mm 的石英柱，固定相可以是二甲基硅氧烷或 7% 的氰基丙烷，7% 的苯基，86% 的甲基硅氧烷。操作时应逐步升温，初始温度 50 ℃，保持时间 10 min，再以 5 ℃/min 的速率升温至 250 ℃。

（3）标准曲线的绘制

①气体外标法。用抽气泵准确抽取 100 μm/m³ 的标准气体 100 mL，200 mL，400 mL，1 L，2 L，4 L，10 L 通过吸附管，制备标准系列。

②液体外标法。用制备标准系列的注射装置取 1～5 μL 含液体组分 100 μg/mL 和 10 μg/mL 的标准溶液注入吸附管，同时将惰性气体以 100 mL/min 的速率通过吸附管，经过 5 min 后取下吸附管密封，制备标准系列。

用热解吸气相色谱法分析吸附管标准系列，用扣除空白后峰面积的对数为纵坐标，以待测物质量的对数为横坐标，绘制标准曲线。

（4）测试样品的分析

每支样品吸附管按绘制标准曲线的操作程序和方法（即用同样的解吸、浓缩和色谱分析条件）进行分析，仍然采用以保留时间来定性和用峰面积定量的方法。

3）测试结果计算

（1）换算

将现场采样的样品体积按式（11.6）换算成标准状态下的采样体积。

（2）TVOC 的计算

①应对在保留时间内正己烷和正十六烷所有化合物进行分析。

②计算 TVOC 色谱图中从正己烷到正十六烷之间的所有化合物。

③根据单一的校正曲线，对 VOCs 进行定量，一般情况下应对不少于 10 个最高峰进行定量，最后与 TVOC 一起列出这些化合物的名称和浓度。

④计算已确定和经定量的挥发性有机化合物的浓度 C_{id}。

⑤用甲苯的响应系数计算未确定的挥发性有机化合物的浓度 $C_{\mu m}$。

⑥C_{id} 和 $C_{\mu m}$ 之和为 TVOC 的浓度或 TVOC 的值。

⑦如果检测出的化合物超出了②中 TVOC 定义的范围，那么这些信息应该添加到 TVOC 值中。

4）空气样品中待测组分的浓度

$$C = \frac{m_F - m_B}{V_n} \times 1000 \tag{11.16}$$

式中　C——空气样品中待测组分的浓度，μg/m³；

　　　m_F——样品管小组分的质量，μg；

　　　m_B——空白管小组分的质量，μg；

　　　V_n——标准状态下的采样体积，L。

11.6 室内氨测量

氨是一种无色、有强烈刺激气味的碱性气体,具有腐蚀性和刺激性。氨相对分子质量17.03,沸点-33.5 ℃,熔点-77.7 ℃,相对空气的密度为 0.5962,易被固化成雪状的固体,室温工况时在 600～700 kPa 下可以液化,液态氨的相对密度(0 ℃时)为 0.638。氨极易溶于水、乙醇和乙醚。氨的水溶液由于生成氢氧化铵而呈碱性,能使酚酞溶液变红色。氨可燃,燃烧时其火焰稍带绿色;与空气混合氨含量在 16.5%～26.8%(体积分数)时,能形成爆炸性气体。氨在高温时会分解成氮和氢,有还原作用,有催化剂存在时可被氧化成一氧化氮。

建筑室内环境空气中的氨,主要是生活废弃物经发酵分解产生,也可来自室内装饰材料在涂饰时所用的添加剂和增白剂、木制板材加压成型过程中使用的大量黏合剂,它们在室温下释放出气态氨。此外,在建筑施工过程中使用氨或尿素作为防冻剂,也会释放氨,造成室内空气中氨浓度超标。

氨吸入人体,少数被 CO_2 中和,余下的进入血液,结合血红蛋白,破坏血液运氧功能。由于氨气具有较强的刺激性,会对人体呼吸道、眼睛产生刺激,出现眼睛发干、皮肤烧灼感,引起咽炎、头痛、胸闷、支气管痉挛和肺气肿等,严重时可能使人感觉呼吸困难,发生窒息,甚至造成死亡。另外,在潮湿条件下,氨对室内的家具、电器、衣物等也有腐蚀作用。

氨的化学测定方法有:靛酚蓝比色法、纳氏试剂比色法、亚硝酸盐比色法、次氯酸钠-水杨酸比色法等。靛酚蓝比色法灵敏度高,呈色较为稳定,受干扰小,操作条件要求较严,蒸馏水和试剂本底值对测定结果影响较大。纳氏试剂比色法相对操作简便,现一般都采用这种方法来进行检测,但该方法的呈色胶体稳定性较差,易受醛类和硫化物的影响。靛酚蓝比色法已被推荐为《公共场所卫生检验方法 第 2 部分:化学污染物》(GB/T 18204.2—2014)的检测方法。亚硝酸盐比色法灵敏度高、受干扰影响小,但操作复杂,氨转换成亚硝酸盐的系数问题尚需进一步验证。另外,将纯铜丝在 340 ℃的温度下能将氨转化成氨氧化氮,这样可用化学发光法,氨氧化物分析仪进行连续检测。当然,此仪器在有氨氧化物存在时,也应考虑氧化氮干扰的防止。次氯酸钠-水杨酸比色法适用于环境空气中氨的测定,也适用于恶臭源厂界空气中氨的测定。

11.6.1 靛酚蓝比色法

靛酚蓝比色法使用的主要仪器设备有:普通型气泡吸收管(有 10 mL 刻度线),空气采样器(流量范围为 0.2～2 L/min),10 mL 的具塞比色管,可测波长 697 μm 分光光度计。

使用的试剂和材料主要有:

①无氨水:在普通蒸馏水中,加入少量的高锰酸钾至浅紫红色,再加入少量的氢氧化钠使其呈碱性;并继续进行蒸馏,取其中间蒸馏部分的水,加入少量硫酸呈微酸性,再重新进行蒸馏一次即得,所有试剂均用无氨蒸馏水配制。配制时,工作室内不得有氢气。

②0.005 mol/L 硫酸吸收液,水杨酸溶液,亚硝基铁氰化钠溶液,次氯酸钠溶液,氨标准溶液,标准贮备液,标准工作液等。各试剂配制方法见《公共场所卫生检验方法 第 2 部分:化学

污染物》(GB/T 18204.2—2014)。

现场采样时,用一个内装 10 mL 吸收液的普通型气泡吸收管,以 0.5 L/min 流量,采气 10 L。记录采样现场的温度和大气压力。样品取回后应在室温下保存,并应在 24 h 内对取回的样品进行分析。

在对样品进行分析前,先绘制标准曲线。用 1 μg/mL 氨标准溶液,按表 11.6 配制标准色列管。在标准色列管中,加入 0.5 L 的 5% 水,再加入 0.1 mL 的 1% 亚硝基铁氰化钠溶液和 0.1 mL 的 0.05 mol/L 次氯酸钠溶液,混合均匀,并室温下保存。用 10 mm 比色皿,以水作参比,在波长 697 μm 下,测定各管溶液吸光度。用氨含量为横坐标,吸光度为纵坐标,绘制标准曲线,并计算回归线的斜率。用斜率倒数作为样品测定的计算因子 B_s。

表 11.6　氨的标准系列

编号	0	1	2	3	4	5	6
NH_3 标准溶液体积/mL	0	0.50	1.00	3.00	5.00	7.00	10.00
吸收液体积/mL	10.0	9.50	9.00	7.00	5.00	3.00	0
氨含量/($\mu g \cdot mL^{-1}$)	0	0.50	1.00	3.00	5.00	7.00	10.00

测定样品取回后用水补充至采样前吸收液体积刻度。然后按标准曲线绘制的操作程序,测定吸光度。在每批样品进行测定的同时,用没有进行采样的吸收液,按相同的操作程序做试剂空白测定。如果样品溶液吸光度超过标准曲线的范围时只取用部分样品溶液,用吸收液稀释再分析。计算浓度时,应乘以样品溶液的稀释倍数。

空气中氨浓度:

$$c = \frac{(A - A_0)B_sD}{V_0}$$ (11.17)

式中　D——分析时样品溶液槽稀释的倍数。

11.6.2　纳氏试剂比色法

纳氏试剂比色法使用的主要仪器和设备同靛酚蓝比色法相同,但分光光度计用可测波长 425 μm 以内。

使用的试剂和材料有:

①无氨蒸馏水,氨标准溶液,0.005 mol/L 硫酸吸收液;

②纳氏试剂:取用 17 g 二氯化汞($HgCl_2$)溶解在 300 mL 的水中、取用 35 g 碘化钾溶解在 100 mL 的水中,然后将二氯化汞溶液缓慢加入到碘化钾溶液中,直至有红色沉淀物形成为止,再加入 600 mL 20% 的氢氧化钠溶液及剩余的二氯化汞溶液。将此溶液放置 1~2 天,使红色浑浊物沉至下部,将上部清亮无沉淀物的溶液移到棕色瓶中(或用 5 号玻璃砂芯漏斗过滤),用橡胶塞塞紧保存备用(此试剂几乎无色),取 50 g 酒石酸钾钠溶于 100 mL 的水中,加热煮沸,使其约减少 20 mL(到不含氨为止),冷却后再加入水稀释至 100 mL 的标准溶液。

现场采样时,用一个内装 10 mL 吸收液的普通型气泡吸收管,以 0.5 L/min 流量,采气 20 L,并记录采样现场的温度和大气压力。样品取回后应在室温下保存,并应在 24 h 内对取回的样品进行分析。

绘制标准曲线时,用 2 μg/mL 氨的标准溶液,按表 11.7 制备标准色列管。

表 11.7　氨标准系列

编号	0	1	2	3	4	5	6
NH_3 标准溶液体积/mL	1.00	1.00	2.00	4.00	6.00	8.00	10.00
吸收液体积/mL	10.0	9.00	8.00	6.00	4.00	2.00	0
氨含量/$(μg \cdot mL^{-1})$	0	2.00	4.00	8.00	12.00	16.00	20.00

在标准色列管中,各加入 0.1 mL 50% 酒石酸钾钠溶液,并混合均匀。再加入 0.5 mL 纳氏试剂,混合均匀在室温下保存。用 10 mm 比色皿,以水作参比,在波长 425 μm 下,测定各管溶液的吸光度。以氨含量为横坐标,吸光度为纵坐标,绘制标准曲线,并计算回归线的斜率。以斜率的倒数作为样品测定的计算因子 B_s。

现场采样后用水补充至采样前吸收液的体积刻度,然后按绘制标准曲线的操作程序,测定吸光度。在每批样品测定的同时,用没有进行过采样的吸收液,按相同的操作方法做试剂的空白测定。

空气中氨浓度:

$$c = \frac{(A - A_0)B_s}{V_0}$$ 　　(11.18)

式中　c——空气中氨的质量浓度,mg/m³;

　　　A——样品溶液的吸光度,$L \cdot mol^{-1} \cdot cm^{-1}$;

　　　A_0——试剂空白溶液的吸光度,$L \cdot mol^{-1} \cdot cm^{-1}$;

　　　V_0——换算成标准状态下的样品体积,L。

便携式氨测定仪是根据比色测定法设计的一款可以在现场样品采集后直接进行比色测定的仪器,其方便现场测量,以便快速检测、减少人为比色误差。仪器结构框图如图 11.8 所示。仪器由脉冲硅光源、圆柱形比色池及光学系统、信号控制放大系统、微处理器智能控制系统、测试分析结果自动显示系统和化学试剂包组成。

图 11.8　便携式氨比色测定仪结构框图

①光源:光源采用高亮发光硅光光源二极管(LED),不同波长 LED 既作光度计的光源,又作单色器。根据被测物质吸收光的波长不同,可方便选择不同波长的发光二极管。高亮度发光二极管的主要特点是制造成本低,价格便宜,使用寿命长,并且利用脉冲供电方式,耗电量低,维护使用方便。

②比色管:比色管采用圆柱形玻璃管,采用外径为 20 mm,体积为 10 mL 的螺口玻璃瓶,被测试的溶液样品可直接通过玻璃瓶上的刻度线进行定容。为了使被测样品与化学试剂在瓶中混合均匀,瓶口配置了一个与其螺口紧密配合的塑料盖。在进行测量时,先用没有加入

显色剂的样品溶液对仪器进行调零校准,然后再加入显色剂,对样品的吸光度进行检测,在液晶屏上便可直接显示待测试样品的检测分析结果。使用时注意比色管的表面应保持干净、无划痕,避免因光反射、散射或吸收而产生误差,勿用手触摸比色管的管壁。测量时拧紧瓶盖,避免任何污染。

③检测器:用光电管作为光度计的检测器,主要考虑光电管在可见光区中不同波长的光电转换效率,同时兼顾光源强度与圆柱比色管的互适性。选用硅质光电管,采用脉冲供电方式,以保证光源、比色管的位置对检测器灵敏度不受影响。

④微处理器:微处理器包括控制系统和分析显示系统两部分。采用单片机作控制系统,将电信号进一步放大并进行操作控制。分析显示系统是利用液晶屏将检测分析结果显示输出。

测试使用的主要设备、试剂、材料:可调定量加液器 5 mL(加液管口内径为 $\phi1.5 \sim \phi2$),多孔玻板吸收管,气泡吸收管,空气采样器(流量范围为 0.2 ~ 1 L/min),具塞比色管 25 mL。试剂的配制方法,仪器的检定、校准和使用方法参照《公共场所卫生检验方法 第 2 部分:化学污染物》(GB/T 18204.2—2014)。

11.6.3 次氯酸钠-水杨酸比色法

次氯酸钠-水杨酸比色法使用的主要仪器设备有:空气采样器、气泡吸收管(10 mL)、具塞比色管(10 mL)、双球玻管(内装有玻璃棉)、可测波长 697 μm 分光光度计。使用的试剂和材料主要有:无氨水、0.005 mol/L 硫酸吸收液、水杨酸-酒石酸钾钠溶液、亚硝基铁氰化钠溶液、次氯酸钠溶液、氯化铵标准贮备液、氯化铵标准溶液。

现场采样时,用一个内装 10 mL 吸收液的普通型气泡吸收管,以 1 L/min 流量,采气 10 ~ 20 L。记录采样现场的温度和大气压力。样品取回后应尽快分析,以防止吸收空气中的氨。若不能立即分析,需转移到具塞比色管中封好,在 2 ~ 5 ℃下存放,可存放 7 天。

在对样品进行分析前,先绘制标准曲线。取 7 只 10 mL 具塞比色管按表 11.8 制备标准色列。

表 11.8　氯化铵标准系列

编号	0	1	2	3	4	5	6
氯化铵标准溶液体积/mL	0	0.20	0.40	0.60	0.80	1.00	1.20
氨含量/μg	0	2.00	4.00	6.00	8.00	10.00	12.00

向各管中加入 1 mL 水杨酸-酒石酸钠溶液、2 滴亚硝基铁氰化钠溶液,用水稀释至9m L左右,加入 2 滴次氯酸钠溶液,用水稀释至标线,摇匀,放置 1 h。用 1 cm 比色皿,于波长 697 nm 处,以水为参比,测定吸光度。以扣除试剂空白(零浓度)的校正吸光度为纵坐标,氨含量(μg)为横坐标,绘制标准曲线。

采取一定体积(视样品浓度而定)样品后用吸收液定容到 10 mL 的样液(用具塞比色管),按绘制标准曲线的步骤进行显色,测定吸光度。

氨浓度用下式进行计算:

$$c = \frac{W}{V_n} \cdot \frac{V_t}{V_0}$$

(11.19)

式中　　W——测定时所取样品溶液中的氨含量，μg；

　　　　V_n——标准状态下的采气体积，L；

　　　　V_t——样品溶液总体积，mL；

　　　　V_0——测定时所 取样品溶液的体积，mL。

11.7　室内氡测量

氡(Radon)是一种惰性天然放射性气体，又写作 ^{222}Rn。它无色、无味，而且非常容易扩散，在脂肪中也非常容易溶解，不易被察觉地存在于人们的生活和工作环境空气中；在人的体温条件下，氡在脂肪和水中的分配系数为 125∶1，故极易进入人体组织，并能溶解于水中。

氡对人类的健康危害主要表现为确定性效应和随机效应。确定性效应表现在人体长时间暴露在高浓度的氡中，可使人类机体的血细胞发生变化。由于氡对人体脂肪有很高的亲和力，当氡侵入人的神经系统后危害更大。随机效应主要表现在对人的机体产生诱发性病变。医学研究已经证实，建筑室内环境空气中的氡是重要的致癌物质，氡气可能会导致人不孕育、胎儿畸形、白血病等。生活居住室和工作场所室内环境空气中氡的含量，在生活居住室和工作场所的时间，都是影响因素。

室内空气中氡主要来源于地基下的岩石和土壤中的物质，建筑材料与装饰材料，供水和天然气释放，煤、天然气和烟草的燃烧，以及户外空气进入。其计量单位一般采用贝可勒尔(becquerel)，简称贝可，其符号为 Bq。在《室内空气质量标准》(GB/T 18883—2020)中明确规定了室内空气中氡的限值为 300 Bq/m³。随着科学技术的进步，测量氡的仪器和方法不断地完善和提高。目前，氡的测量方法主要有静电计法、闪烁法、积分计数法、双滤膜法、气球法、径迹蚀刻法、静电扩散法、活性炭浓缩法、活性炭滤纸法和活性炭盒法等。本节对其中几种典型的方法进行介绍。

11.7.1　α径迹探测器法

α径迹探测器(Alpha Track Detectors，ATD)也称为固体核径迹探测器，是 20 世纪 60 年代后发展起来的一种新型的核辐射径迹探测器。

核辐射径迹探测器(ATD)主要由扩散杯、渗透膜和径迹片 3 部分组成。

核辐射径迹探测器主要包括：探测元件(CR-39)、蚀刻槽、切片机、恒温器、测厚仪、计时钟、注射器、塑料采样盒。塑料采样盒直径 60～70 mm，高 50 mm；内放采样片(图 11.9)上口用滤膜覆盖作为渗透膜。

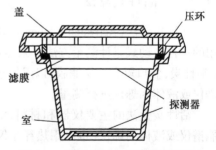

图 11.9　固体径迹探测法的采样盒

1)现场采样和样品保存

①蚀刻片的制备：用切片机将 CR-39 片按采样盒的形状大小，切成圆形或方形片子。用

测厚仪测出每张膜片的厚度,将厚度一致的膜片放置在采样盒内备用。

②采样盒的制备:将蚀刻片固定在采样盒底部。盒口用滤膜覆盖,作为渗透膜。将采样盒密封包装备用。

③现场测试点的布置:按建筑室内环境空气质量测试方法中氡气测量方法确定,在采样期间应保持室内环境空气状态基本恒定。也可在密封条件下进行,此时应停止空调系统及通风系统的使用。

④采样盒的布置:其暴露期一般为3个月,最短也不能少于30天。取回的采样盒应放在原袋中密封保存,同时记录开始布置采样和结束采样的时间和相关的气象参数。

2)测量方法

①蚀刻样品径迹片:样品取回后打开采样盒取出蚀刻片,放在烧杯中,聚碳酸酯片加10 mL蚀刻溶液,温度保持在60 ℃放置30 min,然后取出样品蚀刻片用清水冲洗并晾干。CR-39片加20 mL,6.5 mol/L氢氧化钾溶液,温度保持在70 ℃放置10 h,然后取出样品蚀刻片用清水冲洗并晾干。

②计数测定:把处理好的蚀刻片用计数装置读出单位面积上的径迹数。

3)计算氡的浓度

$$c_{Rn} = \frac{n_R - n_b}{TF_C}S \tag{11.20}$$

式中　　c_{Rn}——氡的浓度,Bq/m³[①];
　　　　n_R——总径迹数,个;
　　　　n_b——本底径迹数,个;
　　　　T——暴露时间,h;
　　　　F_C——刻度系数,(个/cm²)/(Bq·h/m³);
　　　　S——探测器测量面积,cm²。

11.7.2　活性炭盒法

活性炭盒法(Activated Carbon Collectors,AC)是目前测量室内环境空气中氡浓度含量常用的一种被动式累计测量方法。采样器为塑料或金属制成的圆柱形小盒,盒内装有25~200 g活性炭,盒口罩有一层滤膜,以阻挡氡子体进入。一般采样周期在1周左右,然后采用γ能谱仪或液体闪烁仪进行测量。

活性炭盒法的主要仪器和材料:活性炭(椰壳炭8~16目)、采样盒、烘箱、天平、滤膜、γ能谱仪或液体闪烁仪(也可用热释光仪)。

采样和测试程序:

①将活性炭放入烘箱内,将温度调节至120 ℃烘烤5~6 h,烘烤后放入磨口玻璃瓶中

---

①　氡的放射性活度以贝可(Bq)为单位。1 Bq相当于每秒转换(分解)1个原子核。空气中氡的浓度按1 m³的空气中每秒转换的数量(Bq/m³)测定。

备用。

②装样:称取(由采样盒大小确定,一般为 50 g)烘烤后的活性炭装入采样盒中覆盖好滤膜。

③称取活性炭盒的总质量。

④将活性炭盒进行密封并与外面空气隔绝。

⑤在采样现场,打开密封包装,放置在事先确定好的采样点处 2 ~ 7 天。

⑥采样结束时将活性炭盒再密封好,送回实验室。

⑦样品取回 3 h 后可进行测量,将活性炭盒在 γ 能谱仪上测量氡子体的 γ 射线特征峰面积。

氡的浓度按式(11.21)计算:

$$c_{Rn} = \frac{\alpha n_{\gamma}}{K_w t_1^{-b} e^{-\lambda_R t_2}}$$ (11.21)

式中　c_{Rn}——采样期间内平均氡浓度,Bq/m³;

　　　a——采样 1 h 的响应系数;

　　　n_{γ}——特征峰对应的净计数率;

　　　K_w——吸收水分校正系数;

　　　t_1——采样时间,h;

　　　b——累积指数,可取 0.48;

　　　λ_R——氡的衰变常数;

　　　t_2——采样结束至测量开始的时间间隔,h。

活性炭盒法的优点是成本低,使用操作简单,测试结果比较精确。其缺点是对测试点的湿度、温度比较敏感,不适合在室外和湿度较大的地区使用;需要在不同湿度条件下校正其响应系数 α。因测试现场温、湿度的变化对测试结果的影响较大,样品取回后必须尽快进行测试分析。此外,由于氡的衰变较快,如果不尽快测试,现场取回样品中的氡将会衰变,使测试结果产生较大误差。用液体闪烁仪测量需要将吸附的氡解析到闪烁液中,因而花费的时间比 γ 能谱仪长。

11.8　室内可吸入颗粒测量

可吸入颗粒物(PM_{10})是指大气中粒径小于 10 μm 的悬浮颗粒物,能在空气中长时间悬浮,可以随着呼吸侵入人体的肺部组织。建筑室内环境空气中的可吸入颗粒物,主要来源于室内生活用炊事炉灶、吸烟、人员活动和衣物扬尘等,以及居住小区室外环境大气污染物渗入室内。若长时间暴露在可吸入颗粒物超标的环境空气中,可诱发人体发生呼吸道疾病,引起肺组织的慢性纤维化,降低免疫功能,导致冠心病、心血管病等一系列病变。建筑室内环境空气中可吸入颗粒物的测量,可采用撞击式称重法、光散射粒子计数器进行测定。

《室内空气质量标准》(GB/T 18883—2020)对可吸入颗粒物 PM_{10} 的检测规定用撞击式称重法测量。

11.8.1 撞击式称重法

撞击式称重测量法使用的主要仪器有：可吸入颗粒物采样器、天平、皂膜流量计、秒表、玻璃纤维纸、干燥剂、镊子等。

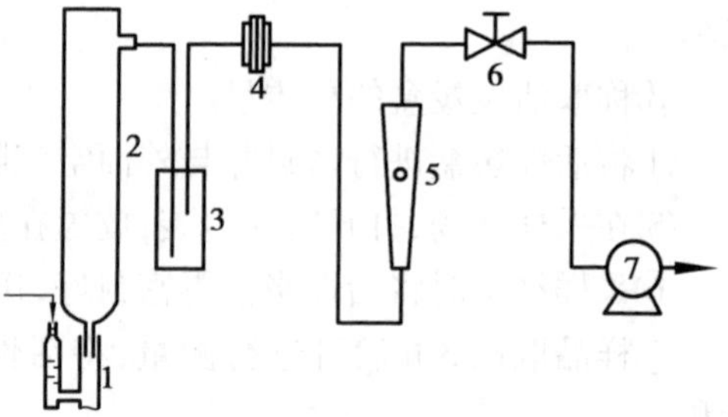

在进行现场采样前，先用皂膜流量计校准采样器的流量。按图 11.10 将流量计、皂膜计、抽气泵连接进行校准。记录皂膜计两刻度线间的体积(mL)及通过的时间，体积按下式换算成标准状况下的体积(V_s)，以流量计的格数对流量作图。

图 11.10　流量计的校准连接图
1—肥皂液；2—皂膜计；3—安全瓶；
4—滤膜夹；5—转子流量计；
6—针形阀；7—抽气泵

$$V_s = V_m \frac{(p_b - p_v) T_s}{p_s T_m} \qquad (11.22)$$

式中　V_m——皂膜两刻度线间的体积，mL；

p_b——大气压，kPa；

p_v——皂膜计内水蒸气压，kPa；

p_s——标准状态下压力，kPa；

T_s——标准状态下温度，℃；

T_m——皂膜计温度，K。

将经过校准的流量采样器入口取下，旋开采样头；把预先经过称重的直径 50 mm 的滤纸安放在冲击环下，同时在冲击环上放置环形滤纸；再将采样头旋紧(避免样品空气从侧面进入采样器)；装上采样头入口，按建筑室内环境空气质量检测方法的要求，确定检测采样点；打开计时器开关，将采样流量调节至 13 L/min；采样 24 h，记录采样期间现场的温度、压力及采样时间，采样流量应随时观察并进行调节，使其始终保持在 13 L/min 的恒定采样流量，这样可以减小测量误差。

现场采完样的滤纸放入滤纸采样盒，带回实验室后，在与采样前相同的环境下放置 24 h，将滤纸从滤纸采样盒中取出放在天平上称取质量，用采样后的质量减去空白滤纸质量，即可得到所测试现场可吸入颗粒物的质量。将滤纸放回滤纸采样盒中保存好，在进行成分分析时使用。

室内空气可吸入颗粒物的浓度：

$$c_{PM10} = \frac{m_{PM10}}{V_n} \qquad (11.23)$$

式中　c_{PM10}——可吸入颗粒物浓度，mg/m^3；

m_{PM10}——可吸入颗粒物质量，mg；

V_n——标准状况下的采样空气体积，m^3。

在采用撞击式称重法测定可吸入颗粒物的浓度时，应该注意：

①采样前，必须先将流量计进行校准。采样流量应随时观察并进行调节，准确保持在 13 L/min 的采样流量值。

②对空白滤纸及采过样的滤纸进行称重时,操作环境和方法必须保持一致。

③采样时必须将采样器部件旋紧,避免样品空气从侧面渗入采样器,形成假象采样,增大测试误差。

④空白采样滤纸应平整的放置在流量采样器中,滤纸的周边不能有空,防止空气不经过滤纸直接进入到空气流量计,形成假象采样,增大测试误差。

根据称重法的工作原理,现已经生产有多种粉尘采样仪,方便现场测定。

11.8.2 光散射测尘

空气中粉尘在光的照射下发生光散射现象,散射光的强弱与粉尘的大小、形状、光波波长、光折射率、对光吸收率、物质类型的组成等因素有关。粉尘散射光的强度正比于微粒的表面积。光散射粒子计数器就是通过测定散射光的强度从而得知粉尘的大小。这种仪器要通过对不同类型的粉尘进行标定,确定不同类型粉尘的散射光的强弱和粉尘浓度的函数关系。

光散射粒子计数器结构原理如图 11.11 所示,由光源、粒子计数区、光电脉冲转换和技术显示部分组成。

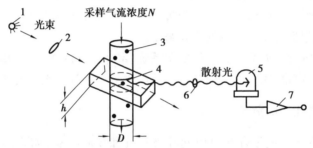

图 11.11 光散射粒子计数器工作原理示意图

1—光源;2—透镜组;3—浮游微粒;4—检定空间;5—光电倍增管;6—透镜组;7—放大器

光散射粒子计数器可以测出瞬时的粉尘浓度及一定时间间隔内粉尘的平均浓度,并可将测量数据保存在存储器中,测量范围为 $0.01 \sim 100 \ mg/m^3$。其缺点是对不同的粉尘,需进行专门的标定。这种仪器在国内外应用较为广泛,尤其在需要测量计数浓度的洁净手术室、激光光刻室、块规量规标准计量室、大规模集成电路生产车间、医药试剂生产等场所,基本上都是采用这种光散射粒子计数器。

11.9 室内微生物测量

微生物是大量形体微小、构造简单的单细胞或接近单细胞的生物粒子。微生物粒子大小为 $0.01 \sim 100 \ \mu m$,一般为 $0.01 \sim 30 \ \mu m$。从生产的角度微生物可分为医学微生物、工业微生物、农业微生物等,从生态的角度可分为水微生物、土壤微生物、空气微生物。室内环境中最常遇到的是空气微生物粒子。

1)室内空气中微生物的种类

空气微生物是指悬浮于空气中的微生物,包括细菌、真菌、病毒和尘螨等。空气微生物大多以微生物气溶胶的形式存在,即固态或液态的悬浮微粒在气体介质中的分散体系,根据微生物种类不同,可以将微生物气溶胶分为细菌气溶胶、真菌气溶胶和病毒气溶胶。微生物气溶胶的粒谱分布为 $0.002 \sim 30~\mu m$。其中,细菌为 $0.25 \sim 8~\mu m$,真菌孢子为 $1 \sim 30~\mu m$。微生物种类繁多,空气中的细菌及放线菌约有 1200 种,真菌约有 40000 种。室内适宜的温湿度、微小的风速、各种灰尘为室内微生物的滋生创造了合适的条件。按照微生物对人体的影响程度可分为两大类:一类是非致病性腐生微生物,包括芽孢杆菌属、无色杆菌属、放线菌、酵母菌等;另一类是来自人体的病原微生物,如结核杆菌、溶血性链球菌、金黄色葡萄球菌和感冒病毒等。

2)室内空气中微生物的来源

在任何环境下,微生物的生存都离不开以下三个条件:①适宜的湿度;②适宜的温度;③适宜的营养物质载体。在现代家庭中,温度和湿度非常适宜微生物的生长,且有着丰富的营养物质载体,因此很适宜于微生物的生长繁殖。

室内微生物来源广泛,如受污染后的空调系统、室外大气的渗透,人体、动物、植物的携带和传播,室内的地毯、窗帘、家具、卧具和室内潮湿、阴暗角落等处滋生繁殖的。

3)室内空气中微生物的危害

室内空气中微生物的过量存在可引起呼吸系统和皮肤疾病,如螨虫可使人患过敏性鼻炎、过敏性湿疹以及过敏性哮喘等。室内空气中微生物有许多是病原微生物,能传播和引起很多疾病,是人们关注的重点。空气中带菌粒子一般比细菌单体大许多,常见大小为 $1 \sim 50~\mu m$,多数是由数个细菌组成的菌团,而且大多附着在有机粉尘(颗粒物)上。这些细菌有活的也有死的,存活的条件受周边环境(温湿度等)的影响。病毒由于没有完整的酶系统,不能单独进行物质代谢,所以形成了严格的寄生性。因此空气中的病毒和细菌一样,只能以群体附着于粉尘和滴液,借助其中的有机成分作为生存和传播的媒介。室内依靠空气反复循环而很少进行空气交换的通风空调系统会助长疾病的传播。

近些年来,由空气微生物引发的大规模传染病包括:2002—2003 年全球范围爆发的 SARS(严重急性呼吸综合征)、2009 年的甲型 H1N1 流感、2013 年的 H7N9 禽流感、2019 年以来的新型冠状病毒肺炎(COVID-19)等。

4)室内菌落种数的标准

微生物指标是评价室内空气质量的重要标准。空气质量的好坏通常以菌落总数指标来衡量。一般情况下空气中的菌落总数越多,存在致病性微生物(细菌、真菌、病毒等)的可能性越高,也即使人感染致病的概率越大。

实测结果表明,室内空气微生物的平均直径为 $4.2 \sim 5~\mu m$,空气微生物浓度在无人时为 500 个$/m^3$ 或更低,而有人时为 $3000 \sim 8000$ 个$/m^3$ 或更高。空气微生物的存在会带来很大的危害,虽经现场采样检验和流行病学调查可定性确认,但定量监测在技术上仍存在较多困难。

在不同的季节,室内通风条件各异,一般情况下室内空气中微生物数量也存在差异,大多为夏季少而冬季多,夜间少而白天多。在室内空气微生物监测时有下列问题值得重视:

①关于细菌总数的表示形式,有的文献用"个/m³"或"个/皿"表示,实际上现在通用的方法均系含菌颗粒在培养基上生成的菌落。一个颗粒可能只含一个细菌,而更大可能含有许多细菌,因此不应用"个"表示,而以"菌落"或"菌落形成单位(cfu)"表示更确切。

②检测结果的判定方法,因为纳入了卫生标准,在实施监督时就要判定其是否合格,而微生物检测和实验误差较大,虽然标准中规定了上限值,而当稍微大于上限值时是否应判为不合格,需谨慎对待这个问题。在《室内空气质量标准》(GB/T 18883—2020)中规定了菌落总数应不大于 2500 cfu/m³,采样方法为撞击法,但同时强调了应"依据仪器定"。

5)室内微生物的测量

室内微生物的测量可以采用沉降法、撞击法和过滤法。其中,撞击法又分为干式分级法、湿式注入法。

6)室内微生物污染常用控制方法

2019 年 12 月爆发的新型冠状病毒是典型的空气传播致病微生物,对疫情的控制已成为全世界共同关注的热点问题。掌握室内微生物的来源并科学合理地控制室内微生物,有利于提高室内空气质量,提升公共卫生防疫能力。下面介绍几种常用的居家、办公等场所室内空气微生物污染控制方法。

(1)通风换气法

通风换气通过物理稀释可以有效降低室内空气微生物浓度,是控制室内空气微生物的重要技术举措。常用的通风方式有自然通风和机械通风两种。自然通风是传统通风方式,采用"穿堂风"等形式使室内外空气充分流动与交换;机械通风依靠风机提供的风压、风量,通过管道和送、排风口将室外新风送到建筑物内部。

通风换气法本质是采用物理转移方法降低室内微生物浓度,是最简单、最经济、最有效的室内空气净化方法。该法操作简单,但不能灭杀微生物,可结合其他消毒方法净化室内空气。

(2)气溶胶喷雾法

气溶胶喷雾法是指用气溶胶喷雾器喷出的消毒液对空气或物体表面进行消毒处理,喷雾中雾粒直径 10 μm 以下者占 90% 以上。该法适用消毒药物有过氧乙酸、过氧化氢、二氧化氯等。气溶胶喷雾法大多用于终末消毒,终止传染状态后消灭遗留在相关场合的致病微生物,具有操作容易、成本低、应用广等特点,缺点是有残留、易腐蚀物体,对喷洒人员防护要求高。

11.10　应用实例

居民区空气质量包括建筑室内环境空气质量和居民生活区环境大气质量两个方面。潜在的影响与威胁建筑室内环境空气质量的常见污染物主要有 CO、CO_2、甲醛、氨等。因此,选择这几种常见的空气污染物进行现场浓度测量,以此来定量地反映建筑室内环境空气质量。将测定的结果与《室内空气质量标准》(GB/T 18883—2020)进行比较,评价室内空气质量的好坏。

1)调查概况

随机选取 20 户住户进行入户实地调查,测量空气中 CO、CO_2、甲醛、氨的含量,测点主要布置在卧室、客厅、厨房及室外等处。测量时将门窗关闭,尽量减少室外空气对室内空气的影响。

2)试验检测方法

(1)现场测量参数
室内环境空气质量:CO、CO_2、甲醛、氨等浓度。

(2)采样点
室内环境采样点的设置:

①数量:根据被测室内面积大小和现场情况确定,以期反映室内污染物的水平,10 m² 设置 1 个测点,10 ~ 30 m² 设置 2 个测点,30 ~ 50 m² 设置 3 个测点,50 ~ 100 m² 设置 3 ~ 5 个测点,100 m² 以上至少设置 5 个测点。

②分布:一般均匀分布测量,通常在对角线上或梅花式均匀分布,采样点应避开通风口,离墙大约为 0.5 m。

③高度:原则上与人坐着或站立时的呼吸带高度相一致,一般距地面 1.5 m 或 0.5 ~ 1.5 m。

室外环境采样点的设置:在进行室内环境污染测试的同时,为了掌握室内、外污染的关系,在同一区域的室外设置 1 ~ 2 个对照测点,也可用原来的室外环境固定大气监测点作对比,但室内采样点的分布应在固定监测点半径的 500 m 内。

(3)采样时间和频率
①氨的测量:客厅和卫生间分别于正中间位置设置 1 个采集点;
②CO、CO_2、甲醛的测量:设置 5 个点,梅花式分布。

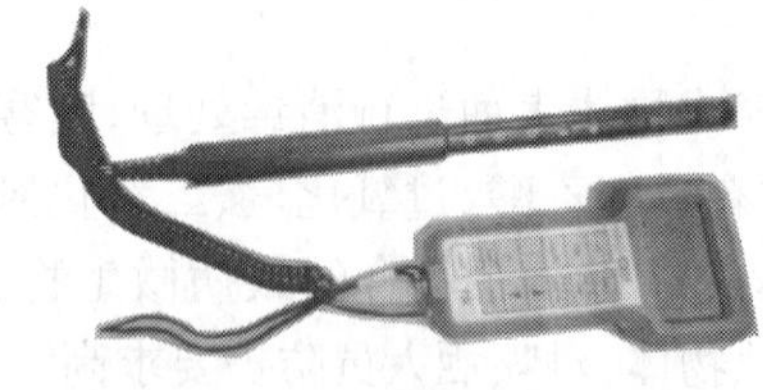

为了确保数据具有代表性和统计学意义,测定 CO、CO_2 和甲醛浓度等指标。CO、CO_2 和甲醛浓度等每个点重复测试 3 次,取其算术平均值,同时还对室内人员吸烟情况、室内环境空气个人主观感受等方面进行调查。

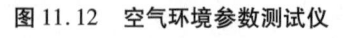

图 11.12 空气环境参数测试仪

(4)测试仪器
空气环境参数测试仪如图 11.12 所示,用来测试空气中 CO、CO_2 的浓度,CO_2 测试范围为 0 ~ 5000 ppm,精度±3%。氨气采用采样瓶采样,带回实验室后用分光光度计分析。

3)测量结果分析

室内外环境空气品质测试结果与分析如下。

①甲醛:甲醛的测试结果见图 11.13、图 11.14 和图 11.15。从图 11.15 可以看出,约 30%住户的室外甲醛浓度超标;由图 11.13 和图 11.14 可以得出,约 35%住户卧室内甲醛浓度超标,而客厅甲醛浓度要低些,仅少部分居民客厅内甲醛浓度超标。这可能是由于卧室内家具、被服、织物等较集中,通风较弱。同时,对于一些新建建筑,其装修材料挥发出的甲醛使得客厅以及卧室甲醛浓度均超标。

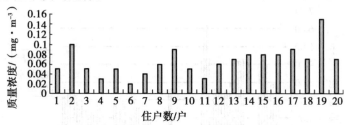

图 11.13　客厅甲醛浓度图

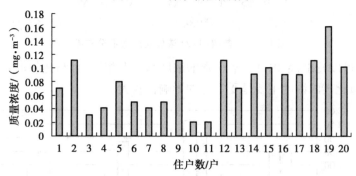

图 11.14　卧室甲醛浓度图

由图 11.13 和图 11.14 可知,新房住户甲醛含量普遍偏高,甲醛浓度最大值接近 0.18 mg/m³,远超过标准的限值。旧房中也有明显差异,如住户 2,入住时间 12 年,经过多年的衰减,室内甲醛浓度仍高达 0.11 mg/m³。由图 11.15 可以分析得出,室内的甲醛含量并不是随着建筑物修筑年龄的延长而降低,这主要是因为室外测试时,受室外空气中甲醛浓度的影响,由于测试地点的不同,室外甲醛浓度波动很大,有些地方出现的室外甲醛浓度甚至超过了《室内空气质量标准》(GB/T 18883—2020)中规定的值。

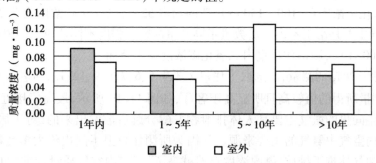

图 11.15　甲醛室内外数据对比分析图

②一氧化碳:CO 属于无色无味气体,主要来自燃料的不完全燃烧、工业废气、汽车尾气、炊事及人员室内活动(主要是吸烟)等。CO 能与血红细胞结合从而抑制氧气与血红细胞的结

合从而使人体缺氧,轻者引起头晕,重者导致死亡。煤气中毒即是由一氧化碳引起的。

国家规定的 CO 标准值为 10 mg/m³,受调查的 20 户居民室内 CO 浓度均未超标(图 11.16)。其中个别住户内 CO 浓度很小,测量仪器不能测出其浓度。且对于不同房间,其值有差异,如厨房内 CO 浓度要高于其他房间。人员活动也是影响室内 CO 浓度的重要因素,如住户 20,在进行测量时,住户曾在客厅处吸烟,使得客厅处 CO 浓度较高。

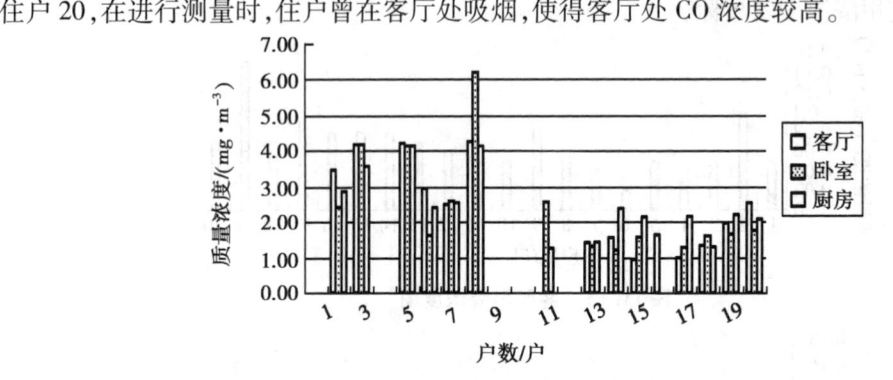

图 11.16　各房间 CO 浓度实测数据分布图

由图 11.17 可以看出,室内外一氧化碳的浓度基本上相等,且与建筑的年龄没有关系,因此,居民室内一氧化碳的浓度主要是受室外的影响比较大。

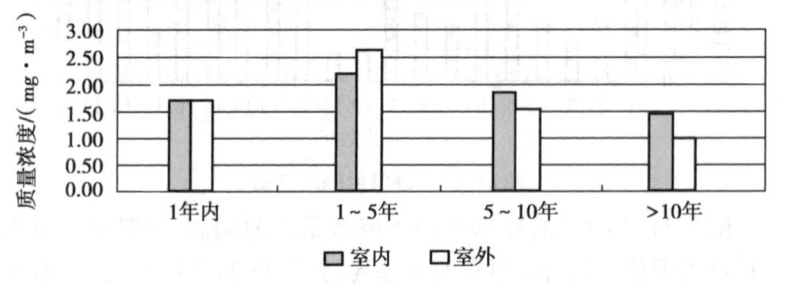

图 11.17　CO 室内外浓度分布图

③二氧化碳:CO_2 来自人的呼吸、明火取暖等。CO_2 浓度高会使人产生恶心、头痛等不适感。

从图 11.18 中可看出,所测住户大部分室外二氧化碳浓度小于 100×10^{-6},约占住户的 70%;室内二氧化碳浓度在 $(100 \sim 150) \times 10^{-6}$ 的约占 52%,二氧化碳浓度大于 200×10^{-6} 的约占 20%,该差异主要是由于室内人员数量不同及室内密闭程度不同造成的。根据室内二氧化碳浓度标准 1000×10^{-6},测得住户室内二氧化碳浓度均未超标。

④氨气:对于 NH_3 的测量,只选取了住户 2、3、4、5、6、7、8、9、12、13,对客厅和卫生间进行测量,卫生间测量所得的值较高且明显高于客厅,如图 11.19 所示,最高值接近 20 mg/m³,超过标准值。卫生间里的氨气主要是人体排泄物发酵分解后散发出来的,对于居住建筑,卫生间内氨气是室内空气中氨气的主要来源。又因为所测住户卫生间内绝大多数都没有安装排气扇,因此,污浊气体难于排放,氨的浓度自然就高了。《室内空气质量标准》(GB/T 18883—2020)中规定氨气 1 h 均值不超过 0.2 mg/m³,但实际测量中,氨气的浓度远远超过了该值,这反映了所测居民卫生间污染的严重性。

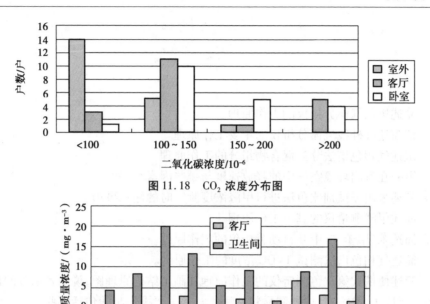

图 11.18 CO$_2$ 浓度分布图

图 11.19 各房间 NH$_3$ 浓度分布图

⑤室内外空气品质显著性分析：单从以上几个参数测试的结果来看，卫生间氨超标是最严重的，远远超过标准规定的值，但由于人们不可能长期处于该空间内，且客厅的氨的浓度通常为0，因此氨不能作为评价室内空气品质和污染物浓度的代表性指标。比较适合我国具体情况的做法是采用 CO$_2$ 来衡量人体产生污染物的情况，而甲醛来衡量建筑物和建筑材料产生污染物的情况，我们利用实测值与标准值之比的无量纲参数分析二氧化碳、一氧化碳和甲醛哪一种气体对居民生活区的影响因子较大，由图 11.20 中可以看出，甲醛影响因子最大，为 0.66 左右，且比 CO$_2$ 和 CO 高出了许多。不管是室内还是室外的甲醛浓度都接近或者已经超标；同时，也反映所测居民区的空气质量并不是太好。

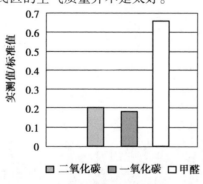

图 11.20 室内空气影响因素分析图

思考题

11.1　简述奥氏气体分析仪的工作原理。

11.2　请简述红外线气体分析仪的主要工作原理。

11.3　试述气相色谱法分离混合物组分的工作原理。

11.4　甲醛在室内环境空气中的释放速度与哪些因素有关?

11.5　简述采用酚试剂比色法进行甲醛浓度测定时的注意事项。

11.6　简述甲醛测量仪的基本工作原理。

11.7　简述苯、甲苯、二甲苯自动分析仪的工作原理。

11.8　简述气相色谱法测试 TVOC 浓度的工作原理。

11.9　简述便携式氨比色测定仪的工作原理并画出结构原理图,说明各部分的作用。

11.10　活性炭盒法主要仪器和材料有哪些? 其主要操作步骤包括哪些?

11.11　简述采用撞击式称重法测定可吸入颗粒物浓度的原理及注意事项。

11.12　空气微生物粒子的测量有哪几种方法?

12

建筑声、光环境测量

学习目标：
1. 熟悉声级计、照度计工作原理；
2. 掌握建筑噪声、建筑光环境的测量方法；
3. 掌握建筑声、光环境评价参数的意义；
4. 了解频谱分析仪、亮度计的工作原理。

12.1 概　述

建筑声环境和光环境是建筑室内物理环境的两个重要的组成部分。本章主要介绍声环境和光环境中的测量问题。

声音和光是人们感知外界的重要媒介，良好的建筑声、光环境可以减轻人的听觉、视觉疲劳，愉悦身心，改善身体健康状况，并能提高劳动效率。因此，建筑声、光环境测量是建筑环境评价的主要内容。

建筑声环境测量包括噪声测量和建筑音质测量。噪声测量是为了掌握在某个建筑环境中因为噪声源的存在而产生噪声的噪声声级、频谱和时间特性等。建筑音质测量主要是为了满足如音乐厅、报告厅、影剧院等厅堂对音质的特殊要求。建筑声环境的主要测量仪表有声级计和频谱分析仪等。

建筑光环境测量是为了检验采光或照明设施与所规定标准或设计条件的符合情况，测定采光或照明的光环境随时间变化的情况，确定维护和改善采光或照明的措施，进行采光或照明设施的光环境比较调查，以保障视觉工作要求和节省能源。建筑光环境的主要测量仪表有照度计、亮度计等。

12.2　建筑声环境测量

建筑环境中的噪声污染源主要包括:交通运输噪声、工业机械噪声、城市建筑噪声、社会生活和公共场所噪声传入室内和室内家用电器直接造成的噪声污染。建筑噪声污染对人的身心健康有着极大的危害。噪声不但干扰休息和睡眠,降低工作效率,影响正常工作和学习,还会引起神经系统功能紊乱、精神障碍、内分泌紊乱;损害心血管,加速心脏衰老,增加心肌梗塞发病率;损害听力,如强度大的噪声会引耳鸣、耳痛,甚至听力损伤。

12.2.1　声环境参数

1)声强、声压和声功率

①声功率:指单位时间内,声源向外辐射的声能,单位为 W 或 μW。

②声强:指单位时间内,声波通过垂直于声波传播方向单位面积的声能量,单位为 W/m^2。

$$I = \frac{W}{F} \tag{12.1}$$

式中　F——声能所通过的面积,m^2。

③声压(p):空气受声波干扰而瞬时产生的压力增值,单位为 pa。

$$I = \frac{p^2}{\rho c} \tag{12.2}$$

式中　ρ, c——空气的密度和声音在空气中的传播速度,单位分别为 kg/m^3 和 m/s。

2)声强级、声压级和声功率级

声强、声压和声功率量度跨度非常大,人耳能感觉到的量级上下限相差为百万甚至万亿倍,不便度量。因此,在声音的测量和评价中采用"级"的概念,先确定一个基准量,然后以 10 倍为一级对声强、声压和声功量进行划分,形成声强级、声压级和声功率级。

声强级:

$$L_I = 10\lg \frac{I}{I_0} \tag{12.3}$$

声压级:

$$L_P = 20\lg \frac{P}{P_0} \tag{12.4}$$

声功率:

$$L_W = 10\lg \frac{W}{W_0} \tag{12.5}$$

其中,I_0、P_0 和 W_0 为声强、声压和声功率的基准量,分别为 $10^{-12} W/m^2$,$2 \times 10^{-5} Pa$ 和 $10^{-12} W$。

声强级、声压级和声功率级单位都为 dB,为无量纲单位。

当声强级、声压级和声功率级叠加时,不能简单地采用算术相加,而要按对数运算规则进行计算。

3)响度和响度级

响度是人耳判别不同频率合成的声音由轻到响的强度的概念,是一个与主观感受和客观量都有关的参数,它不仅取决于声音的强度(如声压级),还与它的频率及波形有关。响度单位为"宋"。1 宋的定义为声压级为 40 dB,频率为 1000 Hz,且来自听者正前方的平面波形的强度。

响度级是建立在两个声音主观比较的基础上,选择 1000 Hz 的纯音作基准音,若某一噪声听起来与该纯音一样响,则该噪声的响度级在数值上就等于这个纯音的声压级。单位是"方"。如果某噪声听起来与声压级为 80 dB,频率为 1000 Hz 的纯音一样响,则该噪声的响度级就是 80 方。

4)计权声级

响度是一个由主观感受和客观参数合成的量,因此用声级计测量声音的响度级时,也要根据人体对不同频率特性的声音的感受,设置不同的计量关系。这种由特定关系计量得出的声级就是计权声级。

声级计中的频率计权网络有 A,B,C 三种标准计权网络。A 网络是模拟人耳对等响曲线中 40 方纯音的响应,它的曲线形状与 340 方的等响曲线相反,从而使电信号的中、低频段有较大的衰减。B 网络是模拟人耳对 70 方纯音的响应,它使电信号的低频段有一定的衰减。C 网络是模拟人耳对 100 方纯音的响应,在整个声频范围内有近乎平直的响应。

经过频率计权网络测得的声压级称为声级,根据所使用的计权网不同,分别称为 A 声级、B 声级和 C 声级,单位记作 dB。其中,A 声级与人耳对普通噪声的感觉最为接近,多用于测量普通环境噪声。

5)频谱

除单频率的纯音外,一般声音都是由许多不同频率、不同强度的纯音组合而成。以声压级为纵坐标、频率为横坐标绘制成的噪声特性曲线称为噪声频谱图。

噪声频谱能形象地反映出声音的频率分布和声级大小的关系。在噪声监测中,将动态范围内大的连续声谱(20~20000 Hz)划分为若干个部分,每个部分称为频带。以 f_0,f_1,f_2 分别表示该频带的中心频率、最低频率、最高频率。

12.2.2　声环境测量仪器

1)声级计

声级计是噪声测量中用来测量声响等级的仪器,一般由电容式传声器、前置放大器、衰减器、放大器、频率计权网络及有效值指示表头等组成。

声级计的工作原理为:由传声器将声音转换成电信号,再由前置放大器变换阻抗,使传声器输入信号与衰减器匹配。放大器将输出信号加到计权网络,对信号进行频率计权(或外接滤波器),然后再经衰减器及放大器将信号放大到一定的幅值,送到有效值检波器(或外接电平记录仪),在指示表头上以分贝定标指示噪声声级数值。声级计原理图如图 12.1 所示。

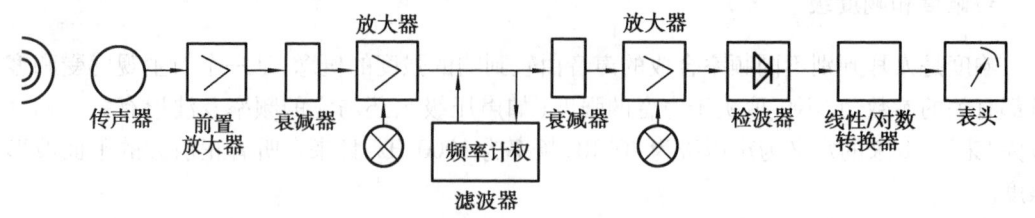

图 12.1　声级计原理框图

声级计按表头响应灵敏度可分为四种:

①慢:表头时间常数为 1000 ms,一般用于测量稳态噪声,测得的数值为有效值。

②快:表头时间常数为 125 ms,接近人耳对声音的反应。一般用于测量波动较大的不稳态噪声和交通运输噪声等。

③脉冲或脉冲保持:表头时间常数为 35 ms,一般用于测量持续时间较长的脉冲噪声,如冲床、按锤等,测得的数值为最大有效值。

④峰值保持:表头时间常数小于 20 ms,用于测量持续时间很短的脉冲声,如枪、炮和爆炸所产生的声音,测得的数值为峰值,即最大值。

为了使世界各国生产的声级计的测量结果可以互相比较,2013 年国际电工委员会(IEC)制定了声级计的有关标准 IEC61672-1:2013《声级计》,并推荐各国采用。我国有关声级计的国家标准是《电声学 声级计》(GB/T 3785.1—2010),该标准与 IEC61672-1:2013《声级计》的主要要求是一致的。

声级计按精度等级分为 4 种类型:0 型声级计作为标准声级计,1 型声级计作为实验室用精密声级计,2 型声级计作为一般用途的普通声级计,3 型声级计作为噪声监测的普及型声级计。这四种类型的声级计的各种性能指标具有同样的中心值,区别为容许误差不同,且随着类型数字的增大,容许误差逐渐放宽。根据 IEC61672-1:2013 标准和《电声学 声级计》(GB/T 3785.1—2010),四种声级计在参考频率、参考入射方向、参考声压级和基准温湿度等条件下,允许的固有误差如表 12.1 所示。

表 12.1　声级计精度等级

声级计类型	0	1	2	3
固有误差	±0.4	±0.7	±1.0	±1.5

环境噪声测量应采用精度为 2 型以上的积分式声级计及环境噪声自动监测仪器,其性能应符合《电声学 声级计 第 1 部分:规范》GB/T 3785.1—2010 的要求。测量仪器和声校准器应按《声级计检定规程》(JJG188—2017)、《塑料门窗及型材功能结构尺寸》(JG176—2005)及《噪声统计分析仪》(JJG778—2019)的规定定期检定。测量前后使用声校准器校准测量仪器的示值偏差应不大于 2 dB。

声级计可以外接滤波器和记录仪,对噪声做频谱分析。

2) 频谱分析仪

频谱分析仪是用来分析噪声频率的仪器。主要由测量放大器和滤波器构成。其工作原理是让噪声通过一组带通滤波器后,把噪声中包含的不同频率的分量按带通频程逐一分离,再经过放大器放大后进行测量。频谱分析仪的滤波器有 1 倍频程滤波器、1/3 倍频程滤波器和恒定窄带、宽带通滤波器。滤波器的带通越窄,频谱分析仪对噪声的分析越详细。图 12.2 显示了用 3 种不同带通滤波器对同一声源的测量结果。1 倍频程和 1/3 倍频程分析仪的中心频率和频率范围,见表 12.2 和表 12.3。

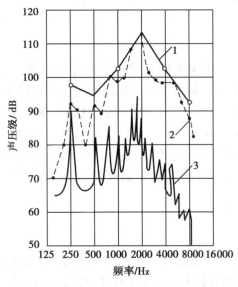

图 12.2　不同带通滤波器测量同一声源的结果比较
1—1 倍频程;2—1/3 倍频程;3—某恒定带宽

表 12.2　1 倍频程分析仪的中心频率和频率范围

中心频率/Hz	31.55	63	125	250	500	1000	2000	4000	8000
频率范围/Hz	22 ~ 45	45 ~ 90	90 ~ 180	180 ~ 355	355 ~ 710	710 ~ 1400	1400 ~ 2800	2800 ~ 5600	5600 ~ 11200

表 12.3　1/3 倍频程分析仪的中心频率和频率范围

中心频率/Hz	频率范围/Hz	中心频率/Hz	频率范围/Hz	中心频率/Hz	频率范围/Hz	中心频率/Hz	频率范围/Hz
50	45 ~ 56	250	224 ~ 280	1000	900 ~ 1120	5000	4500 ~ 5600
63	56 ~ 71	310	280 ~ 355	1250	1120 ~ 1400	6300	5600 ~ 7100
80	71 ~ 90	400	355 ~ 450	1600	1400 ~ 1800	8000	7100 ~ 9000
100	90 ~ 112	500	450 ~ 560	2000	1800 ~ 2240	10000	9000 ~ 11200
125	112 ~ 140	630	560 ~ 710	2500	2240 ~ 2800	12500	11200 ~ 14000

续表

中心频率 /Hz	频率范围 /Hz	中心频率 /Hz	频率范围 /Hz	中心频率 /Hz	频率范围 /Hz	中心频率 /Hz	频率范围 /Hz
160	140~180	800	710~900	3150	2800~3550	—	—
200	180~224	—	—	4000	3550~4500	—	—

12.2.3 建筑噪声测量

1)测量条件

建筑环境噪声测量应在昼间和夜间分别进行,一般应选择在白天(6:00—22:00)和夜间(22:00—6:00)时间段内,以对应昼夜不同的最高限值要求。具体测量时间应根据测量目的确定,如办公室白天测量时间应为人员上班时间段,选择8:00—12:00 和14:00—18:00;住宅夜间应在睡眠时间段,选择23:00—5:00。测量应在无雨、无雪的天气条件下进行(要求在有雨、雪的特殊条件下测量时,应在报告中给出说明)。测量过程中保持窗户开启。风速达到5 m/s 以上时,应停止测量。采样时,测点距墙面和其他主要反射面不小于1 m,距地板1.2 ~ 1.5 m,离窗户约1.5 m。

2)测点布置

对城市环境噪声监测和城市交通噪声监测应在无雨、无雪的天气条件下进行,应将要测量的城市分成等距离网格,网格数不应少于100 个,测量点设在每个网格中心。测量点的具体位置应选在受影响者的居住或工作建筑物外1 m,传声器应安放在高于地面1.2 m 以上的噪声影响敏感处。城市交通噪声监测应在每两个交通路口之间的交通线上选择一个测点,测点设在公路边的人行道上,离公路20 cm 处。

公共场所噪声测量时,对较小的公共场所(小于100 m²)在室中央取一点为监测点;较大场所(大于100 m²)应从声源(或一侧墙壁)中心划一直线至对侧墙壁中心,在此直线上取均匀分布的3 点为监测点。

生产(作业)环境测点数量取决于待测环境的噪声级差,各点噪声级差小于3 dB 时,只取1 点即可;各点噪声级差大于3 dB 时,必须进行分区,使得所有各区内的噪声级差小于3 dB。

建筑设备噪声测量中,测点应布置在人员活动范围内。测点到声源的距离应取比声源的最大外形尺寸稍大些的位置,并取整为0.3,0.5,1.0 m(最大为1.0 m);噪声计的传声器距地面高度约为1.5 m,设备周围的测点数量不能太少,应能表征设备在各方向上的分布情况。通风机测量应按照有关国家标准进行,大型机器应选取若干个测点,并取其平均值。

3)测量方法

声级计的时间计权特性为"快"响应,采样时间间隔不大于1 s。对每个测点每次进行10 min 测量,每个测点的连续等效A 声级为:

$$L_{\mathrm{Aeq},j} = 10\lg\left(\frac{1}{n}\sum_{i=1}^{n}10^{0.1L_{\mathrm{Ai}}}\right) \tag{12.6}$$

式中 L_{Ai}——第 i 次采样测得的 A 声级,dB;

n——采样总数。

建筑环境噪声平均水平由下式计算:

$$L = \sum_{j=1}^{m}L_{\mathrm{Aeq},j}\frac{S_j}{S} \tag{12.7}$$

式中 $L_{\mathrm{Aeq},j}$——第 j 个测点测得的昼间(或夜间)的连续等效 A 声级,dB;

S_j——第 j 个测点所代表的区域面积,m^2;

S——整个区域或城市的总面积,m^2。

公共场所噪声测量时,声级计或传声器可以手持,也可以固定在三角架上,使传声器指向被测声源,为了尽可能减少反射影响,要求传声器距地面 1.2 m,与操作者距离 0.5 m 左右,距墙面和其他主要反射面不小于 1 m。稳态与近似稳态噪声用快挡读取指示值或平均值;周期性变化噪声用慢挡读取最大值并同时记录其时间变化特性;脉冲噪声读取峰值和脉冲保持值;无规则变化噪声用慢挡。每隔 5 s 读一个瞬时 A 声级,每个测量点要连续读取 100 个数据代表该点的噪声分布。对文化娱乐场所、商场(店)等,测量时间为营业前 30 min,营业后 30 min,营业结束前 30 min;对旅店、图书馆、博物馆、美术馆、展览馆、医院候诊室、公共交通等候室,以及公共交通工具等,均在营业后 60 min 测量。

生产(作业)环境噪声测量时,测量高度应根据人耳高度取 1.2 ~ 1.5 m。

12.2.4 建筑声环境的评价

《声环境质量标准》(GB 3096—2008)中明确规定了城市五类区域的环境噪声最高限值(见表 12.4),其中室内噪声限值低于所在区域标准值 10 dB。

表 12.4 城市区域的环境噪声最高限值

类 别		适用区域	昼间/dB	夜间/dB
0 类		康复疗养区等特别需要安静的区域	50	40
1 类		以居民住宅、医疗卫生、文化教育、科研设计、行政办公为主要功能,需要保持安静的区域	55	45
2 类		以商业金融、集市贸易为主要功能,或者居住、商业、工业混杂,需要维护住宅安静的区域	60	50
3 类		以工业生产、仓储物流为主要功能,需要防止工业噪声对周围环境产生严重影响的区域	65	55
4 类	4a 类	高速公路、一级公路、二级公路、城市快速路、城市主干路、城市次干路、城市轨道交通(地面段)、内河航道两侧区域	70	55
	4b 类	铁路干线两侧区域	70	60

12.3　建筑光环境测量

建筑光环境测量的目的包括:检验实际照明效果是否达到预期的设计目标;了解不同光环境实况,分析比较设计经验;确定是否需要对照明进行改装或维修。主要测量内容包括:工作面上各点的照度和采光系数;室内各表面,包括灯具和家具设备的亮度;室内主要表面的反射比,窗玻璃的透射比;灯光和室内表面的颜色。

12.3.1　光环境参数

1)光通量与发光强度

光能通量(Φ)是指光源在单位时间内向空间辐射并引起人眼对光的感觉量,单位为流明(lm)。光源在空间某一特定方向上单位立体角内(Ω)辐射的光通量称为光源在该方向上的发光强度(I_α),单位为坎德拉(cd)。

2)照度

照度是指被照面上光的强度的物理量,定义为投射到被照面的光通量与被照面面积之比,单位为 lx。被光均匀照射的物体,距离该光源 1 m 处,在 1 m^2 面积上得到的光通量是 1 lm 时,它的照度是 1 lx。

3)亮度

亮度是指发光物体表面发光强弱。发光体在人视线方向单位投影面积上的发光强度称为该发光体的亮度,单位为 nt 或 sb。

12.3.2　光环境测量仪器

1)照度计

照度计的核心部件是照度传感器。照度传感器是以外光电效应为基础,将光信号转换成电信号的装置。光线照射在某些物体上,使电子从这些物体表面逸出的现象称为外光电效应。光电效应一般分为外光电效应、光电导效应和光伏效应三类,照度传感器多是以光伏效应来工作的。在光照下,若入射光子的能量大于禁带宽度,半导体 PN 结附近被束缚的价电子吸收光子能量,受激发跃迁至导带形成自由电子,而价带则相应地形成自由空穴,这些电子空穴对,在内电场的作用下,空穴移向 P 区,电子移向 N 区,使 P 区带正电,N 区带负电,于是在 P 区和 N 区之间产生电压,称为光生电动势,这就是光伏效应。照度传感器由光电池、光敏二极管和光敏三极管等光敏半导体元件制成的,当外来光线射到光电元件后,接收器的光电元件将光能转变为电势,通过仪器内部电路以电流的形式表示出光的照度值。光电元件有硒光电池式和硅光电池两种。用于照度测量的照度计宜采用二级以上的光电池式照度计(指针式或数字式)。

用于光环境测量的照度计要求线性度好,光谱灵敏度高,且一般都设有余弦校正器,修正传感器对大入射角光线形成信号转换误差。

用于测量公共照度的照度计量程下限不大于 1 lx,上限大于 5000 lx。指针式照度计示值误差不超过满量程的±8%,年变化率不超过 5%。照度计示值为满量程的 2/3 以上时,照射 2 min 后的示值与在此照度下再继续照射 10 min 的示值之比相对变化不得超过±3%。在恒定照度下照度计的指示值与遮光 30 min 后再曝光的指示值相对变化不大于 2%。每使用 2 年,照度计要经二级计量部门检定 1 次。照度计的测定标定应按《光照度计》(JJG245—2005)进行。

2)亮度计

亮度测量主要采用光电式亮度计,其原理框图如图 12.3 所示,传感器通常采用光电池结合一组滤光片,把光信号强度转化成电流信号,用可变增益放大器进行信号放大,然后被 A/D 采样并显示。近年来发展出了一种将光信号直接转换成数字信号的全数字照度计,原理框图如图 12.3 和图 12.4 所示。其具有检测系统无漂移、检测精度高、抗干扰能力强、可用于计算机远程监控等特点。

图 12.3　照度计原理框图　　　　图 12.4　全数字照度计

根据对入射光的接收方式,光电式亮度计可分为场光微式亮度计和镜面成像亮度计,二者都可采用光电池(硒、硅)、光电管、光电倍增管作为入射光接受传感器。亮度计的标定应按《亮度计》(JJG211—2005)进行。

此外在光环境测量中也可能用到测定分析材料的颜色、色调、色值的色度计;用于测量非彩色物体白度的白度计;用于测量分析光谱特性的光谱仪,以及光分光光度计、色差计等。

12.3.3　建筑光环境测量

根据测量的参数不同,建筑光环境测量包括照度测量、亮度测量以及反射系数的测量等。采光测量内容包括对室内典型剖面(工作面)上各点的照度、室外无遮挡水平面上的扩散光照度,室内各表面的亮度,室内墙面、顶棚、地面装饰材料和主要设备的反射系数,采光材料透光系数的测量。室内照明测量内容包括室内有关面上各点的照度;室内各表面上的反射系数;室内各表面和设备亮度的测量。

1)照度测量

(1)照度测量条件

建筑采光的照度测量应选在全阴天、照度相对稳定的时间段内进行。一般选在 10:00 至 14:00 时。测量时应熄灭人工照明,要防止测试者人影和其他各种因素对接收器的影响,测试人员应尽量避开光的入射方向。使用光电池式照度计时,测量前,使接收器曝光 2 min 后方可开始测量。

(2)照度测点布置

一般房间照明时,预先在测定场所照度测量平面布置测点网格,作测点记号。一般在室内或工作区内布置 2.0~4.0 m 的正方形网格,对于小面积的房间可取 1.0 m 的正方形网格,网格边线一般距房间各 0.5~1.0 m。对走廊、通道、楼梯等处在长度方向的中心线上按 1.0~2.0 m 的间隔布置测点。局部照明时,测点布置在需照明的地方;当测量场所狭窄时,选择其中有代表性的一点;当测量场所广阔时,可按一般照明布点。测量平面和测点高度按需要规定的平面和高度确定。无特殊规定时,一般为距地 0.8 m 处的水平面。对走廊和楼梯,高度应为地面或距地面为 0.15 m 以内的水平面。测量时,根据需要点燃必要的光源,排除其他无关光源的影响。

测量平面一般取距地面 0.8 m 高的水平面,对于通道,可取地面或距地 0.15 m 的水平面,其他测量平面可按实际情况测定。测点应位于建筑物典型剖面和假定工作面相交的位置。一般应选 2 个以上的典型横剖面。顶部采光时,可增测 2 个以上典型纵剖面。根据需要也可选室内代表区或整个室内等间距布点进行测量。测点间距一般为 2.0~4.0 m,对于小面积的房间可取 0.5~1.0 m 间距,测点位置还可按采光口的布置选取。测点离墙或柱的距离为 0.5~1.0 m。单侧采光时应在距内墙 1/4 进深处设一测点,双侧采光时应在横剖面中间设一测点。走廊、通道、楼梯处等的测点,应在长度方向的中心线上按 1.0~2.0 m 的间隔布点。

普通公共场所整体照明照度测量的测定面高度为地面以上 0.8~0.9 m。一般房间取 5 个点(每边中点和室中心各 1 个点)。影剧院、商场等大面积场所的测量可用等距离布点法,一般以每 100 m² 布 10 个点为宜。对于多个测定点的场所用各点的测定值求出平均照度,必要时记录最大值和最小值及其点的位置。对一个点的测定结果则直接记录。局部照明照度测量时,在场所狭小或有特殊需要的局部照明情况下,亦可测量其中有代表性的一点。由于有些情况下是局部照明和整体照明兼用的,所以在测定时整体照明的灯光是开着还是关闭,要根据实际情况合理选择,并要在测定结果中注明。

(3)照度测点方法

测定开始前,白炽灯至少开 5 min,气体放电灯至少开 30 min。受光器应水平放置于测定面上,在测量前至少曝光 5 min,以避免产生初始效应。测定者的位置和服装,不要影响测定结果。

2)亮度测量

建筑采光亮度测量包括测量室内各表面(窗、墙、顶棚、地面、室内设施和工作位置)的亮度。测窗亮度时,应对透过窗的天空、室外建筑物、树木、窗框等分别进行测量并估算它们所占的窗面积比。应分别测量工作对象和周围背景的亮度,并记录工作对象的表面特征、入射光的方向及观察者的相对位置。应测量人眼经常注视的表面亮度。亮度计的放置高度一般应以观察者的高度为准,通常站姿时采用 1.5 m,坐姿时为 1.2 m。特殊场合时,应按实际情况确定。

3)采光反射系数测量

根据设备条件,室内各表面的测量方法可分为直接法和间接法。直接法是指用样板比较和用反射系数仪直接得出反射系数值。间接法是通过被测表面的亮度和照度得出漫反射面的反射系数。室内表面反射系数亦可用照度计测量。选择不受直接光影响的被测表面位置(例如被测位置不宜选择在窗间墙、近窗的侧墙等处),将照度计接收器紧贴被测表面的某一位置,测其入射照度 E_R,然后将接收器感光面对准同一被测表面的原来位置,逐渐平移离开,待照度稳定后,读取反射照度 E_1。采光反射系数为:

$$\beta = \frac{E_1}{E_R} \tag{12.8}$$

12.3.4 建筑光环境的评价

评价光环境质量应综合考虑以下四个方面的因素。

1)适当的照度水平

我国近年来在新编照明设计标准《建筑照明设计标准》(GB 50034—2013)时已考虑使之与国际标准具有一致性,同时我国地域辽阔,各地区经济条件、民族习惯和建筑物的使用效率不同,该标准也将照度值给出一个有三个相邻照度等级值组成的照度范围。这样有助于设计人员灵活地应用照明设计标准。视觉工作对应的照度范围值见表12.5。

表 12.5 视觉工作对应的照度范围值

视觉工作性质	照度视觉范围/lx	区域或活动类型	适用场所示例
简单视觉工作	≤20	室外交通区,判别方向和巡视	室外道路
	30~75	室外工作区、室内交通区,简单识别物体表征	客房、卧室、走廊、库房
一般视觉工作	100~200	非连续工作的场所(大对比大尺寸的视觉作业)	病房、起居室、候机厅
	200~500	连续视觉工作的场所(大对比小尺寸和小对比大尺寸的视觉作业)	办公室、教室、商场
	300~750	需几种注意力的视觉工作(小对比小尺寸的视觉作业)	营业厅、阅览室、绘图室
特殊视觉工作	750~1000	较困难的远距离视觉工作	一般体育场馆
	1000~2000	精细的视觉工作、快速移动的视觉对象	乒乓球、羽毛球
	≥2000	精细的视觉工作、快速移动的小尺寸视觉对象	手术台、拳击台、赛道终点区

2)舒适的亮度比

人的视野很广,在工作房间里,除工作对象外,作业区、墙壁、窗户、灯具等都会进入眼帘,它们的亮度水平和亮度图式会对视觉产生重要影响：

①构成周围视野的适应亮度：如果它与中心视野亮度相差过大,就会加重眼睛瞬时适应负担,或产生眩光,降低视觉功效。

②房间主要表面的平均亮度：其分布均匀与否直接影响人对室内空间的形象感受。所以,无论从可见度还是从舒适感的角度来说,室内主要表面有合理的亮度分布都是必要的,它是对工作面照度的重要补充。

在工作房间,作业近邻环境的亮度应当尽可能低于作业本身亮度,但最好不低于作业亮度的1/3。而周围环境视野(包括顶棚、墙、窗户等)的平均亮度,应尽可能不低于作业亮度的1/10。灯和白天的窗户亮度,则应控制在作业亮度的40倍以内。要实现这个目标,最好统筹考虑照度和反射比这两个因素,因为亮度与二者的乘积成正比。

3）适宜的色温与显色性

光源的颜色选择取决于光环境所要形成的气氛。例如,照度水平低的"暖"色灯光(低色温),能在室内创造亲切轻松的气氛;而对于希望紧张、活跃、精神振奋地进行工作的房间,宜于采用照度水平高的"冷"色灯光(高色温)。

从建筑的功能,或从真实显示装修色彩的艺术效果来说,光源的良好显色性具有重要作用。如印染、印刷、美术品陈列等要求精确辨色;商品陈列、医生诊察,也都需要真实的显色。

4）避免眩光干扰

当直接或通过反射看到灯具、窗户等亮度极高的光源,或者在视野中出现强烈的亮度对比时(先后对比或同时对比),我们就会感受到眩光。眩光可以损害视觉(失能眩光),也能造成视觉上的不舒适感(不舒适眩光),这两种眩光效应有时分别出现,但多半是同时存在着。对室内环境来说,控制不舒适眩光更为重要。只要将不舒适眩光控制在允许限度以内,失能眩光也就自然消除了。

眩光效应同光源的亮度与面积成正比,同周围环境亮度成反比,随光源对视线的偏角而变化。多个光源产生的总眩光效应为单个光源的眩光效应之和。

12.4 应用实例

12.4.1 教室光环境的测量与分析实例

1）测量名称

教室采光及照度的测量与分析。

2）测量目的

抽样测量某大学教室的采光和照度,根据我国教室照度值标准评价教室的照度水平。

3)测量仪器

①照度计 JD1A,测量范围 0 ~ 150000 lx,上海嘉定学联仪表厂;
②照度计 ST II 型,测量范围 0 ~ 150000 lx,北京师范大学光电仪器厂。

4)测量方案

选取有代表性的教室,其建筑尺寸如表 12.6,窗口和光源位置平面图分别见图 12.5、图 12.6。测量选择白天和晚上分别进行。白天测量室内采光照度,测量时间为上午 10:00,其时室外光照度为 7500 lx;晚上测量人工照明室内照度,测量时间为 20:00。《照明测量方法》(GB/T5700—2008)规定将测量区域分为若干个个正方形网格(课桌面照度测量网格为 2 m×2 m,黑板照度测量网格为 0.5 m×0.5 m),采用中心布点和四角布点两种布点方法。由于四角布点法测量点数较多,且当网格线与墙面等固定物重合时,实际无法测量,因此一般采用中心布点法,即测量每个网格中心点的照度。

表 12.6 被测教室的建筑尺寸   单位:m

长度	宽度	高度	窗高	窗宽	灯至桌面距离	窗朝向
12.00	9.00	4.00	2.37	3.00	3.13	南

图 12.5 教室平面图

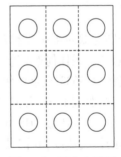

图 12.6 测点布置图

平均照度 E_{av} 通过式(12.9)计算:

$$E_{av} = \frac{\sum E_i}{mn} \tag{12.9}$$

式中 E_i——第 i 个测点的照度;
      M——纵向测点数;
      N——横向测点数。

5)测量结果

排/列	1	2	3
1	274	340	327
2	184	232	240
3	174	203	231

室内平均照度通过式(12.9)计算得

$$E_{\mathrm{av}} = \frac{\sum E_i}{mn} = \frac{2205}{9} = 245 \ \mathrm{lx}$$

该照度值符合《建筑照明设计标准》(GB 50034—2013)一般视觉工作中连续视觉工作的场所的照度视觉范围 200～500 lx。

12.4.2　城市交通噪声的测量与分析实例

1)测量名称

高速公路上不同车型车辆交通噪声测量。

2)测量目的

测试研究不同车型车辆在高速公路上的单车交通噪声级和行驶速度的统计分布规律。

3)测量仪器

HS5633 数字声级计,cs 雷达测速仪,ND9 声级校准器,三脚架。

4)测量方案

测试路段分别为双向 4 车道和双向 6 车道 2 段高速公路,测点位于公路路肩处,所测路段周围地势平坦开阔,无任何遮挡物。

在每一测点将 HS5633 数字声级计用 ND9 声级校准器校准,并用三脚架将该仪器固定在离地面 1.2 m 处,按照大卡车、大客车、中卡车、中客车和小型车(主要是小轿车,含小货车)分类。当每一类型单车通过时用 HS5633 数字声级计测量瞬时最大 A 声级,同时用 cs 雷达测速仪测量对应单车的行驶速度,并记录车流量。

5)测量结果

从测量结果可见,高速公路上各类型车辆产生的交通噪声和行驶速度在时间上近似遵循正态分布。不同车型车辆交通噪声和行驶速度的最大值、最小值、平均值及分布区间,分别见表 12.7 和表 12.8。

表 12.7　车辆交通噪声分布　　　　　　　　　　　　单位:dB

车型	最大值	最小值	中值	集中分布区间	采样数/个
大客车	90.8	71.1	83.1	81.0～85.0	100
大卡车	97.7	71.6	85.0	83.0～91.0	200
中客车	90.0	64.0	81.4	79.0～83.0	100
中卡车	91.3	72.5	83.0	79.0～86.0	100
小型车	90.4	69.8	82.0	79.5～85.5	200

表12.8　车辆行驶速度分布　　　　　　　　　　单位:km/h

车型	最大值	最小值	中值	集中分布区间	采样数/个
大客车	95.0	45.0	71.8	63.0 ~ 85.0	100
大卡车	115.0	34.0	64.0	47.5 ~ 80.0	200
中客车	114.0	30.0	73.6	55.0 ~ 90.0	100
中卡车	99.0	39.0	68.5	52.5 ~ 82.5	100
小型车	154.0	43.0	92.0	75.0 ~ 120.0	200

6)结果分析

目前,在高速公路环评中普遍使用的计算交通噪声源强度关系的经验公式为:

大型车:$$L_{OL} = 18 + 38.1\lg V_L$$

中型车:$$L_{om} = 4.8 + 43.7\lg V_M$$

小型车:$$L_{OS} = 18 + 38.1\lg V_S$$

式中　L_{OL}、L_{OM}、L_{OS}——大型车、中型车和小型车的噪声强度;

　　　　V_L、V_M、V_S——大型车、中型车和小型车的行驶速度。

公式适用于沥青混凝土路面,测点距行车线为7.5 m。将以上测量结果与经验公式计算结果比较后发现:

①大型车和中型车车辆行驶速度普遍提高3% ~30%,而交通噪声下降2.3% ~8.0%;

②小型车行驶速度和交通噪声级均有所增高。

大型车和中型车车辆的交通噪声随行驶速度增大而下降,与近些年来路况质量和大型汽车性能的不断提高有关。而小型车车辆的交通噪声级随行驶速度增大而有所增高,主要是因为当小型车行驶速度大于80 km/h时,行驶噪声中轮胎噪声占主导地位,行驶速度越大,轮胎噪声越大,而高速公路上小型车的行驶速度普遍大于80 km/h。

思考题

12.1　声环境的参数有哪些?

12.2　试述声级计的基本构成及各部分的作用,并简述其工作原理。

12.3　简述频谱分析仪工作原理。

12.4　简述建筑室内噪声测量的测量条件和测点布置要求。

12.5　简述建筑光环境测量的主要目的和内容。

12.6　简述照度计和亮度计的测量原理。

12.7　室内照明测量的测量条件和测点布置有何要求?

参考文献

[1] 西安冶金建筑学院,等.热工测量与自动调节[M].北京:中国建筑工业出版社,1983.

[2] 张子慧.热工测量与自动控制[M].北京:中国建筑工业出版社,2007.

[3] 方修睦.建筑环境测试技术[M].北京:中国建筑工业出版社,2016.

[4] 王智伟,杨振耀.建筑环境与设备工程实验及测试技术[M].北京:科学出版社,2004.

[5] 吕崇德.热工参数测量与处理[M].北京:清华大学出版社,2009.

[6] 申忠如,郭福田,丁晖.现代测试技术与系统设计[M].西安:西安交通大学出版社,2009.

[7] 董惠,邹高万.建筑环境测试技术[M].北京:化学工业出版社,2009.

[8] 徐大中,糜振琥.热工测量与实验数据处理[M].上海:上海交通大学出版社,1991.

[9] 梁礼明.优化方法导论[M].北京:北京理工大学出版社,2017.

[10] 李新光,张华,等.过程检测技术[M].北京:机械工业出版社,2004.

[11] 郭绍霞.热工测量技术[M].北京:中国电力出版社,1996.

[12] 杨泽宽,王魁汉.热工测试技术[M].沈阳:东北工学院出版社,1987.

[13] 王魁汉.温度测量实用技术[M].北京:机械工业出版社,2020.

[14] 刘耀浩.建筑环境与设备测试技术[M].天津:天津大学出版社,2005.

[15] 何适生.热工参数测量及仪表[M].北京:水利电力出版社,1990.

[16] 盛森芝,徐月亭,袁辉靖.热线热膜流速计[M].北京:中国科学技术出版社,2003.

[17] 陈刚.建筑环境与能源测试技术[M].北京:机械工业出版社,2019.

[18] 陈友明.建筑环境测试技术[M].北京:机械工业出版社,2009.

[19] 李英干,范金鹏.湿度测量[M].北京:气象出版社,1990.

[20] 刘常满.热工检测技术[M].北京:中国计量出版社,2005.

[21] 戴自祝,刘震涛,韩礼钟.热流测量与热流计[M].北京:中国计量出版社,1986.

[22] 张朝晖.检测技术及应用[M].北京:中国计量出版社,2005.

[23] 张宝芬,张毅,曹丽.自动检测技术及仪表控制系统[M].北京:化学工业出版社,2000.

[24] 刘元扬.自动检测和过程控制[M].北京:冶金工业出版社,2005.

［25］周中平,赵寿堂,朱立,等.室内污染检测与控制［M］.北京:化学工业出版社,2002.

［26］崔九思.室内空气污染监测方法［M］.北京:化学工业出版社,2002.

［27］廖传善,杨逢春.房间湿度的测量与调节［M］.王志忠,译.北京:中国建筑工业出版社,1987.

［28］余延顺,李先庭,石文星,等.一种高温空气湿度测量的方法［J］.暖通空调,2005,35(11):122-127.

［29］康志茹,李小婷.不同湿度测量方法的比较及分析［J］.计量技术,2006(6):40-41.

［30］李军刚.如何选用合适的湿度测量仪器［J］.仪表技术与传感器,1999(4):41-42.

［31］郑雅雯,谢慧,梁薇.室内致病微生物气溶胶污染与空气消毒净化技术［J］.暖通空调,2021,51(2):35-42,85.

［32］丁轲轲.自动测量技术［M］.北京:中国电力出版社,2004.

［33］上海交通大学.机电词典［M］.北京:机械工业出版社,1991.

［34］许联锋,陈刚,李建中,等.粒子图像测速技术研究进展［J］.力学进展,2003(4):533-540.

［35］冯旺聪,郑士琴.粒子图像测速(PIV)技术的发展［J］.仪器仪表用户,2003(6):1-3.

［36］陈永平,刘向东,施明恒.热工测试原理与技术［M］.北京:科学出版社,2021.

［37］赵恒侠,李玉云.热工仪表与自动调节［M］.北京:中国建筑工业出版社,1995.

［38］帅永,齐宏,谈和平.热辐射测量技术［M］.哈尔滨:哈尔滨工业大学出版社,2014.

［39］姚新益.超声波流量计的特点及误差分析［J］.计量技术,1999,08(08):40-42.

［40］胡芃,陈则韶.量热技术和热物性测定［M］.合肥:中国科学技术大学出版社,2009.

［41］王毅.过程装备控制技术及应用［M］.北京:化学工业出版社,2001.

［42］张国强,徐峰,周晋,等.可持续建筑技术［M］.北京:中国建筑工业出版社,2009.

［43］刘加平,杨柳.室内热环境设计［M］.北京:机械工业出版社,2005.

［44］王昭俊.室内空气环境［M］.北京:化学工业出版社,2006.

［45］郑洁,黄炜,赵声萍.绿色建筑热湿环境及保障技术［M］.北京:化学工业出版社,2007.

［46］国家质量监督检验检疫总部,环境保护部.声环境质量标准:GB3096—2008［S］.北京:中国环境科学出版社,2008.